# E-Book inside

Liebe Käuferin, lieber Käufer,
Sie erhalten von uns als Zugabe kostenlos auch das E-Book
zu diesem Buch. Einmal gekauft – zweimal profitiert!

1. Öffnen Sie die **Webseite**
   https://www.gabal-verlag.de/ebookinside.
2. Geben Sie den untenstehenden **Download-Code** ein
   und füllen Sie das Formular aus.
3. Mit dem Klick auf den »Senden«-Button am Ende
   des Formulars erhalten Sie Ihren persönlichen
   **Download-Link** als **E-Mail**.
4. Beachten Sie bitte, dass der Code nur **einmal gültig** ist.
   Bitte speichern Sie das E-Book.

Ihr Download-Code: **J2X8Y-CP7KW-JKYTU**

Silke Luinstra
**Lebendigkeit entfesseln**

Silke Luinstra

# LEBENDIGKEIT

## ENTFESSELN

8 Prinzipien
für ein **NEUES ARBEITEN**
in Wirtschaft, Bildung
und Gesellschaft

Externe Links wurden bis zum Zeitpunkt der Drucklegung des Buches geprüft.
Auf etwaige Änderungen zu einem späteren Zeitpunkt hat der Verlag keinen Einfluss.
Eine Haftung des Verlags ist daher ausgeschlossen.

Bibliografische Information der Deutschen Nationalbibliothek

Die Deutsche Nationalbibliothek verzeichnet diese Publikation in
der Deutschen Nationalbibliografie; detaillierte bibliografische Daten
sind im Internet über http://dnb.d-nb.de abrufbar.

ISBN 978-3-96739-031-5

Lektorat: Christiane Martin, Köln | www.wortfuchs.de
Umschlaggestaltung: Martin Zech, Bremen | www.martinzech.de
Autorenfoto: André Bakker, Amsterdam
Satz und Layout: Das Herstellungsbüro, Hamburg | www.buch-herstellungsbuero.de
Druck und Bindung: Salzland Druck, Staßfurt

Copyright © 2021 GABAL Verlag GmbH, Offenbach

Wir drucken in Deutschland.

www.gabal-verlag.de
www.facebook.com/Gabalbuecher
www.twitter.com/gabalbuecher
www.instagram.com/gabalbuecher

PEFC zertifiziert
Dieses Produkt stammt aus nachhaltig
bewirtschafteten Wäldern und kontrollierten
Quellen.
www.pefc.de

PEFC
PEFC04-31-2251

# Inhaltsverzeichnis

# Was ist Kunst?

Chancen suchen im Nichts. Sich freuen auf Unbekanntes. Mit Vertrauen auf unplanbare Zustände zugehen. Unvermutete Potenziale entdecken. Sich dem Moment öffnen. Restriktionen feiern. Über Grenzen hinausgehen. Nichts Bestimmtes suchen. Finden. Sich einlassen. Ehrlich sein. Stören. Wachsen lassen. Anfangen.

Jeder ist ein Künstler.

TEIL I

# GEFESSELT

# Fesseln in Unternehmen

Ludwigshafen am Rhein, 30. April 1999. Ein Bürogebäude. Eine junge Frau saß an ihrem Schreibtisch und schaute aus dem Fenster, nachdenklich. Seit vier Monaten war sie nun im Unternehmen, und sie hätte allen Grund zur Freude gehabt. Soeben hatte ihr Chef ihr angeboten, ihre Probezeit vorzeitig zu beenden, so zufrieden war er mit ihren Leistungen. Außerdem hatte er bereits Wege aufgezeigt, wie es für sie im Unternehmen weitergehen könnte. Von Personalleitung war da die Rede und von internationalen Projekten, von Verantwortung und tollen Aufgaben. An Wertschätzung mangelte es wahrlich nicht, der Chef hielt große Stücke auf die junge Frau und sagte das auch.

Und hatte sie sich nicht genau das gewünscht, als sie in dieser Firma anfing? Hatte sie die Stelle als »Referentin für internationale Personal- und Organisationsentwicklung« in dem global tätigen Pharmaunternehmen nicht genau deshalb angetreten, weil sie sich davon versprach, ihre Erfahrungen, ihr Wissen und ihr Können einzubringen, mit Kollegen in aller Herren Ländern zusammenzuarbeiten und perspektivisch eine Führungsposition zu übernehmen? Es lief gerade wie geschmiert, das Feedback vom Chef bestätigte das einmal mehr.

Weshalb packte die Frau an diesem Freitagnachmittag bei strahlendem Sonnenschein und frühlingshaften Temperaturen nicht freudig ihre Sachen, holte den Sekt aus dem Kühlschrank und stieß mit Freunden auf ihren Erfolg an? Stattdessen verließ sie das Werksgelände in Richtung der nahen Rheininsel, um die letzten vier Monate Revue passieren zu lassen.

Was hatte sie gemacht in dieser Zeit? Sie war schnell mittendrin, arbeitete zusammen mit einem Kollegen an einer internationalen Gehaltsstudie. Außerdem konzipierte sie mit einem Team ein Performance-Management-System und entwickelte gemeinsam mit einem externen Partner ein Trainingsprogramm für Fach- und Führungskräfte, die für längere Zeit außerhalb ihrer Heimatländer tätig werden. Schnell folgten Programme für international zusammengesetzte Teams. An den Trainings hatte sie am meisten Spaß, die Vergütungsthemen brachten ihre Augen weniger zum Leuchten, doch irgendwie lag ihr auch das Rechnen und Analysieren. Die Tätigkeiten als solche verhinderten also nicht die Feierlaune. Was dann? Das sollte die junge Frau erst viel später wirklich herausfinden.

## Unmündige Kinder

Hamburg, ziemlich genau zehn Jahre später. Die Buchhandlung im Hauptbahnhof. Eine Enddreißigerin blättert in einem Buch, sie hat noch etwas Zeit, bis ihr Zug abfährt. Die Frau arbeitet als Beraterin, sie ist auf dem Weg zum Kunden. Ein Team in einer großen Versicherung wünscht sich Unterstützung bei der Arbeit an einem wichtigen Projekt. Es läuft nicht so richtig rund im Projekt, ein Teammitglied hält immer wieder den Laden auf, die anderen sind genervt. Und das, wo doch in zwei Wochen die nächste Lenkungskreissitzung ansteht. Die Frau denkt an ihr letztes Gespräch mit der Projektleiterin zurück. Eine wirklich patente, erfahrene Frau, die das Projekt wahrlich lehrbuchmäßig organisiert hatte: saubere Auftragsklärung mit dem Auftraggeber, kompetente Leute im Projektteam und Zielvereinbarungen mit jedem Einzelnen. Sogar eine Kick-off-Veranstaltung in einem schönen Hotel im Münsterland hatte es gegeben, dort wurde das Projekt nach allen Regeln der Kunst geplant und Raum für Teamentwicklung gab es auch.

»Meine Damen und Herren, auf Gleis 14 fährt ein der ICE 70 nach Stuttgart, bitte Vorsicht bei der Einfahrt!« Die Durchsage reißt die Beraterin aus ihren Gedanken. Schnell klappt sie das Buch zu, in dem sie nun nur wenige Zeilen gelesen hat, zahlt und eilt zum Bahnsteig.

Der Titel des Buches? »Bessere Ergebnisse durch selbstbestimmtes Arbeiten« – obwohl der Titel auf Deutsch nicht so vielversprechend klang wie im amerikanischen Original (»Why work sucks and how to fix it«) hatte die Frau das Buch gekauft, ohne groß nachzudenken. Irgendwas hatte sie an dem Buch fasziniert. Statt ihre Vorbereitungen für den anstehenden Workshop noch einmal durchzugehen, fing sie im Zug gleich an zu lesen. Die Autorinnen, Cali Ressler und Jody Thompson, legten direkt los: »Wir gehen zur Arbeit und geben unser Bestes. Dabei werden wir behandelt wie unmündige Kinder, die Bonbons stibitzen, wenn man ihnen nicht auf die Finger schaut.« Und ein paar Zeilen weiter: »Wir gehen im Informationszeitalter zur Arbeit, doch unser Arbeitsumfeld hat sich seit der Industrialisierung kaum verändert. Das wirklich Tragische daran ist aber, dass wir das mitmachen.«

## Was soll das?

Da war es, das erste Puzzlestück, das mir erklärte, weshalb ich mich an jenem 30. April zehn Jahre zuvor nicht so richtig hatte freuen können. Viele weitere sollten folgen und nach und nach ein Bild ergeben. Davon wird in diesem Buch an einigen Stellen noch die Rede sein.

Doch der Reihe nach: Obwohl ich nach meiner Zeit in der Pharmaindustrie längst in einem kleinen Beratungsunternehmen arbeitete und bei dem, was ich dort tat, meine Augen viel häufiger leuchteten, blieb ein unbestimmtes Gefühl in der Magengegend. Irgendetwas stimmte nicht. Ich fühlte mich in meiner Lebendigkeit eingeschränkt, als sei ich von unsichtbaren Seilen gefesselt, die ich bis dahin nur schwer identifizieren konnte. Und ich dachte lange, ich sei es, mit der etwas nicht stimmt. Alle anderen schienen ganz normal zu finden, was um sie herum in den Unternehmen passierte. Sie handelten Budgets aus, schrieben Berichte, bereiteten Zahlen für das Controlling auf, vereinbarten Ziele und strichen Boni ein – und mein Bauch funkte SOS. Also musste doch mit mir etwas nicht stimmen, ich passte wohl einfach nicht in diese Welt.

Das zufällig am Bahnhof erworbene Buch bot mir einen anderen Blick an: Es könnte auch sein, dass mit der Arbeit und dem, wie wir sie erledigen, etwas falsch ist. Wir messen zum Beispiel mit Arbeit verbrachte Zeit und interessieren uns weniger dafür, was bei der Arbeit rauskommt. Wie oft hatte ich schiefe Blicke meiner Kollegen geerntet, wenn ich gegen 9 Uhr ins Büro kam. Die meisten waren schon seit 7 Uhr da, in einem produzierenden Betrieb nicht unüblich, aber so gar nicht mein Rhythmus. Ich kam eher abends in Fahrt und wurde – wenn ich, was ab und zu vorkam, nach 19 Uhr noch im Büro war – entweder von wohlmeinenden Führungskräften oder einem Betriebsrat freundlich gebeten, doch nun Feierabend zu machen. Die Zeiterfassung wurde übrigens auch zu diesem Zeitpunkt abgestellt. Ich wollte aber lieber meinen Gedanken zu Ende bringen und die Vorbereitung für einen Workshop mit einem internationalen Team abschließen.

An diese Episoden fühlte ich mich sehr erinnert, als vor ein paar Jahren die Entscheidung eines DAX-Unternehmens durch die Presse ging, täglich um 19 Uhr die Mailserver abzustellen, um die Mitarbeiter davor zu schützen, abends noch zu arbeiten. Ein Vorgehen, das inzwischen einige Nachahmer gefunden hat. Doch das ist Fremdbestimmung pur – und die ist sicher ein Knoten in den Fesseln der Lebendigkeit.

Doch nicht nur bei der Frage, wann gearbeitet wird, auch beim Wo gibt es in unseren Unternehmen unglaublich viel Fremdbestimmung. »Homeoffice gibt es bei mir nicht, da sitzen die Mitarbeiter ja nur rum und ich muss es bezahlen«, sagte einmal nach einem Vortrag ein Unternehmer zu mir. Ich war erst mal baff und schaute den hanseatischen Kaufmann fragend an. Spinnt der? Galt nicht gerade unter den Hanseaten der Handschlag als Ausdruck des Vertrauens, das man Geschäftspartnern entgegenbrachte? Weshalb nicht den Mitarbeitern? Warum unterstellte der Unternehmer den Menschen, die er selbst als seine Mitarbeiter ausgewählt hatte, sie würden nicht arbeiten, wenn er sie nicht kontrolliert? Was sollte das? Ein Gespräch kam an dem Abend nicht mehr zustande, zu weit waren unsere Positionen auseinander.

> **Fremdbestimmung ist ein Knoten in den Fesseln der Lebendigkeit.**

Auf dem Heimweg dachte ich über diese Begegnung noch einmal nach. War mir nicht gerade etwas wiederbegegnet, was mir in den letzten zehn Jahren immer klarer geworden war und mich bis heute beschäftigt: Wir haben uns in unseren Organisationen einen Haufen Prozesse und Praktiken eingehandelt, die unsere Arbeit eher behindern als unterstützen. Arbeitszeit- und Anwesenheitskontrolle gehören definitiv dazu. Ich stelle die gute Absicht hinter diesen Praktiken keinesfalls infrage und möchte nicht in die Zeit zurück, in der Arbeiter weitgehend rechtlos sechzehn Stunden am Tag geschuftet haben – und es heute leider immer noch tun, in anderen Teilen der Welt und auch direkt vor unserer Haustür.

Und doch: Der Schutz der Mitarbeiter ist nur eine Seite der Medaille. Die andere ist Kontrolle, und zwar in einem Ausmaß, das an manchen Stellen nicht mehr feierlich ist. Da schreiben Rechtsanwälte Kolumnen in Tageszeitungen, in denen es darum geht, ob Mitarbeiter ausstempeln müssen, um zur Toilette zu gehen, oder ob ein privates Telefonat »während der Arbeitszeit« geführt werden darf. Sich in einem Unternehmen über solche Dinge auch nur Gedanken machen zu müssen, zieht die Knoten der Fesseln der Lebendigkeit gleich ein ganzes Stück fester.

Ich habe in unterschiedlichen Rollen eine ganze Reihe von Unternehmen erlebt und dabei wurde immer wieder deutlich: Nahm »der Arbeitgeber« es sehr genau mit Vorschriften zur Arbeitszeit und ihrer Erfassung, hörte ich von den Mitarbeitern eher Forderungen und sie beriefen sich auf Rechte und Ansprüche. Außerdem war ständig Thema, wie Arbeitszeit erfasst wird, wer dabei wie schummeln könnte und wer wem noch was schuldet. Ich habe noch klar vor Augen, wie während meiner Ausbildung in einer norddeutschen Sparkasse mancher Kollege neben der Zeituhr stand, um noch das nächste »Klick« abzuwarten – damit die Uhr auch wirklich alle Anwesenheitsminuten zählt. Auch der Betriebsrat, der in einem Workshop vehement forderte, die »abhängig Beschäftigten« zu schützen, ist mir noch in lebhafter Erinnerung. Fehlendes Vertrauen und enge Kontrollen – noch zwei Knoten in den Fesseln. Forderungen und Ansprüche – weitere zwei Knoten, und nicht selten ist auch noch so gut gemeinter Schutz letztlich ein Knoten in den Fesseln der Lebendigkeit.

## Beschäftigt und abhängig?

Die Formulierung »abhängig Beschäftigte« lässt mir übrigens beim Schreiben das Blut in den Adern gefrieren. Da sind doch gleich zwei dicke Bolzen drin: Abhängig? Wer von wem? Benutzt wird die Formulierung mit einer ganz klaren Richtung: Der Mitarbeiter ist abhängig von seinem Arbeitgeber. Der zahlt »dem Beschäftigten« das Gehalt, der macht die Regeln, könnte »den Beschäftigten« feuern. Das klingt nach einer ungesunden Einbahnstraße, die den ohnehin im Leben stets vorhandenen Interdependenzen nicht gerecht wird. Die »abhängig Beschäftigten« beugen sich besser den Vorgaben desjenigen, von dem sie abhängig sind. Eine Begegnung auf Augenhöhe ist bei dieser Sichtweise auf Mitarbeiterinnen und Mitarbeiter nicht vorgesehen. Nächster Knoten.

Und wieso sind die eigentlich »beschäftigt«? Um mit meinem geschätzten Fachkollegen Lars Vollmer zu sprechen: »Ich hoffe doch sehr, dass die Menschen arbeiten und nicht lediglich beschäftigt sind!« Doch in dem Begriff steckt ungewollt womöglich ein wahrer Kern. Denn während ich das schreibe, denke ich zurück an meine Zeit in dem

Pharmaunternehmen in Ludwigshafen und an so manche Begegnung in den darauffolgenden Jahren als Beraterin. Wie oft waren alle Beteiligten mehr als willens, einen guten Job für den Kunden zu machen? Sehr oft. Wie oft aber wurde ihnen das von Prozessen, Regeln und Vorschriften schwergemacht, mit denen sie sich mehr als mit dem Kunden beschäftigen mussten? Noch häufiger. Leider gehört dieses Phänomen nicht der Vergangenheit an. Im Gegenteil.

Davon habe ich vor Kurzem mal wieder eine anschauliche Kostprobe bekommen. Wir hatten im AUGENHÖHE-Team in den ersten Wochen des Jahres eine Software eines Start-up-Unternehmens getestet. Nun bekam ich von unserem Kundenbetreuer eine freundliche Mail. Er fragte, ob das Tool für uns hilfreich war und ob wir es weiterhin nutzen möchten. Der Mann verstand seinen Job, und so hatte er natürlich auch direkt ein Angebot beigefügt. Der Kalender zeigte den 30. Januar. Ich antwortete ihm einen Tag später, seine Reaktion folgte auf den Fuß: Das Angebot würde nur noch heute gelten, wir sollten unbedingt noch am selben Tag telefonieren. Das taten wir dann auch. Im Gespräch fragte ich den sympathischen jungen Mann, weshalb es denn so dringend sei. Ich wollte gerne noch das Feedback meiner Kollegen einholen, bevor wir entscheiden.

Das konnte er verstehen, doch das Angebot würde nur noch an diesem Tag gelten. Hartnäckig wie ich manchmal bin fragte ich nochmals nach, weshalb es nicht noch drei Tage Zeit hätte. Ich fühlte mich langsam immer mehr bedrängt und sagte ihm das auch. Drucksen am anderen Ende der Leitung. »Ja, also«, sagte er schließlich, »heute ist der 31. Januar.« Nun wurde mir langsam klar, worum es ging: Der arme Kerl musste noch die Umsatzziele für diesen Monat erfüllen, so stand es in seiner Zielvereinbarung. Was sollte der junge Mann jetzt tun? Das Beste für den Kunden, in diesem Falle uns, oder das Beste für die internen Vorgaben? Er entschied sich für Letzteres und verlor uns schließlich als Kunden.

Das Erfüllen solch interner Vorgaben nennt Lars Vollmer sehr treffend Beschäftigung, weil dabei nichts für den Kunden rauskommt. Noch ein Knoten. Und den nächsten Knoten gibt es gleich für die Zwickmühlen, die aus diesen Vorgaben entstehen.

Ich vermute, Sie kennen solche oder ähnliche Situationen und wissen, wie viel Zeit und Energie es kostet, immer wieder abzuwägen, ob Sie interne Vorgaben erfüllen oder dem Kundenwunsch folgen. Ich höre solche Geschichten oft, gerade gestern wieder von einer Kundin. Doris klagte mir in einer Workshoppause ihr Leid: Sie arbeitet in der Pharmaindustrie, und selbstverständlich gibt es dort Produktionspläne, die die Effizienz gewährleisten sollen. So gut, so vernünftig. Doch jetzt hatte sich die Geschäftsführung einfallen lassen, den Produktionsplanern einen Bonus zu zahlen, wenn die Planer ihre Pläne auch einhalten. Diese Maßnahme sollte die aufwendigen Umplanungen verringern und die Effizienz weiter erhöhen.

Doch was passierte? Kunden riefen weiterhin mit dringenden Bestellungen an, weil die Nachfrage nach Impfstoffen plötzlich angestiegen war oder ein Konkurrent ein bestimmtes Medikament nicht liefern konnte. Was sollten die Planer jetzt tun? Dem Kundenwunsch folgen und damit ihre Planung über den Haufen werfen – und ihren Bonus drangeben? Oder dem Kunden absagen, den Plan erfüllen und den Bonus einstreichen? Immer mehr Planer entschieden sich für die zweite Lösung. Der Plan war eingehalten – doch um welchen Preis? Die Absage an den Kunden dürfte weder dessen Zufriedenheit noch die Umsätze erhöht haben. Das war in dem Pharmaunternehmen nicht anders als bei dem Start-up mit dem Software-Produkt.

Aber mindestens ebenso schlimm ist, dass die unterschwellige Botschaft an die Planer lautete: »Ohne den Anreiz plant ihr nach Lust und Laune um und gefährdet unseren wirtschaftlichen Erfolg.« »Dabei«, so Doris, »kennt jeder von uns seine Pappenheimer ganz genau. Wir wissen, welche Kunden einfach rechtzeitige Bestellungen verpeilen und beim wem echt Not am Mann ist, weil Unvorhersehbares passiert ist. Dementsprechend sagen wir entweder dem Kunden freundlich, dass er seine Ware in vier Wochen bekommt, oder wir planen die Produktion um.« Es gab also immer gute Gründe für Planänderungen, niemand plante aus Jux und Dollerei um. Den nächsten Knoten gibt es für die impliziten Unterstellungen – und gleich noch einen für den Versuch, Menschen zu manipulieren.

Aber ist das nicht normal? Gibt es diese Systeme nicht schon seit Jahrzehnten – ohne dass sie diese gravierenden Folgen hatten? Lassen Sie uns genauer hinschauen.

## Dynamik und Menschenwürde

Weshalb nehmen wir heute die gefesselte Lebendigkeit stärker wahr als noch vor ein, zwei Jahrzehnten? Ich denke, das hat damit zu tun, dass unsere Unternehmen und Institutionen der immer weiter zunehmenden Dynamik nicht mehr gewachsen sind. Doch weshalb nehmen Dynamik und Komplexität immer weiter zu? Darüber reden wir zwar dauernd, der Begriff VUCA (Volatility, Uncertainty, Complexity, Ambiguity) legt gerade eine steile Karriere hin, aber was steckt eigentlich dahinter? Von den vielen Einflussfaktoren scheinen mir drei besonders wesentlich.

Erstens: die heutige Situation auf globalen Märkten. Lassen Sie uns, um zu verstehen, was da passiert ist, einen kurzen Ausflug in die Wirtschaftsgeschichte machen. Bis ungefähr 1900 dominierten industrielle Manufakturen das Bild. Die waren zwar schon größer als die traditionellen Handwerksbetriebe, konnten ihre Waren im Wesentlichen aber nur im lokalen Umfeld absetzen, weil die Transportkosten einfach zu hoch waren. Vor allem durch technische Innovationen reduzierten sich zu Beginn des 20. Jahrhunderts Transport- und Tauschkosten, und plötzlich hatten die Unternehmen riesige Märkte, die sie erobern konnten. Konkurrenten störten dabei ebenso wenig wie Kundenwünsche.

Von Henry Ford ist der schöne Satz: »Die Kunden können bei mir jedes Auto kaufen, solange es schwarz ist.« Ford war es auch, der die Idee des Scientific Management von Frederik Taylor als Erster adaptierte. Dieses Konzept sollte eine ganze Epoche prägen. Unternehmen fokussierten sich auf ihre internen Praktiken, optimierten Kosten und entwarfen immer effizientere Prozesse. Budgets und die Verhandlungen derselben, Controlling, Abteilungen, Stellenbeschreibungen, Karriereplanung, Management by Objectives mit den dazugehörigen Zielvereinbarungen, Beurteilungen und Bonussystemen sind einige Kinder dieses wissenschaftlichen Managements.

> Der Taylorismus hat Ideen, Flexibilität und Kreativität stillgelegt.

Dieses Vorgehen war in der Zeit übrigens enorm erfolgreich, zumindest nach ökonomischen Maßstäben: Die industrielle Produktion stieg innerhalb von nur zwei Generationen um das Hundertfache. Der daraus resultierende materielle Wohlstand hat ohne Frage Gutes bewirkt, wie eine deutlich verbesserte Versorgung mit Trinkwasser und Nahrungsmitteln und bessere medizinische Leistungen, die mit steigender Lebenserwartung und geringerer Kindersterblichkeit einhergehen.

Wohlhabende Gesellschaften sind meistens auch demokratische Gesellschaften, wobei immer wieder leidenschaftlich darüber diskutiert wird, was hier Henne und was Ei ist. Ermöglicht die Demokratie wirtschaftliche Prosperität oder sorgt der Wohlstand dafür, dass sich demokratische Staatsformen ausprägen und stabilisieren? Auch wenn wir diese Frage hier nicht abschließend klären können und Krisenerscheinungen westlicher Demokratien wie in den USA unter Donald Trump oder in Großbritannien Zweifel aufkommen lassen, so dürfte unstrittig sein, dass Wohlstand die Wahrscheinlichkeit auf das Entstehen und Fortbestehen einer demokratischen Verfassung erhöht.

Vermutlich auch wegen ihres großen Erfolgs gelten die tayloristschen Prinzipien bis heute als modern. Dass Systeme aus Planung und Zielerfüllung auch in kleinen Unternehmen wie dem erwähnten Startup, das gerade mal zwei Jahre am Markt war, bereits Einzug gehalten haben, ist für mich ein Zeichen dafür, wie sehr solche Vorgehensweisen zur Normalität gehören.

Doch seit Erfindung dieser Art des Managements hat sich Entscheidendes geändert: Die Märkte sind in nahezu allen Branchen an ihre Grenzen gestoßen. Es ist jetzt auf ihnen wieder ganz schön eng, auch wenn sie den gesamten Globus umfassen. Jeder Konkurrent, der eine gute Idee hat und Kundenwünsche besser erfüllt, nervt die anderen. Unmittelbar und schnell. Marktanteile verschieben sich in Windeseile, Nokia und Schlecker sind nur zwei von vielen Beispielen. Beide hatten mit Apple bzw. dm in ihrer jeweiligen Branche Konkurrenten mit verdammt guten Ideen. Der Ausgang der Geschichten ist bekannt.

In globalen, engen Märkten brauchen Sie Ideen, Flexibilität und Kreativität. Blöderweise hat der Taylorismus aber diese menschlichen Fähigkeiten quasi stillgelegt. Das war in den trägen Märkten eine intelligente Vorgehensweise, weil es in erster Linie um Effizienz ging. In den dynamischen Märkten von heute ist das aber nun mal anders.

Übersehen wird beim Taylorismus auch, dass die materiellen Wohlstandsgewinne keineswegs als einziger Maßstab für ein gutes Leben gelten können und ein steigendes Bruttoinlandsprodukt nicht zwangsläufig zu einer höheren Lebensqualität führt. Zu sehr sind inzwischen die Nebenwirkungen dieser Art des auf Wachstum gerichteten Wirtschaftens deutlich, allen voran Ressourcenverbrauch und Umweltverschmutzung.

Neben dieser wirtschaftlichen Dynamik trägt zweitens auch die seit den 1990er-Jahren veränderte politische Weltordnung zur Steigerung der Komplexität bei. Diesen zweiten Grund höre ich in Diskussionen rund um die veränderten Umweltbedingungen in unseren Organisationen aber viel seltener. Wenn zum Beispiel über mögliche Folgen des EU-Austritts Großbritanniens gesprochen wird, dann geht es eher um konkrete Auswirkungen wie drohendes Datenchaos, lange Staus angesichts wieder notwendiger Zollabfertigungen oder verringerte Exportchancen für die deutschen Unternehmen. Dass durch Ereignisse wie den Brexit Unsicherheit und Komplexität insgesamt weiter steigen, taucht eher in Nebensätzen auf.

Wussten Sie, dass das heute vor allem in der Wirtschaft genutzte Akronym VUCA ursprünglich von der U.S. Army stammt? Dort beschrieb man damit, wie sich die Bedingungen in der multilateralen Welt im ausgehenden 20. Jahrhundert verändert hatten – wie volatil, unsicher, komplex und mehrdeutig die Welt geworden war. Nach dem Ende des Kalten Kriegs gab es viel mehr unvorhersehbare Ereignisse und unvorstellbar viele Einflüsse, sodass alte Spielregeln militärischer Auseinandersetzungen nicht mehr galten. Das führte in der Army zu einem radikalen Umdenken – und zum Umbau in eine agile Organisation.

Interessant ist, dass eine der hierarchischsten und stark von »command and control« geprägten Organisationen zu einer der Vorreiterinnen in Sachen Agilität wurde. Doch nicht nur die Regeln auf dem politischen und militärischen Spielfeld haben sich durch die Umwälzungen in der Weltordnung der letzten gut 30 Jahre massiv verändert, sondern diese hatten natürlich auch Folgen für wirtschaftliches Handeln rund um den Globus – allein schon dadurch, dass es kaum noch einen Gegenentwurf zum kapitalistisch organisierten System gibt und so auf die soziale Marktwirtschaft immer weniger Druck ausgeübt wird, auf ihr Adjektiv wirklich zu achten.

Der dritte Aspekt ist nicht minder wichtig: Menschen wollen heute kein Produktionsfaktor mehr sein, der Anweisungen ausführt. In Zeiten des Taylorismus scheint es ein gesellschaftlicher Konsens gewesen zu sein, dass die Mitarbeiter x Stunden am Tag darauf verzichten, ihre Fantasie, ihre Ideen, ihre Kreativität zu nutzen, und stattdessen Ansagen ausführen. Das »x« wurde dabei immer wieder neu ausgehandelt und bessere Arbeitsbedingungen wurden erstritten. Im Wesentlichen blieb es aber dabei: Arbeitskraft und Aufgabenerfüllung gegen Gehalt. Heute wollen Menschen aber ihre Menschenwürde nicht mehr nur in ihrer Freizeit ausleben, sondern auch an ihrem Arbeitsplatz.

## Immer festere Knoten

Leicht gemacht wird ihnen das oft noch immer nicht. Viel zu oft gelten Menschen in unseren Unternehmen als menschliche Ressourcen (Human Resources), noch immer werden Mitarbeiter programmiert, bevormundet und lediglich als Ausführende betrachtet. Übertrieben? Ich hoffe es, und gleichzeitig fallen mir leider (zu) viele Geschichten ein, die diese – zugegeben pointierte – Aussage unterstützen. So wie die der Personalleiterin eines großen Unternehmens im Gesundheitswesen, mit der ich am Rande einer Veranstaltung ein langes Gespräch führte.

Meike war selbst gelernte Altenpflegerin und hatte gut 10 Jahre in dem Beruf gearbeitet, bevor sie in den Personalbereich wechselte. Weshalb sie gewechselt habe, fragte ich sie, denn sie hatte vorher erzählt, dass sie den Beruf der Altenpflegerin aus tiefster Überzeugung erlernt und ausgeübt hat. Der Job war schon immer schlecht bezahlt und wenig anerkannt, aber sie wollte dennoch genau das und nichts anderes tun. Was hatte ihr die Freude an ihrem Beruf genommen? Die Kurzfassung ihrer Antwort: »Ich war zu einem Roboter geworden, der Pläne erfüllt«, sagte sie. Jeden Morgen erhielt sie einen minutiös ausgearbeiteten Plan, der ihren Tagesablauf vorgab. Jede Tätigkeit war mit Minutenangaben hinterlegt: Verband bei Herrn Müller wechseln 5 Minuten, Frau Schulze waschen 10 Minuten, Herrn Clausen eine Spritze geben 7 Minuten. Die Fahrzeiten von der Wohnung eines Patienten zur anderen waren noch dazu offenbar abends um 22 Uhr mit Google-Maps kalkuliert worden, jedenfalls hatten sie mit den realen Fahrzeiten morgens um 8.30 Uhr in einer deutschen Großstadt nichts zu tun.

Die Folgen? Stress, Hektik, keine Zeit, mit den alten Menschen ein Wort zu wechseln, geschweige denn, mit Angehörigen und Nachbarn über kluge Möglichkeiten der Unterstützung zu sprechen. Das wäre aber nötig gewesen, um die pflegebedürftigen Menschen nicht nur zu versorgen, sondern ihnen trotz ihrer Krankheiten oder Gebrechen ein möglichst selbstständiges und würdevolles Leben zu ermöglichen. Und dazu wäre es gut, nicht nur Spritzen zu geben und die Wäsche zu wechseln, sondern auch die Zeit zu haben, bei den Nachbarn zu klingeln und um Unterstützung für den Einkauf zu bitten oder den Sohn der alten Dame zu bitten, mit ihr zum Frisör zu fahren. Dafür musste Meike aber erst einmal herausfinden, dass ihre Patientin niemanden mehr zu sich einlud, weil sie sich unansehnlich fühlte. Ein Frisörbesuch hätte also erheblich zum Wohlbefinden der alten Dame beitragen können.

Doch statt Raum für solche kreativen Lösungen gab es immer mehr Prozesse und festgelegte Abläufe – immer mehr Knoten. Dieses Phänomen ist in nahezu allen Organisationen zu beobachten, in denen nach wie vor tayloristische Prinzipien gelten – also in sehr vielen Unternehmen.

**Menschen wollen spüren, dass sie zu etwas Relevantem beitragen. Das ist kein »nice-to-have«!**

Da Frederik Taylor sein System aber für eine Welt geringer Komplexität entwickelt hat, wir es aber heute mit einer rapide gestiegenen Dynamik zu tun haben, geraten viele Organisationen unter Druck. Doch was tun Organisationen unter Druck? Sie tun mehr von dem, was sie schon kennen. Da unterscheidet sich ihr Muster nicht von dem von uns Menschen. Auch wir sind unter Stress geneigt, das zu tun, was wir schon immer gemacht haben, nur – vermeintlich – besser.

In Unternehmen heißt das in der Regel: Mehr und genauere Planung, akribische Kontrollen, verschärfte Regeln und immer genauer vorgegebene Prozesse. Mit diesen Maßnahmen verbindet sich die Hoffnung, möglichst effizient zu sein. Immer schlanker, kaum noch Redundanzen im System, alles muss laufen wie geplant. Selbst bei gut planbaren Prozessen wie in der Produktion kann es aber vorkommen, dass eine Maschine ausfällt, ein Mensch Fehler macht oder Kunden ungeplante Bedarfe anmelden. Schon fliegt ihnen der Plan um die Ohren. Wo immer Menschen involviert sind, zum Beispiel als Kunden, werden Pläne und Prozesse gar grotesk. Ich erinnere mich noch mit Schaudern an diverse Verkaufstrainings, in denen ich simulierte Kundengespräche anhand bestimmter Formeln und Leitfäden führen sollte. Das hat nicht einmal im Training geklappt, geschweige denn im echten Kundendialog.

Bei allem, was Flexibilität und Kreativität erfordert – wie Gespräche mit Kunden – weist »mehr vom Selben« in die völlig verkehrte Richtung. Und das nicht nur, weil es der steigenden Dynamik nicht gerecht wird, sondern auch, weil es Hoffnungen der Menschen wie den Wunsch nach Selbstwirksamkeit nicht erfüllt. Menschen wollen spüren, dass sie zu etwas Relevantem beitragen. Das ist kein »nice-to-have«, sondern essenziell für unsere psychische Gesundheit. »Sinn aktiviert überhaupt erst unsere Lebensenergie« formuliert der Psychologe Mihály Csíkszentmihályi.

Meike probierte übrigens nach Kräften, dieses »mehr vom Selben« zu stoppen, die vorhandenen Knoten in den Fesseln zu lösen und neue zu verhindern. Sie unternahm immer wieder Versuche, Impulse für eine zeitgemäße, der Komplexität angemessene und menschenwürdige Art der Unternehmensführung zu setzen. »Ich habe keinen Bock mehr auf Urlaubsanträge, Arbeitszeiterfassung, Mitarbeitergespräche nach Leitfaden, 360°-Feedback, immer neue Leitbildprozesse, betriebliches Vorschlagswesen und Betriebsvereinbarungen, die Dinge regeln, die selbstverständlich sein sollten,« sagte sie, »das ist doch alles bloß Beschäftigungstherapie. Die Zeit und Energie, die wir auf all diese Prozesse verwenden, könnten wir besser zum Wohle unserer Kunden einsetzen.«

Da ist sie wieder, die Beschäftigung. Keine Frage, es wird unglaublich viel getan in unseren Organisationen. Da das Tun, das Erfüllen der Vorgaben aber oft so wenig bewirkt, ruft es noch mehr Tun auf den Plan, um endlich Wirkung zu erzeugen. Die Hoffnung erfüllt sich wieder nicht, es wird noch mehr getan und das geht immer so weiter. Kein Wunder, dass der Frust steigt und das Gefühl der Lebendigkeit immer mehr abhandenkommt. Ich fragte Meike nach der Resonanz auf ihre Impulse. Ihre eben noch heitere Mine verfinsterte sich. »Das ist leider nicht einfach«, begann sie, »anfangs hat unser Geschäftsführer meine Gedanken gar nicht verstanden. Er hat ständig nur darauf verwiesen, dass wir es schon immer so gemacht hätten und es ja so schlecht offenbar nicht wäre, das würden die Zahlen schließlich zeigen.« Später, so erzählte Meike weiter, hatte der Geschäftsführer schon nachvollziehen können, was sie meinte. Getan hatte sich trotzdem wenig. Einsicht ist eben nicht dasselbe wie Handeln. Aufgeben wollte die engagierte Frau aber nicht.

Das mit den guten Zahlen war jedoch offenbar nach unserem Gespräch nicht mehr lange der Fall. Als ich Meike zwei Jahre später wieder begegnete, war das Unternehmen aus einer drohenden Insolvenz heraus an ein großes Unternehmen der Branche verkauft worden, in dem es noch mehr Prozesse, Vorgaben und Kontrolle gab. Meike hatte gekündigt. So wollte sie nicht arbeiten. Es war eine Atmosphäre von Angst und Aggression entstanden, die die Personalleiterin nicht länger ertragen wollte. Ich konnte sehr gut nachvollziehen, was sie sagte, ich hatte so etwas auch mehrmals in meiner Karriere erlebt.

## Unvernünftige Verschwendung

Als ich am Morgen nach der erneuten Begegnung mit Meike im Schwimmbad meine Bahnen zog und noch einmal an unser Gespräch zurückdachte, war ich traurig und wütend zugleich. Wütend, weil so viele engagierte Menschen unglaublich viel Energie einsetzen, die letztlich verpufft. Traurig, weil ich es schon so oft erlebt hatte, dass gerade diejenigen, denen die Fesseln der Lebendigkeit in Organisationen auffallen und die Impulse für eine andere Art zu arbeiten setzen, offenbar dabei häufig so sehr an ihre Grenzen kommen, dass sie keinen anderen Weg sehen, als zu gehen. Dabei bräuchten wir gerade sie, die einen scharfen Blick für die Verhältnisse haben, die ihre Organisationen gut kennen und die Ideen für hilfreiche Veränderungen haben.

Das Gespräch mit Meike machte mir wieder einmal deutlich: Im Streben nach Effizienz und Kontrolle in unseren Unternehmen entstehen eine Reihe von Mechanismen, die Lebendigkeit fesseln: Abteilungen, Hierarchien und die mit ihnen verbundenen Meeting-Rituale stehen echter Zusammenarbeit im Weg, wuchernde Regeln und Vorschriften, Kontrollen – unter anderem von Arbeitszeit und Anwesenheit – feste Prozesse und Anreizsysteme programmieren unser Verhalten. Das ist menschenunwürdig, und diese Art und Weise, sich zu organisieren passt einfach nicht mehr in die Zeit.

Dadurch fühlen sich irgendwie alle in ihrem Tun behindert: Unternehmer, Mitarbeiter, Vorstände, Werkstudenten, Geschäftsführerinnen, Auszubildende genauso wie Führungskräfte auf allen Ebenen. Viele sind davon erschöpft. Doch nicht nur die Menschen, auch die Organisationen sind systematisch überlastet, weil sie mit den dynamischen Umfeldern nicht mehr klarkommen, zu langsam sind und mit ungeeigneten Mitteln probieren, dem entgegenzuwirken.

Paradoxerweise bleibt durch die Überlastung genau das auf der Strecke, was einen immer größeren Stellenwert hat: die Wirtschaftlichkeit. Sie gerät immer mehr aus dem Blick, obwohl sie doch bei Toyota, einem der großen Vorbilder effizienter Produktion, schon wussten, dass nicht nur Defekte, Überproduktion, Wartezeiten, ungenutzte Fähigkeiten oder Transport zu Verschwendung führen können, sondern eben auch Überlastungen. Dafür haben sie in Japan sogar ein Wort: Muri. Und das bedeutet nicht nur »Verschwendung«, sondern auch »unvernünftig«. Ich bin da ganz bei den Japanern: Diese Art Überlastungen in Kauf zu nehmen, ist unvernünftig. Doch es lohnt sich ein zweiter Blick. Was genau ist da unvernünftig? Ich sehe es so: Jeder in einem Unternehmen etablierte Prozess, jede Vorgehensweise ist der Versuch, ein Problem zu lösen. Das ist erst einmal weder unvernünftig noch dumm. Doch jeder Versuch, ein Problem zu lösen, hat auch seine Preise. Nehmen wir einmal die Planung der Produktion. Sicher nützlich, um effizient zu arbeiten. Doch an der Geschichte von Doris einige Seiten zuvor haben wir deutlich gesehen: Zu enge und zu starre Pläne im Dienste der Effizienz können dazu führen, Kunden zu verlieren. Das ist ein hoher Preis.

Inzwischen haben wir in unseren Organisationen sehr viele Prozesse mit sehr hohen Preisen. Das führt zu Zynismus, Polemik, Frust. Der – vermeintliche – Schwachsinn in unseren Unternehmen taugt zwar prima für Lästerrunden in der Kaffeeküche, launige Reden und lustige Fernsehserien à la Stromberg, doch dabei sollten wir es nicht belassen. Denn die fehlende Lebendigkeit in den Organisationen schadet den Menschen und den Unternehmen. Es wird, nein, es ist bereits längst Zeit für Alternativen.

## Naturgesetze?

Doch weshalb halten wir so oft die Funktionsweise von Unternehmen für alternativlos? Neben den Fesseln, die der Lebendigkeit durch unpassende Strukturen angelegt werden, gibt es wohl auch Fesseln in unseren Köpfen. Woher kommt bloß die Idee, dass unsere Unternehmen nur so und nicht anders funktionieren könnten? Dass es Pläne, Budgets, Zielvereinbarungen, Abteilungen, Meetings einfach geben muss, damit es läuft? Wenn ich mit der Bahn unterwegs bin – was ziemlich oft der Fall ist – werde ich häufig Zeugin von Gesprächen, die genau von dieser gefühlten Alternativlosigkeit erzählen. So auch gerade wieder letzte Woche, irgendwo zwischen Frankfurt und Hamburg. Da diskutieren zwei Kollegen sehr engagiert über die Planzahlen für das kommende Jahr. Eine Dame im Businesskostüm bespricht am Telefon die Beurteilung eines Mitarbeiters und die daran geknüpfte Bonuszahlung. Keiner von ihnen hinterfragt, welchen Sinn die Zahlen und Beurteilungen erfüllen. Solche Systeme aus Planung, Zielerfüllung, Beurteilung und Bonus sind offenbar selbstverständlich geworden. Im Zug ging es noch weiter: Eine junge Frau klagt einer Freundin ihr Leid.»Bei uns gibt es nur den Fall, dass du funktionierst.« Sie fühle sich als Produktionsfaktor, fährt sie fort, der eben funktionieren muss.»Wenn ich weg bin, kommt die nächste, ich bin austauschbar.« Das System ist extrem auf Leistung ausgerichtet, gerade viele junge Kollegen arbeiten sehr lange, weit über jede Belastungsgrenze hinaus. Der Druck ist groß, der Chef scheint davon auszugehen, dass nur etwas leistet, wer unter einem gewissen Zwang steht.»Aber«, sagt die junge Frau,»so ist es überall. Das ist eben so, egal, wo du arbeitest.« Puh, ganz schön was los in unserer Wirtschaftswelt, denke ich bei mir, setze mir Kopfhörer auf, mache Musik an und schlage die Zeitung auf. Dort geht es in einem Artikel passenderweise um die Deutsche Bahn und die Tendenz, dass dort – nach Analyse des Autors – der staatliche und politische Einfluss zu- und das betriebswirtschaftliche Denken abnimmt. Dabei, so stellt der Autor fest, legt doch das Grundgesetz fest, dass die Bahn als Wirtschaftsunternehmen zu führen ist. Und dazu gehört ihm zufolge das Prinzip der Gewinnmaximierung. Und wer Gewinne nicht maximiert, denkt nicht betriebswirtschaftlich.

Nachdenklich lege ich die Zeitung weg, schließe die Augen, lasse Gesprächsfetzen und den gerade gelesenen Artikel Revue passieren. Erinnern Sie sich an den jungen Mann, der versuchte, mir seine Software noch am 31. Januar zu verkaufen? Bereits in dem Start-up, das gerade mal zwei Jahre am Markt war, hatten diese Vorgehensweisen Einzug gehalten. Die Menschen im Zug, die Aussagen in dem Artikel über die Bahn und der junge Mann aus dem Start-up – sie sind für mich Zeichen, wie sehr das alles verinnerlicht ist, ja als»professionell« gilt, dass wir die Nebenwirkungen solcher Praxis in Kauf nehmen müssen und daran eben nichts zu ändern ist. Es ist gerade so, als seien es Naturgesetze. Doch das sind sie doch gar nicht, sie sind menschengemacht. Weshalb in Gottes Namen ist es so schwierig, die Strukturen und Prozesse zu verändern? Es liegt sicher daran, dass viele gar nicht merken, wo sie da drinstecken, so sehr sind sie an die Abläufe gewöhnt. Doch selbst wenn Ihnen bewusst ist, worin Sie stecken und was zu verändern wäre: Einfach ist es auch dann nicht. Weshalb nicht? Zum einen, weil es möglicherweise von Ihnen verlangt, auch Ihre eigenen Denkweisen und Überzeugungen auf den Prüfstand zu stellen, ja sogar Ihre Rolle infrage zu stellen und damit etwas, das auch Ihre Identität mitprägt. Das ist schwer, und ich habe vor jedem und jeder Respekt, der und die dieses Wagnis eingeht. Zum anderen hat jedes System, jede Organisation die Tendenz, so weiterzumachen wie immer. Von Ideen der Menschen, die in ihnen arbeiten, lassen sie sich nur zögerlich irritieren.

Noch dazu fehlt oft eine Vorstellung davon, was alles möglich wäre. Dass es ein Krankenhaus mit fast 200 Mitarbeitern ohne formale Hierarchien geben kann. Dass eine Bank ohne Vertriebsdruck mehr als nur funktioniert. Dass funktionale Teilung selbst in einem Produktionsbetrieb nicht erforderlich ist. Dass Beiträge von Mitarbeitern gewürdigt werden, ohne ihnen Boni zu zahlen. Ohne diese Ideen und Vorstellungen von Alternativen kann aber keine Veränderungsenergie entstehen.

**Ohne Ideen und Vorstellungen von Alternativen entsteht keine Veränderungsenergie.**

Das war für meine Kollegen und mich eine wesentliche Triebfeder für unsere Initiative AUGENHÖHE und die Filme, die in deren Rahmen in den letzten Jahren entstanden: Wir wollten zeigen, was möglich ist, und das anhand von Unternehmen, die bereits seit Jahren erfolgreich auf ihre Art wirtschafteten. Und es ist ein wesentlicher Grund dafür, dass ich gerade – noch einmal zehn Jahre nach der Begebenheit am Hamburger Hauptbahnhof und fünf Jahre nach unserem ersten Film – in meinem Lieblingscafé sitze und meine Gedanken für Sie aufschreibe. Mich faszinieren lebendige Organisationen – und die Menschen, die dort Impulse setzen und Beiträge leisten für eine andere, lebendige Arbeit und Wirtschaft. Dafür stehe ich jeden Morgen auf: Ich möchte dazu beitragen, dass in unseren Organisationen – Unternehmen wie Schulen – anders gearbeitet wird. Zum Wohle der Menschen und der Organisationen. Oder anders gesagt: Ich möchte meinen Kindern eine andere Arbeitswelt hinterlassen, als ich sie selbst vorfand. Und am besten auch eine andere Schule, denn dort werden die Grundsteine für Überzeugungen bereits gelegt und gefestigt.

# Fesseln in Schulen

30 erwachsene Menschen sitzen auf viel zu kleinen Stühlen an deutlich zu niedrigen Tischen. Wo sind wir? Richtig, in einer Grundschule, und es ist Elternabend. An einen denke ich besonders zurück: Meine Tochter war gerade eingeschult worden, es begann das zweite Halbjahr der ersten Klasse. Ihr Klassenlehrer erläuterte uns Eltern, weshalb er keine Arbeitsblätter einsetzt, auf denen die Kinder Lückentexte ergänzen und Aufgaben abarbeiten sollten. Er erklärte dies, indem er aus dem Hamburgischen Schulgesetz zitierte. In §2 (2) heißt es dort: »Unterricht und Erziehung sind auf die Entfaltung der geistigen, körperlichen und sozialen Fähigkeiten sowie die Stärkung der Leistungsfähigkeit und Leistungsbereitschaft der Schülerinnen und Schüler auszurichten. Sie sind so zu gestalten, dass sie die Selbstständigkeit, Urteilsfähigkeit, Kooperations-, Kommunikations- und Konfliktfähigkeit sowie die Fähigkeit, verantwortlich Entscheidungen zu treffen, stärken.«

Ich weiß noch, wie ich damals dachte: »Wow, so was steht im Gesetz?« Das war ja eine glasklare Vision für das »Wofür«, das »Was« und das »Wie« des Lernens, in der für Gegenwart und Zukunft sehr zentrale Kompetenzen vorkamen. Das sah der Klassenlehrer auch so und lehnte daher »Arbeitsblattpädagogik«, wie er es nannte, ab. Damit würden Aufgabenerfüller sozialisiert, davon stünde aber weder etwas im Gesetz noch würde er seine Aufgabe als Lehrer so verstehen, noch denken, dass diese Kompetenz in unserer heutigen Welt von zentraler Bedeutung wäre. Er wollte, dass die Kinder am und vom echten Leben lernen. Potenzialentfaltung und Individualität sollten im Vordergrund stehen und weniger die Erfüllung von Zielen, die andere gesetzt, und die Abarbeitung von Aufgaben, die andere vorgegeben hatten.

Klingt gut? Das fanden offenbar nicht alle anwesenden Eltern. Nachdem der Lehrer seine Ausführungen beendet hatte, flogen gleich mehrere Hände hoch. Zuerst meldete sich ein Vater zu Wort. »Wir hatten auch Arbeitsblätter und haben Aufgaben erledigt. Und überhaupt: Was soll daran schlecht sein, wenn Kinder tun, was man ihnen sagt?« »Richtig«, ergänzte eine Mutter, »das hat uns offenbar auch nicht geschadet. Schauen wir uns doch hier um, aus den meisten ist dem Anschein nach etwas geworden – mit Arbeitsblättern.«

Das stimmt, die meisten von uns haben ihren Weg gemacht, und doch bin ich mir nicht so sicher, ob es wirklich nicht geschadet hat. Bei genauerem Hinsehen fällt auf, dass nicht wenige heute erwachsene Menschen Blessuren aus ihrer Schulzeit davongetragen haben, meistens unbewusst. Nehmen Sie nur den weit verbreiteten Glaubenssatz, nur etwas wert zu sein, wenn man etwas leistet, oder die Erfahrungen von Scham, wenn man an die Tafel musste und es nicht draufhatte, die bis heute bei Präsentationen vor Gruppen nachwirken. Auch der »Funktioniermodus«, in dem viele von uns in ihren Organisationen – und leider auch sehr oft außerhalb – leben, ist in der Schule bereits gespürt worden.

Schon in der Grundschule arbeiten die Kinder Listen ab, füllen Arbeitsblätter aus und lernen nach vorgegebenen Plänen, häufig im Gleichschritt. Wer schnell begreift, ist gelangweilt, wer länger braucht, hoffnungslos überfordert. Individueller Blick auf Anstrengung und Fortschritt? Oft Fehlanzeige. Es kommt darauf an, der Beste oder die Beste zu sein. Schwache bleiben draußen, Fehler werden rot angestrichen und Fünfen verteilt. Die unausgesprochene Botschaft: »Tu, was dir aufgetragen wurde – und das möglichst perfekt.«

## Der heimliche Lehrplan

Unbewusst tragen wir Eltern und auch die Lehrer mit ihren eigenen Schulerfahrungen aus der Vergangenheit zur Schule von heute bei. Eine mindestens ebenso große Rolle spielen aber die Erlebnisse in den Unternehmen und Organisationen, in denen die Mütter und Väter tätig sind. Nur allzu oft sind diese Erfahrungen geprägt von gefesselter Lebendigkeit, wie wir im vorherigen Kapitel gesehen haben.

Wer aber immer wieder bestimmte Erfahrungen macht, entwickelt daraus eine bestimmte innere Haltung. Sie prägt Wahrnehmungen, Bewertungen und Entscheidungen. Somit wundert es mich nicht, wenn Eltern Arbeitsblätter und Strafarbeiten fordern – sie haben diese Mechanismen an vielen Stellen erlebt. Ebenso wie hierarchisches Denken, Konkurrenz, Standards, Kontrolle und Regelkonformität – alles Elemente, die den heimlichen Lehrplan von Schulen noch heute prägen.

Sie meinen, ich übertreibe? Ich wünschte, Sie hätten recht, aber angesichts so mancher Erlebnisse in den Schulen meiner Kinder und vieler Gespräche mit Eltern befürchte ich, dass meine Beschreibungen nicht überzogen sind. Ich erinnere mich noch sehr gut an den Tag, als mein Sohn bedrückt aus der Schule kam – am dritten Tag in der Vorschule. Dass die Schuleuphorie so schnell vorbei sein würde, damit hatte ich nicht gerechnet. Was war passiert? Die Lehrerin hatte eingeführt, dass die Kinder morgens nach Betreten des Klassenraums zu ihr nach vorne kommen und ihr die Hand geben sollten. »Mama, muss ich das machen?«, fragte mein Sohn. »Ich finde das doof.«

> **Hierarchisches Denken, Konkurrenz, Standards, Kontrolle und Regelkonformität – prägen den heimlichen Lehrplan in den Schulen.**

Nun werden Sie vielleicht sagen, eine freundliche Begrüßung, noch dazu mit einem Händedruck, ist doch etwas sehr Schönes. An sich schon, da bin ich ganz bei Ihnen. Gleichzeitig gab es da offenbar etwas, was bei meinem damals fünfjährigen Sohn das diffuse Gefühl auslöste, dass irgendetwas nicht stimmte. Er fühlte sich sehr unwohl.

Es wurde ein längeres Gespräch zwischen Mutter und Sohn, in dessen Verlauf deutlich wurde, dass es in der Tat nicht um die Geste des Händeschüttelns an sich ging. Sondern darum, wie diese Begrüßung von der Lehrerin inszeniert worden war. Mit seinen fünf Jahren brachte es mein Sohn damals ziemlich direkt auf den Punkt: »Die ist doch keine Königin, die auf dem Thron sitzt.« Er fühlte sich durch die Art der Inszenierung klein – und erniedrigt.

Dieses Erlebnis hat mir sehr zu denken gegeben. Da wird aus einer an sich schönen und gut gemeinten eine abwertende und erniedrigende Geste. Aus etwas, was ich gerne tue, nämlich jemanden begrüßen, wird eine Verpflichtung. Ich dramatisiere? Es kann schon sein, dass ich an dieser Stelle – ebenso wie offenbar mein Sohn – besonders empfindlich bin. Für mich zeigt diese Geschichte, wie fein und subtil der heimliche Lehrplan wirkt.

Wenig später sollte ich einen weiteren Akt im Theaterstück »Heimlicher Lehrplan« erleben, der noch tiefgreifender war: Meine Tochter hatte, wie einige ihrer Mitschüler auch, eine Strafarbeit aufbekommen, weil sie trotz wiederholter Aufforderungen des Klassenlehrers herumliegende Sachen im Klassenraum nicht aufgeräumt hatte. Ich schaute sie mit großen Augen an, als sie mir davon erzählte. Sie sollte allen Ernstes die Hausordnung der Schule abschreiben, weil sie ein Bild aus dem Kunstunterricht nicht weggeräumt hatte? Eine Strafarbeit? Und so etwas kam auch noch von einem jungen, modernen und beliebten Lehrer? Ich verstand die Welt nicht mehr. Als Kind der 1970er-Jahre habe ich in meiner Schulzeit durchaus noch Ausläufer der »Schwarzen Pädagogik« erlebt, aber ich dachte, das sei nun wirklich vorbei. Ich irrte. Wie sehr, dass stellte ich anlässlich des kurz nach dieser Episode stattfindenden Elternabends fest.

Das Thema »Strafarbeit« kam zur Sprache, darum hatten offenbar mehrere Eltern – und anderem ich – gebeten. Was ich dann an diesem Septemberabend zu hören bekam, irritierte mich zutiefst. Viele der anderen Eltern freuten sich über die Strafarbeit. »Endlich mal Disziplin!«, war der Tenor der Diskussion, und funktioniert hatte es schließlich auch, der Klassenraum sah am Elternabend picobello aus. Keine Frage, das stimmte. Meistens ist das auch so, dass Strafen – wie auch Belohnungen – den gewünschten Effekt haben, zumindest für eine gewisse Zeit.

Doch weshalb ist das so? Belohnungen und Bestrafungen aktivieren Emotionen, das können Neurowissenschaftler inzwischen anhand von Aufnahmen des Gehirns nachweisen. Und wann immer Emotionen im Spiel sind, lernen wir etwas. In diesem Falle, wie wir am besten Belohnungen einheimsen und Bestrafungen vermeiden. In den seltensten Fällen führen solche Anreize aber dazu, dass die Lust steigt, sein Wissen und Können einzubringen und weiter zu entwickeln. Oder die Lust, den Klassenraum aufzuräumen. Ebenso wenig findet eine Auseinandersetzung mit den Bedürfnissen anderer statt. Dem Lehrer ging es vermutlich um Ordnung im Raum, eine freundliche Lernatmosphäre und vielleicht auch um eine gewisse Anerkennung seines Wunsches und seiner Person. Doch wie finden er und die Kinder einen Weg, seine Bedürfnisse zu erfüllen – und gleichzeitig die der Kinder einzubeziehen? Durch eine Strafarbeit sicher nicht, auch nicht als »letztes Mittel«.

Im Kontext Schule braucht der Einsatz von Belohnung und Bestrafung besondere Vorsicht, denn die jungen Menschen lernen damit bereits in einer sehr frühen Phase ihrer Persönlichkeitsentwicklung, sich an diese Mechanismen anzupassen. Diese Konditionierung erleben sie dann früher oder später als normal. Wie sehr, das wurde mir in einer norddeutschen Hochschule bewusst. Ich übernehme hin und wieder Lehraufträge, da mir die Arbeit mit jungen Leuten sehr wichtig ist.

Da saßen nun also an einem sonnigen Maivormittag ungefähr 30 Studierende, und wir sprachen über das Bild, das wir von uns selbst und von anderen Menschen haben. Bei der Bitte, sich selbst einzuschätzen, sagten fast zwei Drittel der Gruppe, sie wünschten sich Ansagen und würden ungern Verantwortung übernehmen. Wie bitte? Ich nutze diese Art der Selbsteinschätzung durchaus häufiger bei Vorträgen, doch so ein großer Anteil, der sich für nicht aus sich heraus motiviert hält, war mir bis dahin noch nie begegnet – und ist mir auch seitdem nicht mehr begegnet.

Wie kamen so junge Menschen zu diesem Schluss? Die waren doch bisher kaum mit Unternehmen in Kontakt, angesichts deren Strukturen sie auf solche Gedanken hätten kommen können. Offenbar leisten Schulen und Universitäten da bereits früh ganze Arbeit. Das ist dramatisch! Das versteckte Curriculum wirkt dabei oft viel stärker als jeder Unterricht – egal, wie gut oder schlecht er ist. Das kann ich an meinen Kindern gut studieren: Während sie Inhalte aus der Zeit vor vier, fünf oder sechs Jahren längst vergessen haben, erinnern sie sich an die Erlebnisse mit Strafarbeit oder Händeschütteln nur zu gut. Leider.

Schule, wie wir sie heute erleben, ist vielfach immer noch von Hierarchie geprägt – Aufgabenerfüllung, Verwaltung und Überwachung, steuernde, standardisierende und kontrollierende Führung sind wesentliche Elemente, Effizienz ist das Ziel. Damit verhindert Schule aber gerade genau das, worauf es in Zukunft ankommt: Selbstorganisation, Selbstbestimmung, Verantwortung, Beziehungen, Kooperation, Kreativität und Innovation. Alle Beteiligten merken, dass da was nicht passt, und spüren die dadurch wachsende Spannung.

## Und, was hast du?

Diese Spannung trägt zu dem großen Druck bei, der in Schulen heute vielfach spürbar ist. Schon ab der zweiten Klasse geht es um den Übergang auf das Gymnasium, in Klasse fünf und sechs um den Verbleib auf demselben und später um den besten Abischnitt. Konkurrenz und Vergleich sind allgegenwärtig. Meine Tochter, durchaus eine »gute« Schülerin, sagte auf die Frage, was sie an Schule am meisten stört: »Die Frage: Und, was hast du?« Nach jeder Arbeit und jeder Zeugnisvergabe beginnt das große Vergleichen: Wer ist besser als der andere? Die Vergleiche erzeugen Druck – und der tut ihr nicht gut. Anderen auch nicht, wie sie aus Gesprächen mit ihren Freundinnen und Klassenkameraden weiß. Nicht selten kommt dann noch Druck von zu Hause dazu. Eine Mitschülerin darf bei einer Note schlechter als »gut« für vier Wochen nicht mehr zum Tanztraining gehen, sondern muss stattdessen lernen, ein Klassenkamerad sieht sich bei jeder schlechten Note mit Standpauken konfrontiert. Unterstützung sieht anders aus.

Doch auch Eltern stehen immer wieder am Rande des Nervenzusammenbruchs. Sie wollen das Beste für ihre Kinder und möchten für einen möglichst hohen Bildungsabschluss sorgen, damit ihre Kinder später ein gutes Leben haben. Eine Fokussierung auf Fachwissen, Noten und Vergleichstests wie PISA ist oft die Folge.

**Kinder brauchen zum Lernen Menschen, mit denen sie sich austauschen können und denen sie sich verbunden fühlen.**

Der Druck aus den Elternhäusern kommt aber nicht nur bei den Kindern an, sondern genauso bei den Lehrerinnen und Lehrern. Sie müssen vorgegebene Lehrpläne erfüllen, Stoff durchackern, Fehler anstreichen und bewerten. Viel zu oft werden die Pädagogen in diesem System zu Defizitnachweisern, und das sehr häufig gegen ihre Überzeugungen. Sie wollen mehrheitlich etwas anderes, wollen ihre Schülerinnen und Schüler unterstützen auf ihrem Weg. Doch das ist kaum möglich, wenn schon wieder die nächste Klausur ansteht und der Lehrer wieder Noten geben muss.

Sich dabei seine eigene Lust am Entdecken, Gestalten und Weiterentwickeln zu erhalten, ist alles andere als einfach – und doch so notwendig, um den Job zu machen. Denn Kinder – und nicht nur sie – brauchen zum Lernen neben Freiräumen für eigenes Denken und Raum zum Ausprobieren vor allem erfahrene Menschen, mit denen sie sich austauschen können und denen sie sich emotional verbunden fühlen.

Liebe Lehrerinnen und Lehrer, die Sie jeden Tag probieren, Ihren Schülerinnen und Schülern einer dieser Menschen zu sein: Danke. Ich ziehe den Hut vor der Arbeit, die Sie jeden Tag leisten. Leider zahlen Sie dafür oft einen hohen Preis.

## Objekte der Belehrung

Studien belegen: Lehrer leiden häufiger als alle anderen Erwerbstätigen unter psychischer Erschöpfung. Und ungefähr ein Drittel der Kinder geht mit Angst in die Schule. Sie haben Angst, zu versagen. Sie haben Angst, beschämt zu werden, wenn sie Fehler machen. Angst und kreatives Problemlösen schließen sich aber aus. Angst und Lebendigkeit auch. Viel wahrscheinlicher ist, dass die gewohnten Mechanismen umso stärker werden. Das ist das Bekannte, Bekanntes schafft Sicherheit und Sicherheit nimmt Angst.

So ist wohl auch zu erklären, weshalb die erste der vier von der UNESCO benannten Säulen der Bildung in Schulen besondere Aufmerksamkeit bekommt, nämlich »Lernen, Wissen zu erwerben«. Keine Frage, eine ausreichend breite Allgemeinbildung, verknüpft mit der Möglichkeit, vertiefende Kenntnisse in ausgewählten Fächern zu erwerben, ist wichtig. Eine solche Grundbildung ist ein gutes Fundament für einen lebenslangen Lernprozess. Wenn es gut läuft, macht dieses Legen von Fundamenten auch Lust auf mehr. Leider ist aber der Wissenserwerb üblicherweise geprägt vom Lernen aus Büchern, durch Zuhören und Reden. Am Anfang einer Stunde steht schon fest, was am Ende rauskommen soll. Es gilt als professionell, wenn der Plan aufgeht. So wird es auch immer noch in der Lehrerausbildung gelehrt.

Die Schülerinnen und Schüler werden so zu Objekten der Belehrung, mit den entsprechenden Folgen für ihre Motivation und ihre Lust am Lernen. Aber sie sollten besser als Subjekte ihrer individuellen Lernprozesse diese selbst organisieren. Das ist herausfordernd, keine Frage, doch schon junge Kinder können das viel besser, als wir denken. Als ich neulich mit meinen Kindern zusammensaß und wir über ihre Erfahrungen mit Schule sprachen, sagten beide unisono, sie würden sich gerne viel mehr selbst erarbeiten und es nicht vorgesetzt bekommen. Damit würden sie nicht nur Wissen erwerben, sondern so wichtige Kompetenzen wie Selbstorganisation, Eigenverantwortung und kritische Auswertung von Informationen gleich mitentwickeln. Die jungen Menschen machen beim eigenverantwortlichen Lernen auch die Erfahrung von

Selbstwirksamkeit – und die ist unbezahlbar. Wer erlebt, auch schwierige Situationen aus eigener Kraft erfolgreich bewältigen zu können, wird sich Herausforderungen viel leichter stellen.

Wer aber immer wieder von anderen Menschen hört, dass er ein Versager ist – zum Beispiel ausgedrückt durch Noten –, dessen Überzeugung, selbstwirksam sein zu können, wird nachhaltig geschwächt.

## Wissen allein genügt nicht

»Das Fachwissen der Schulabgänger, die zu uns kommen, ist zufriedenstellend. Und es ist viel weniger wichtig, als Eltern denken.« Das sind die Worte von Frank Liebelt, ehemaliger HR Group Director bei Vaillant, einem großen, international tätigen Familienunternehmen im Bereich Heiz- und Kühltechnik, in einem Interview mit der Initiative »Schule im Aufbruch«. Was er vermisst? Eigenverantwortung, Initiative, Kooperationsfähigkeit, kritisches Denken. »Auszubildende nehmen Vieles unkritisch hin. So kennen sie es aus der Schule – der Lehrer sagt, was sie bis Montag machen sollen, und dann machen sie das«, ergänzt er seine Aussage.

Wenn aber schon junge Menschen so in die Unternehmen kommen, wie wollen wir dann eine andere Art zu Arbeiten etablieren? Es ist heute viel subtiler als noch zu meiner Schulzeit, aber letztlich konditioniert Schule immer noch auf Wissen und Anpassung, das wird unter anderem an der Aussage von Frank Liebelt deutlich.

Die Verantwortlichen bei der UNESCO werden sich aber etwas dabei gedacht haben, als sie neben der ersten Säule »Lernen, Wissen zu erwerben« drei weitere formulierten: »Lernen, zu handeln.« Und das vor allem, wenn noch nicht klar ist, was gerade »das Richtige« ist, möchte man ergänzen. Es geht ganz besonders um Handlungsfähigkeit in unklaren, komplexen Situationen. Die dritte Säule heißt: »Lernen, zusammenzuleben.« Und damit auch lernen, zusammenzuarbeiten, denn die Zeit der genialen Individualisten, die etwas ganz alleine tun, ist definitiv vorbei. Und als vierte Säule formulierte die UNESCO: »Lernen, zu sein.« Damit ist so etwas gemeint wie, sich selbst zu kennen, zu reflektieren und die eigene Entwicklung zu gestalten. »Lernen, zu sein« ist der wohl wichtigste Aspekt – und zugleich der am wenigsten in Schulen berücksichtigte. Aber nur alle vier Säulen zusammen ergeben eine

Bildung, die dem Leben gerecht wird, und eine, die junge Menschen auf die Herausforderungen von Gegenwart und Zukunft angemessen vorbereitet.

Doch statt diesen Gedanken zu folgen, schränken wir die Lebendigkeit der Schüler ein, wir legen ihr Fesseln an. Das hat Folgen für uns Menschen, unsere Organisationen und die gesamte Gesellschaft. Diese ganzen Fesseln haben Folgen, die weit über die Schule hinauswirken.

# Folgen für Menschen, Organisationen und Gesellschaft

Ich weiß nicht, wie es Ihnen beim Lesen der letzten beiden Kapitel ging. Beim Schreiben hatte ich phasenweise ganz schön schlechte Laune, und in den Ärger mischte sich gleichzeitig mit jeder Zeile einmal mehr Traurigkeit. Weshalb?

Weil das, was ich auf den letzten Seiten beschrieben habe, sich nicht nur in unseren Organisationen, Behörden und Schulen abspielt. Das für sich genommen wäre schon beklagenswert genug. Es ist aber in der gesamten Gesellschaft präsent und hat Einfluss auf das Leben jedes Einzelnen. Viele von uns verbringen acht oder mehr Stunden am Tag an ihrem Arbeitsplatz, das ist ein großer Teil unserer wachen Lebenszeit. Dort etwas bloß »auszuhalten« ist bitter. Unsere Schülerinnen und Schüler sind zehn, zwölf oder dreizehn Jahre in diesem System unterwegs. Jetzt könnten Sie sagen: »Ja, nicht schön, aber das ist eben so. Es geht nicht anders, da muss man eben mal den Arsch zusammenkneifen.«

Ich bin bei Ihnen, dass das mit dem Arsch manchmal notwendig ist. Doch als Dauerzustand über Jahre taugt das

> So viele haben sich daran gewöhnt, dass ihre Lebendigkeit gefesselt ist und bemerken es kaum noch.

nicht. Der Preis dafür ist eindeutig viel zu hoch. Und wissen Sie, was das Schlimmste ist? So viele haben sich daran gewöhnt, dass ihre Lebendigkeit gefesselt ist und sie diesen Preis fortwährend zahlen, dass sie es selbst kaum noch bemerken – oder erst sehr spät. Wenn sich der Körper mit unüberhörbaren Zeichen wie Tinnitus, Verspannungen, Burn-out oder gar Herzinfarkt meldet. Und selbst, wenn es dazu schon gekommen ist, gilt die Aufmerksamkeit der Betroffenen nicht selten der Frage, wie sie schnell fit werden können, um wieder mitzulaufen im Hamsterrad. Zu klischeehaft? Ich würde mich freuen, wenn es so wäre, doch mir sind dafür schon zu viele Menschen begegnet, die genau diese Geschichten von gefesselter Lebendigkeit in ihren unterschiedlichen Facetten erzählen.

## Noch mehr schaffen

Einer von denen, bei denen sich der Körper sehr vernehmbar gemeldet hatte, ist Jochen, Führungskraft in einem DAX-Unternehmen. Ihm bin ich an einem meiner Abende bei sysTelios begegnet, wo er sich von den Folgen eines Herzinfarktes erholte. sysTelios ist eine psychosomatische Klinik oder, wie sie selber lieber sagen, ein Gesundheitszentrum.

Da wir sehr eng mit der mit der Klinik verbundenen sysTelios-Akademie zusammenarbeiten, bin ich häufiger mal dort in dem kleinen Ort Siedelsbrunn mitten im Odenwald. Aus der kurzen Begegnung mit Jochen an der Kaffeemaschine wurde ein abendfüllendes Gespräch. Angefangen hatte alles mit Jochens Bemerkung, er würde den Espresso am Abend jetzt nicht mehr trinken, um wach zu bleiben, sondern um ihn zu genießen. Als ich ihn fragte, wie es zu diesem Wandel gekommen war, begann er zu erzählen: Er war schon seit über 15 Jahren in der Position im Unternehmen, er war anerkannt, musste sich keinerlei Sorgen um seine Position machen und beherrschte sein Aufgabenfeld. Keine 70-Stunden-Wochen, kein Mobbing, kein »unfähiger« Chef. Wo war dann das Problem? »Die Fixierung auf Leistung«, sagte Jochen. »Leistung war letztlich das Einzige, was zählte. Du musstest Leistung bringen, eine Alternative dazu gab es nicht wirklich.«

Das war keineswegs offensichtlich, sondern sehr subtil. Oberflächlich betrachtet, so sagte Jochen, hatte er sehr viele Freiheiten in der Erledigung seiner Arbeit gehabt. Flexible Arbeitszeiten und Homeoffice waren selbstverständlich geworden, niemand schrieb ihm vor, was er an einem Tag zu tun oder zu lassen hatte. Es gab sogar Meditationsangebote im Unternehmen, um Zeit zum Ausatmen zu haben.

Aber am Ende zählte eben doch nur, ob er die Deadline gehalten hatte, das Projekt gestemmt und seine Aufgaben abgearbeitet hatte. Feedbackinstrumente sorgten dafür, dass er sich ständig auf seine Defizite, Schwächen und Verbesserungsmöglichkeiten fokussierte und sich permanent weiter optimierte. Auch die Meditation diente letztlich diesem Zweck: durch die Pause wieder fit werden, um auch nach dem Mittag produktiv weiter arbeiten zu können. »Noch mehr schaffen«, das war die Devise. »Und weißt du, was verrückt ist?«, fragte er mich. »Ich habe diese Optimierungsidee mit in andere Lebensbereiche genommen!« Nach und nach wurden auch Dinge, die ihm eigentlich Spaß machten, wie der Spaziergang mit dem Hund oder die Zubereitung des Abendessens, zu Positionen auf der To-do-Liste, die es abzuhaken galt. »Viele Tage habe ich in einem roboterähnlichen Zustand verbracht«, fuhr er fort. »Ich konnte am Abend kaum sagen, was ich erlebt, gegessen, gesehen, getan hatte.« Das alles war ihm aber erst in der Rückschau bewusst geworden. »Mein Leben war ganz normal, wie das meiner Kolleginnen, Mitarbeiter, Geschwister und Freunde eben auch.«

Dieses »Mach was aus dir!«, »Streng dich an!«, »Optimiere dich!«, das Jochen aus Zeitungen, den sozialen Medien, Podcasts und Ratgeberliteratur entgegenschallte, hatte sogar dazu geführt, dass er sich zunächst selbst die Schuld an seiner Krankheit gegeben hatte. Er schien etwas falsch gemacht, sich nicht gesund genug ernährt, nicht genug geschlafen oder sich zu wenig bewegt zu haben. Als er das so sagte, musste ich erst einmal schlucken. Das war heftig.

Doch es ist wohl so in unserer Gesellschaft: Allzu schnell sollen die Menschen an ihrem Schicksal selbst schuld sein, der Arbeitslose an seiner Arbeitslosigkeit, der Obdachlose an seiner Wohnungslosigkeit und folgerichtig der Kranke an seiner Krankheit. Nichts gegen Verantwortung, im Gegenteil! Aber: Nur Verantwortung ohne Solidarität taugt eben auch nichts.

Jochen erzählte, dass ihm erst während der durch seine Krankheit erzwungenen Pause klar geworden war, wie sehr er unter Druck gestanden hatte. Das war nie offensichtlich und doch – oder gerade deswegen – sehr wirkungsvoll. »Es war bei uns im Bereich nie so, wie ich es von im Vertrieb tätigen Kollegen kannte«, sagte er. »Die standen sehr offensichtlich in Konkurrenz zueinander, und die Ziele waren so gesetzt, dass sie kaum erreichbar waren.« So etwas gab es bei ihm nicht, und doch war der Drang, sich als besser als andere zu präsentieren und zu glänzen, immer da – bei der Arbeit und darüber hinaus.

Mir wurde in dem Moment bewusst, dass sich dieser Drang auf Facebook, LinkedIn, Instagram, bei Parship und Tinder bestens studieren lässt. Jeder glänzt, Schwächen hat niemand – bis auf die üblichen wie Ungeduld oder sehr hohe Ansprüche. Was daran, so fragten Jochen und ich uns, gehört einfach zu uns Menschen? Sind wir von Natur aus egois-

tische Wesen, die auf den eigenen Vorteil bedacht sind und ständig nach
»Mehr« streben? Sind Konkurrenzdenken, Eitelkeit und Selbstsucht der
Menschen möglicherweise nicht auch Antrieb für Innovation und Fortschritt? Oder sind wir in unserer Grundprogrammierung eher altruistisch und sozial und entwickeln Neuerungen eher aus dem Gedanken
des Nutzens für andere heraus?

Wir haben, so unser Schluss, vermutlich beide Seiten in uns und
können diese je nach Kontext einsetzen. Die Frage ist eher, wo wir zu
Hause sind und was wir bei Bedarf nutzen. Gunther Schmidt, einer der
Gründer der sysTelios-Klinik, nennt das den »persönlichen Squashpoint«. Wie er auf dieses Bild kommt? Wenn Sie wie ich und viele der
in den 1980er-Jahren Aufgewachsenen ab und zu Squash gespielt haben,
dann erinnern Sie sich vielleicht: Man steht in einem ziemlich engen
Raum, die Wände sind auch Spielfläche, der kleine Ball flitzt schnell hin
und her. Sie haben eigentlich nur dann eine Chance, wenn Sie immer
schnell auf den Punkt zurückkehren, an dem sich die Linien kreuzen –
den Squashpoint – und von dort aus agieren, was so manches Mal weite
Ausfallschritte bedeutet. Mir gefällt dieses Bild gut, es illustriert für
mich, dass ich einen Punkt habe, von dem aus ich handle, von dem aus
ich aber mit Ausfallschritten auch andere Verhaltensweisen zur Verfügung habe. Die Frage ist nur: Wo ist unser Squashpoint? Für jeden von
uns liegt dieser Punkt woanders: Was für Sie mit einem kleinen Schritt
erreichbar ist, könnte für mich einen großen Ausfallsschritt bedeuten,
also am Rande dessen liegen, was zu meinem Verhaltensrepertoire gehört.

Jochen und ich diskutierten immer weiter bis in die abendliche Dun-
kelheit hinein, denn der Aspekt, den wir mit dem Squashpoint aufgewor-
fen hatten, erschien uns ausgesprochen relevant. Studien, Forschungs-
ergebnisse und Analysen, so war uns schnell klar, würden uns darauf
keine Antwort geben, denn deren Ergebnisse sind so vielfältig wie die
Werte und Motivationen derer, die sie erstellen. Wirtschaftsliberale in
der Tradition eines Milton Friedman sehen eher Egoismus als Triebfeder des Menschen, Sozialunternehmer wie der Friedensnobelpreisträger
Muhammad Yunus legen ihren Analysen die Annahme zugrunde, dass
wir Menschen von Natur aus altruistisch sind. Aber dann, so wurde uns
immer klarer, geht es nicht um die Frage, ob eher Friedman oder Yunus
recht hat, sondern darum, wo wir unseren Squashpoint sehen und was
wir tun und lassen, um immer wieder zu diesem zurückzukehren. Doch

das ist noch nicht alles. Es geht auch um die Frage, für was für eine Welt wir unterwegs sein wollen.

Inzwischen war es ein Uhr und längst still geworden um uns herum. Wir einigten uns darauf, die zuletzt entdeckten Fragen mitzunehmen. Wider Erwarten konnte ich gut einschlafen, vielleicht weil die Fragen, die Jochen und ich uns zum Schluss unseres Gesprächs gestellt hatten, ermutigende Fragen waren.

»Silke«, begrüßte mich Jochen am folgenden Morgen beim Frühstück, »das mit dem Squashpoint ist Mist. Mir tun schon bei dem Gedanken daran die Beine weh, weil ich permanent weite Ausfallschritte am Rande der Zerrung mache.« Um die – vermuteten und ausgesprochenen – Erwartungen seines Umfeldes zu erfüllen, musste Jochen sich permanent strecken. Anstrengend. Sehr anstrengend. Nun war Jochen kein Typ, der grundsätzlich etwas gegen Anstrengung hatte, doch als permanenter Zustand ist das schwer zu ertragen. »Und eines will ich bestimmt nicht«, ergänzte er. »Das, was ich hier in den Therapien lerne und erfahre, nur dafür einsetzen, bessere Ausfallschritte machen zu können.« Ich konnte ihn gut verstehen. Und doch, dachte ich, während ich in meinem Kaffee rührte, das Bild vom Squashpoint ist bei aller Anstrengung auch sehr treffend. Es illustriert einerseits, dass es hilfreich ist zu wissen, wo wir uns zu Hause fühlen, und andererseits, dass wir uns von dort aus in ungewohnte Gefilde strecken können und dass diese Schritte nicht beliebig groß werden können, ohne dass wir uns verletzen.

Wie sehr Jochen das Ideal von Schaffen, Konkurrenz und Erfolg verinnerlicht hatte, wurde ihm in diesen Wochen nach seinem Infarkt erst so richtig deutlich. Der eindrücklichste Satz, den er über diese Zeit sagte, war: »Die Tage haben endlich wieder die richtige Geschwindigkeit«. Was für eine schöne Formulierung! »Ich bin ein echtes Klischee«, fügte er nur im halb im Scherz an. »Ich musste erst umkippen, um es zu kapieren.« Weshalb machen Menschen sowas eigentlich mit – und empfinden es sogar noch als Freiheit? Diese Frage begleitet mich nicht erst seit dem Gespräch mit Jochen, und sie wird auch in diesem Buch immer wieder mitschwingen.

## Ansteckende Lähmung

Eine, die noch rechtzeitig die Reißleine gezogen hat, ist Kathrin. Wir lernten uns genau an dem Tag kennen, an dem sie ihren Aufhebungsvertrag unterschrieben hatte. Bis zu diesem 20. August 2019 war sie Mitglied der Geschäftsleitung eines inhabergeführten Unternehmens der Finanzbranche gewesen. Zwei Jahre zuvor hatte sie diese Stelle angetreten, nach einer Karriere in großen Unternehmen und mit dem Gefühl, in dieser mittelständischen Organisation nun mehr als bisher bewegen zu können. Immerhin war sie ja sogar im Vorstand – und aus dieser durchaus machtvollen Position heraus hatte sie Wirkung entfalten wollen. So ihre Ambitionen.

Der Anfang war wunderbar. Das Team, mit dem Kathrin zusammenarbeitete, war großartig und ihre Initiativen fielen auf fruchtbaren Boden. Doch es mehrten sich Erlebnisse, die Kathrin stutzig machten. Ihr fiel auf, dass die Menschen in ihrem Team zwar bereitwillig Vorschläge von ihr aufgriffen, jedoch nie selber welche einbrachten, obwohl sie als Chefin dies ausdrücklich »erlaubt«, es sich sogar gewünscht hatte. »Ich hatte die Fesseln durchgeschnitten«, formulierte Kathrin, »aber trotz der gelösten Fesseln bewegte sich niemand auch nur einen Zentimeter.«

> »Ich hatte die Fesseln durchgeschnitten, aber trotz der gelösten Fesseln bewegte sich niemand auch nur einen Zentimeter.«

Das blieb bis zuletzt so. In einem Gespräch fragte sie einen ihrer Mitarbeiter, in welche Richtung er sich gerne weiterentwickeln möchte. Er schaute sie mit großen Augen an: Das hatte ihn noch niemand gefragt. Ihn und auch viele andere nicht, wie wir im nächsten Kapitel sehen werden.

Überhaupt ging es in dem Unternehmen selten um die Menschen selbst, sondern nur um das, was sie taten. Im Blickpunkt stand deswegen, dass der Wertgutachter nicht schnell genug das Gutachten lieferte – und nicht etwa, dass der Herr Meier, der Mensch hinter dem Wertgutachter, gerade große Sorgen hatte und deshalb vielleicht mal für ein Gutachten einen Tag länger brauchte. So dominierten Rückmeldungen eher negativer Natur oder sie blieben ganz aus. Nur ausnahmsweise wurde formuliert, was man gebraucht hätte – was deutlich konstruktiver gewesen wäre.

Kathrin erlebte immer mehr, dass auch die Kollegen auf ihrer Ebene kapituliert hatten. »Das bringt doch eh nichts, das ist halt so, das war schon immer so, ich versuche hier nichts mehr«, diese Sätze hörte sie sehr oft. Von dieser Lähmung wollte sie sich nicht anstecken lassen. Sie hatte bemerkt, dass sich diese resignierte Haltung auch schon in ihrem sonstigen Leben breitzumachen begann – und das war für sie das Alarmzeichen, das zur Kündigung geführt hat. Sie erkannte sich selbst nicht mehr, so antriebslos und pessimistisch hatte sie sich schon sehr lange nicht mehr erlebt. »Ich fing an, die Beziehung zu mir selbst zu verlieren«, fasste sie ihre Emotionen dazu zusammen.

## Eine Frage der Dosis

Eigentlich wollte ich nun an dieser Stelle zusammenfassen, wofür Jochen und Kathrin für mich stehen. Doch ich möchte Ihnen nicht vorenthalten, was ich gerade beim Mittagessen mit meiner Tochter erlebt habe. Sie haben Rianna im letzten Kapitel schon kurz kennengelernt. Sie fragte mich eben, an welchem Kapitel meines Buches ich zurzeit arbeite. Ich antwortete, es würde um die Folgen gehen, die gefesselte Lebendigkeit in Unternehmen und Schulen hat. Was sie dann sagte, hat mich sehr betroffen gemacht: »Ich glaube, ich habe das kreative Denken in der Schule verlernt. Ich bin nicht mehr besonders, sondern eine Aufgabenerfüllerin.«

Nach dieser Aussage war nun erst einmal ein Spaziergang mit meiner Großen fällig, das konnte und wollte ich so nicht stehenlassen. Die Essenz aus unserem Gespräch: Der Grundtenor von Aufgabenerfüllung, Leistung und Konkurrenz, den meine Tochter in der Schule erlebt, wirkt sogar, obwohl ihr die Mechanismen sehr bewusst sind. Sie möchte ihnen gar nicht so sehr folgen, doch es kostet sie eine ganze Menge Energie, sich immer wieder davon abzugrenzen. Und diese Kraft hat sie einfach nicht jeden Tag zur Verfügung. Ich glaube, das geht uns Erwachsenen nicht anders. Es ist auf Dauer sehr anstrengend, wenn in unserem Umfeld Maximen gelten, die mit unseren eigenen nicht übereinstimmen. Wir müssten dann immer und immer wieder Energie aufwenden, um uns diese Einflüsse vom Leib zu halten.

Was wir jeden Tag in unseren Organisationen erleben, prägt unsere Werte, unser Weltbild und unser Verhalten – ob wir wollen oder nicht.

Die Erwartungen, denen wir täglich begegnen, machen wir zu einem Bestandteil unserer Identität und Persönlichkeit. Manchmal zahlen wir dafür einen hohen Preis, werden krank in diesen Systemen. Das ist eigentlich eine sehr gesunde Reaktion. Die Menschen bei sysTelios formulieren das so:»Wer in einem kranken System krank wird, ist eigentlich sehr gesund.« Sie meinen das in keiner Weise zynisch und nehmen das damit verbundene Leid sehr ernst. Doch es ist oft ein erster Schritt, Erschöpfung oder Burn-out als Lösungsversuch einer schwierigen Situation zu deuten – und nicht als Schwäche. Dazu später mehr.

Trotz dieser manchmal gravierenden Auswirkungen der etablierten Vorgehensweisen in Unternehmen wie Schulen liegt es mir fern, alles zu verdammen und ein komplett anderes System zu fordern – obwohl ich den alten Marx an der ein oder anderen Stelle gut verstehen kann. Es ist aber eine Frage der Dosis. Mein Mann, der Chemiker ist, sagt dazu: »Ob etwas giftig ist, kann man nie absolut sagen. Es kommt immer auf die Menge an.« Die schädliche Dosis ist aber an vielen Stellen längst erreicht, nicht nur für uns Menschen, sondern auch in unseren Organisationen. Die leiden auch.

## Das volle Programm

Nun bin ich auch Ökonomin und nehme als solche nicht nur menschliches Wohlbefinden in den Blick, sondern auch die Konsequenzen der fehlenden Lebendigkeit für die Unternehmen selbst.

Kurz und sehr ökonomisch gesprochen werden Unternehmen in ihrer Wertschöpfung behindert, ja sogar in ihrer Existenz gefährdet, wenn es in ihnen nicht lebendig zugeht. Das habe ich in meiner Zeit in Ludwigshafen miterleben müssen und ich vermute, dass Sie ebenfalls Erfahrungen in diese Richtung gemacht haben. Dass Sie möglicherweise auch erlebt haben, wie in einem Projektmeeting noch alle Ampeln im Projektplan auf»Grün« standen und in der nächsten Woche klar wurde, dass die Zulassungsunterlagen auf keinen Fall fristgerecht fertig werden würden. Was war passiert? Es hatten alle so getan, als wenn im Projekt alles bestens läuft, und die Ampeln auf»Grün« gestellt. Wer das nicht tat und rechtzeitig warnte, dass es eng werden könnte, so die Erfahrung, bekam sofort ein Problem. Wer das aussaß und hoffte, es würde schon irgendwie gut gehen, bekam nur dann ein Problem, wenn es wirklich schiefging. Ich verstehe gut, wenn Menschen sich das nicht antun wollen und schauen, ob sie sich durchwursteln können. Doch für das Unternehmen ist so ein System, das zu solchem Verhalten einlädt, eine große Gefahr. Herausforderungen und Schwierigkeiten werden nicht rechtzeitig erkannt, und damit fehlt die Möglichkeit, gegenzusteuern. Ergebnis? Ein Medikament kommt erst mit monate- oder jahrelanger Verzögerung auf den Markt, die Maschine kann nicht fristgerecht ausgeliefert werden oder ein Flughafen jahrelang nicht eröffnet werden. Umsatzausfälle, Vertragsstrafen, Imageschäden – das volle Programm. Noch dazu gehen dann gute Leute, weil sie frustriert sind. Oder sie bleiben und machen Dienst nach Vorschrift, was nicht unbedingt besser ist. Und das nicht, weil sie nicht anders wollen oder böswillig Leistung vorenthalten, sondern vielfach, weil sie für etwas anderes keine Kraft mehr haben. Damit sind dann nicht nur kurzfristig Umsätze in Gefahr, sondern langfristig der Bestand des Unternehmens. Denn wenn die Kraft fehlt, bleiben auch Entwicklungen, Verbesserungen und Innovationen aus. Auf Dauer ist das tödlich. Vor über 20 Jahren in Ludwigshafen passierte genau das: Zuerst gingen gute Leute, vor allem Forscher und IT-Spezialisten. Die übrigen Mitarbeiter versuchten, trotz Strukturen und Vorgaben kundenorientiert zu handeln. Vergeblich, das 1886 gegründete Unternehmen wurde Anfang des neuen Jahrtausends an einen amerikanischen Konzern verkauft.

Wir könnten jetzt noch eine Weile weitersprechen über die Folgen fehlender Lebendigkeit, doch ich habe den Eindruck, darüber wurde in den letzten Jahren genug geschrieben und gesprochen. Bücher, Wochenendausgaben der Tageszeitungen, Fachzeitschriften, Podiumsdiskussionen – überall setzt sich die Erkenntnis durch, dass es anders werden muss. Wir haben hier offenbar kein Erkenntnis-, sondern ein Handlungsproblem. Dabei ist es bitter nötig, zu agieren, denn nicht nur für Einzelne und Unternehmen hat das Fehlen der Lebendigkeit gravierende Folgen, sondern auch für ganze Gesellschaften.

# Der Verantwortungsmuskel

Das, was ich auf den letzten Seiten erzählt habe über Jochen, Kathrin und meine Tochter Rianna sowie über unsere Unternehmen, hat nicht nur Folgen für deren Leben beziehungsweise Existenz, sondern es wirkt sehr spürbar in unsere Gesellschaft hinein. Wir sollten daher das Thema der Lebendigkeit in Organisationen nicht diskutieren, ohne auf die Auswirkungen auf die größeren Kontexte zu schauen. Selbstverständlich sind florierende Unternehmen wichtige Elemente für jede Gesellschaft, sorgen sie doch für lebensnotwendige Güter, für Einkommen der Bürger, für Steuereinnahmen und funktionierende Sozialsysteme. Doch neben guten Zahlen, die den Fortbestand eines Unternehmens sichern, ist noch etwas anderes mindestens ebenso wichtig: Es sind die Erfahrungen, die wir alle jeden Tag an unseren Arbeitsplätzen machen. Denn was Sie als Mitarbeiter erleben, nehmen Sie auch mit in Ihre Rollen als Mütter, Söhne, Freunde, Freiwillige und Bürger.

Lassen Sie uns einen Moment die Rolle des Staatsbürgers fokussieren. Die Nachrichten der letzten Monate und Jahre sind voll mit Botschaften von Bürgern: Die Amerikaner wählten 2016 einen Präsidenten, der versprach, Amerika wieder groß zu machen. Die Briten verschafften Boris Johnson, der das Land aus der EU führen wollte, eine satte Mehrheit. Bei Landtagswahlen in Deutschland kam die rechtsgerichtete AfD auf Werte nahe 30 Prozent. Für diese Phänomene gibt es mit Sicherheit keine einfachen Erklärungen, und doch vermute ich aufgrund der Tatsache, dass wir Erfahrungen in alle Rollen mitnehmen, einen Zusammenhang mit unserem Thema der Lebendigkeit.

Wer jeden Tag den Konkurrenzdruck spürt und sich vielleicht sogar als Verlierer in diesem Kampf fühlt, neigt vermutlich zu jemandem, der alte Stärke verspricht. Nicht zufällig verfangen Wahlversprechen wie »Make America great again« vor allem dort, wo Menschen das Gefühl haben, den Konkurrenzkampf verloren zu haben.

Wer im Job immer wieder eine Gegen-die-anderen-Dynamik erlebt, macht sein Kreuz eher bei einem Kandidaten, der die eigene Identität durch Abgrenzung von anderen Gruppen stärkt. Wer im Job ständig gesagt bekommt, was er zu tun und zu lassen hat, sucht auf politischer Ebene vermutlich auch eher jemanden, der einfache Lösungen verspricht und den Menschen die Verantwortung eher abnimmt als zumutet. Das soll überhaupt nicht heißen, dass Menschen nicht in der Lage wären, Verantwortung zu übernehmen. Das wäre ausgemachter Blödsinn. Menschen übernehmen immer Verantwortung in ihrem Leben – sie führen Vereine, bauen Häuser und erziehen Kinder.

Doch mit der Verantwortung ist es ein bisschen wie mit Muskeln: Wenn sie nicht trainiert wird, ist sie weniger stark. Und wenn nun der Verantwortungsmuskel acht Stunden am Tag ruht, wird es mit dem Sprint nach Feierabend schwieriger. Es ist sogar schon so weit, dass selbst geschätzte Fachkollegen es ausdrücklich nicht als Armutszeugnis betrachten, wenn Menschen keine Verantwortung übernehmen wollen. So las ich es vor einigen Wochen in einem Essay. »Es ist kein Armutszeugnis, wenn jemand von sich sagt, lieber keine Verantwortung zu wollen.« Doch, ich finde, das ist es! Das ist sogar dramatisch! Wir brauchen mehr denn je Menschen, die zu Verantwortung bereit sind, und wir müssen uns fragen, wie Kontextbedingungen gestaltet sein müssen, damit Menschen in Verantwortung gehen. Wir müssen ihnen Gelegenheit geben, ihren Verantwortungsmuskel zu trainieren. Es wäre ein großer Fehler, sich in einem System einzurichten, in dem Menschen ihre Verantwortung dauerhaft delegieren.

> Mit der Verantwortung ist es wie mit Muskeln: Wird sie nicht trainiert, ist sie weniger stark.

Vor allem wegen dieser Konsequenzen ist mir die Lebendigkeit in Organisationen so wichtig. Nur die Unternehmen zu optimieren, das wäre mir zu wenig. Es ist vielmehr notwendig, dass wir die Wirkungen der in unseren Unternehmen herrschenden Systeme auf allen Ebenen betrachten. An der Stelle haben wir in der Vergangenheit doch das ein oder andere Auge zugedrückt oder uns gleich beide Augen fest zugehalten.

Wir feiern technischen Fortschritt und Innovationen – und übersehen die ungleiche lokale wie globale Verteilung der Gewinne aus diesen Errungenschaften. Wir feiern eine Vervielfachung der industriellen Produktivität – und übersehen die ökologischen Konsequenzen dieses Wohlstandsanstiegs. Wir feiern individuelle Leistung – und übersehen diejenigen, die unserer Unterstützung bedürften, weil sie aus welchen Gründen auch immer weniger zu leisten imstande sind. Wir feiern persönliche Freiheit – und übersehen die unterschwelligen Fesseln. Wir feiern freie Märkte und Konkurrenz – und übersehen ihr Versagen an wichtigen Stellen und den bisweilen belastenden Druck, den sie auf viele ausüben. Das sind nur einige Aspekte, die wir bisher ausblenden. Echte Lebendigkeit kann es nur geben, wenn wir beide Augen aufmachen.

Es geht um nichts weniger als die Frage, was für eine Welt wir unseren Kindern hinterlassen wollen. Das macht uns die nachfolgende Generation mit ihren Protesten mit einer Vehemenz deutlich, wie es junge Menschen zuvor selten getan haben. Sie fokussieren dabei vor allem auf die ökologische Katastrophe – doch ich fürchte, die soziale könnte mindestens genauso einschneidend werden.

Sollten Sie angesichts meiner letzten Zeilen einen Anflug von Frust erleben, so ist das weder beabsichtigt noch zufällig, sondern unvermeidbar (frei nach Heinrich Böll). Frust ist natürlich nie angenehm, aber wichtig! Aus der empfundenen Diskrepanz zwischen Soll und Ist entsteht Tatkraft. Insofern nehme ich Ihren Frust an dieser Stelle billigend in Kauf. Doch wie kommen wir aus der Nummer raus? Wie können wir unsere Unternehmen und unsere Gesellschaft wiederbeleben? Was die Unternehmen betrifft, gibt es da nicht längst ermutigende Ansätze, die unter dem Stichwort »New Work« diskutiert und praktiziert werden? Ist das schon die Lösung? Lassen Sie uns genauer hinschauen!

# Eine neue Neue Arbeit?

Wenn ich mit Gesprächspartnern über meine Arbeit und meine Gedanken spreche, höre ich oft: »Ach, Sie gehören also wohl auch zu dieser New-Work-Bewegung?«

Meine kurze Antwort ist dann meist: »Nein.« Die etwas längere: »Ich finde viele Diskussionen, die von New-Work-Aktivisten in den letzten Jahren angestoßen wurden, wichtig. Gleichzeitig fremdele ich sehr mit dem, was mir unter der Flagge ›New Work‹ alles so begegnet. Immer noch.«

## Ernsthaft?

Ein kalter Januarabend im Jahr 2016 in Berlin, der Saal des Museums für Kommunikation ist festlich geschmückt, es leuchtet und glitzert. Ein Preis für »Neue Konzepte der Arbeit« wird verliehen. Drei Gewinner. Platz drei ging an ein Unternehmen, das die Arbeitswoche auf 36 Stunden verkürzt und auf vier Tage verteilt hat. Mein erster, spontaner Gedanke? »Ernsthaft? Ihr zeichnet ein Unternehmen aus, das die Arbeitszeit anders verteilt?« Ich fragte mich, ob ich es wirklich als Vorteil werten sollte, vier lange statt fünf kürzere Tage zu arbeiten.

Ja, das war 2016, da hat sich doch viel getan, mögen Sie denken. Nun, 2017 gewann ein großes, international tätiges Unternehmen denselben Preis dafür, dass die Mitarbeiter »überall gleichermaßen gut arbeiten« können und 70 Prozent der Belegschaft mindestens einmal pro Woche unterwegs oder zu Hause arbeiten. 2018 war wieder ein Unternehmen mit 4-Tage-Woche und Sommer-Sabbatical dabei, 2019 gab es den Preis für ein Unternehmen, das Fünf-Stunden-Tage eingeführt hatte. Jeden Tag Arbeit von 8 bis 13 Uhr. Alle Mitarbeiter arbeiten in diesen Stunden selbstorganisiert, Meetings gibt es kaum oder nur kurz und »Störfaktoren wie Smalltalk werden vermieden«, wie es in der Laudatio hieß. Dieses Beispiel hat inzwischen international Resonanz erfahren, bis hin zu einem Artikel in der »New York Times«. Und jedes Jahr dachte ich wieder: »Ernsthaft?«

Nun ist es natürlich nicht falsch, sich über intelligente Arbeitszeitmodelle Gedanken zu machen und da neue Wege zu erproben. Was mich aber dennoch daran stört? Mir geht es weniger darum, dass solche Ansätze nicht für alle Unternehmen oder Aufgaben anwendbar sind. Es geht nicht um die viel zitierte Pflegekraft, die ihre Arbeit nicht mit nach Hause nehmen kann, oder den Polizisten, der kein Homeoffice machen kann. Das ist mit jedem Konzept so, nichts passt immer. Was mich wirklich stört, ist die Verkürzung von New Work auf »mobil und flexibel«. Da bin ich raus, um den Designer Guido Maria Kretschmer zu zitieren.

**Manchmal erzeugen Medikamente erst den Schmerz, den sie zu bekämpfen versuchen.**

Ich bin raus, weil wir mit »Zeit und Ort« an Symptomen unserer Arbeitswelt herumdoktern und nicht an dem arbeiten, was diese Arbeitswelt zentral ausmacht. Und das sind eben vielfach noch hierarchische Strukturen, Fremdbestimmung, Beschäftigung statt Arbeit und einseitige Bevorzugung der Shareholder gegenüber anderen Stakeholdern. Nun ist es natürlich manchmal sehr hilfreich, ein Symptom zu kurieren. Das ist bei Kopfschmerzen nicht anders. Kurzfristig hilft die Tablette, doch die Ursache für die Schmerzen verschwindet meistens nicht und kann sich sogar unbemerkt verschlimmern. Und manchmal erzeugen Medikamente erst den Schmerz, den sie zu bekämpfen versuchen.

Ich befürchte, dass eine so verstandene »Neue Arbeit« weder für mehr Kreativität, Produktivität und Innovationen in unseren Unternehmen sorgen noch uns Menschen zufriedener machen wird. Das wurde mir neulich wieder sehr bewusst, als ich bei einem Vortrag eines Kollegen im Publikum saß. Engagiert hatte er über New Work und dabei besonders über flexible Arbeit in Zeit und Raum gesprochen. Applaus, kurzer Dialog mit dem Publikum. Dann die letzte Frage eines Zuhörers: »Aber guter Mann, wird uns dieses New Work glücklicher machen?« Der Redner schwieg lange und sagte dann: »Ganz ehrlich? Ich weiß es nicht.« Die Stille im Raum nach seiner Antwort war ergreifend und zugleich die wichtigste Botschaft des Vortrags.

## Was wollen Sie wirklich, wirklich tun?

Wenn Sie ein bisschen tiefer in das Thema »New Work« eingetaucht sein sollten, haben Sie vermutlich während der letzten zwei Seiten gedacht: »Aber das ist doch viel mehr als flexible Arbeitszeiten und Homeoffice.« Definitiv ist es das – oder sollte es zumindest sein. So zumindest war es auch im ursprünglichen Konzept von Frithjof Bergmann angelegt. Für ihn war und ist Neue Arbeit nicht nur einfach eine bessere, andere, freiere Art zu arbeiten. Bergmanns Buch »Neue Arbeit, Neue Kultur« habe ich vor einigen Jahren an einem einzigen Tag durchgelesen. Es hat mich gefesselt, vor allem wegen des Geistes, in dem es geschrieben ist.

Der inzwischen über 90-jährige austro-amerikanische Philosoph beschreibt darin, wie er mit seinem Team schon Ende der 1970er-Jahre in der Automobilstadt Flint in den USA vor der Frage stand, wie mit den Folgen der zunehmenden Automatisierung in der Automobilindustrie umgegangen werden könnte. Massenentlassungen, so die Befürchtungen, standen unmittelbar bevor. Die Ähnlichkeiten mit der heutigen Diskussion um die Auswirkungen der Digitalisierung sind frappierend. Der durchaus radikale Vorschlag Bergmanns, wie Massenentlassungen zu vermeiden seien, lautete: Die Menschen arbeiten ein halbes Jahr am Fließband und tun ein halbes Jahr etwas anders. Etwas, was sie »wirklich, wirklich tun wollen«. »Wie bitte?«, mögen Sie jetzt denken. »Die Menschen sollten ein halbes Jahr lang auf dem Sofa herumliegen und warten, dass sie wieder arbeiten können?« So haben Bergmann und seine Leute das nicht gemeint. Sie haben mit ihren »Zentren der Neuen Arbeit« Menschen unterstützt, herauszufinden, was es ist, das sie »wirklich, wirklich tun wollen« – und Wege aufgezeigt, damit Teile ihres Lebensunterhalts zu bestreiten. Das, so die Idee, sollten die Menschen in der anderen Hälfte ihrer Zeit tun.

Von diesen Erfahrungen hat Frithjof Bergmann 2017 anlässlich der Veranstaltung »New Work Experience« in Berlin eindrucksvoll berichtet. Menschen seien förmlich zusammengebrochen, weil sie erstmals gefragt wurden, was sie »wirklich, wirklich wollen«. Das hatte nie jemand gefragt – weder Eltern noch Pfarrer oder Lehrer oder sonst irgendjemand. Das scheint heute noch immer keine gängige Frage zu sein, wie auch Kathrins Dialog mit ihrem Mitarbeiter vermuten lässt, von dem ich im letzten Kapitel erzählt habe. Egal, ob in Flint oder in Hamburg, die Menschen hatten immer nur funktioniert, und jetzt sollte es darum gehen, was sie »wirklich, wirklich tun wollen«?

Wie sehr die Frage berührt, war auch an diesem Spätnachmittag im Jahr 2017 in Berlin spürbar. Trotz der vielen Menschen im Saal war nicht ein Mucks zu hören. Ich vermute, es waren nicht wenige im Raum, die sich diese Frage eben so noch nicht oder lange nicht mehr gestellt hatten, geschweige denn gestellt bekommen hatten, und die gerade etwas Ähnliches erlebten wie die Automobilwerker im Flint der späten 1970er-Jahre.

Bergmann ging sogar noch weiter: Er habe immer wieder eine »Armut der Begierde« gespürt, als wenn Menschen verlernt hätten, etwas zu wollen. Das war ihnen, so seine These, durch ihre Erziehung abhandengekommen.

Während ich das schreibe, muss ich wieder an das denken, was meine Tochter gesagt hatte: Sie habe in der Schule verlernt, etwas Besonderes zu sein. Im Saal in Berlin konnten Sie nach dem Satz mit der »Armut der Begierde« Stecknadeln fallen hören. Was die Leute denn nun »wirklich, wirklich wollen«, wurde Frithjof Bergmann gefragt. Seine Antwort war kurz: »To make a difference.« Etwas tun, das einen Unterschied macht – für sich selber und für andere. Von Menschen, die solche Unterschiede machen, wird in den nächsten Kapiteln noch ausführlich die Rede sein.

Doch selbst das wäre Bergmann nicht genug. Ihm geht es außerdem darum, das Lohnarbeitssystem zu überwinden, so wie wir es seit 200 Jahren kennen. Es ist so gebaut, dass Menschen darin verkümmern. »Jobs machen abhängig, Jobs erniedrigen Menschen«, kritisierte Bergmann auf der Veranstaltung. Und doch geht es ihm nicht um die Abschaffung des Kapitalismus, sondern um dessen Weiterentwicklung. Oberflächliche Verbesserungen helfen dabei allerdings nicht, es geht um das System selbst. Das Gelächter war groß, als der Philosoph ganz pragmatisch formulierte, es käme ihm oft so vor, als sei New Work inzwischen für viele etwas, was Arbeit ein bisschen reizvoller macht, quasi Lohnarbeit im Minirock. Er redete uns, seinem Publikum, ins Gewissen, New Work nicht einfach in die Art und Weise einzubauen, wie wir die Dinge schon immer gemacht haben. Es ginge um nicht mehr und nicht weniger als eine andere Art zu leben. »Das wird großartig«, schloss Bergmann seine Ausführungen. Die neue Kultur werde wirklich, wirklich anders sein. Während es in der alten, zurzeit noch vorherrschenden

Kultur darum ging, Menschen zu zähmen, würden in der neuen Kultur Menschen vor allem gestärkt werden. »Das ist, was wir brauchen.«

Wissen Sie, was mich an dem Tag in Berlin am meisten ermutigt hat? Dass die Stimmung im Saal war, wie sie war, nämlich emotional und bewegend. Und dass Frithjof Bergmann mit frenetischem Applaus, mit nicht enden wollenden Standing Ovations gefeiert wurde. Er wurde nicht mehr ausgelacht, so wie am Anfang seines Engagements für New Work, oder ignoriert, so wie viele Jahre zwischen den späten 1970er-Jahren und dem Beginn dieses Jahrtausends.

Es war schon spät, als ich nach diesem Vortrag in den ICE von Berlin nach Hamburg stieg. Dennoch war ich hellwach, und Züge sind für mich ohnehin gute »Denkorte«. Ich ließ meine Emotionen und Gedanken, die ich während der Rede von Frithjof Bergmann hatte, noch einmal Revue passieren. Wie schon beim Lesen seines Buches merkte ich, dass viel von dem, was er sagt, sehr an meine Sichtweisen anschließt. Menschen dabei zu unterstützen, herauszufinden, was sie »wirklich, wirklich tun wollen«, war viele Jahre lang auch ein Schwerpunkt meines beruflichen Tuns, und die Frage läuft auch in meinem heutigen beruflichen Wirken immer mit, weil ich sie für sehr zentral halte.

> Es geht um nicht mehr und nicht weniger als eine andere Art, zu leben.

Was auch gut tat: Bergmann war irgendwie unaufgeregter als seine Vorredner, er stieg aus dem »höher, schneller, weiter, bunter, schöner« aus, das sich durch die gesamte Veranstaltung gezogen hatte. Mal auszuatmen, das war den ganzen Tag nicht wirklich vorgesehen, ein Vortrag über großartige Gründungen, verdiente Millionen und agile, hippe Abteilungen jagte den nächsten. Puh. Bergmann war da definitiv von einer anderen Sorte, er brachte neben dem Aspekt der eigenen Berufung so etwas wie Genügsamkeit, Ganzheit und Sinn in den Saal. Das tat gut, denn diese Aspekte kamen und kommen mir in vielen Vorträgen, Veröffentlichungen und Diskussionen rund um New Work zu kurz.

## Einer oder alle?

Während ich auf dem Rückweg von Berlin in die mecklenburgische Nacht hinausschaute, fragte ich mich, was wohl noch zu dem beeindruckenden Echo auf den Vortrag des alten Philosophen beigetragen haben mag. Mir gingen einige Thesen durch den Kopf, darunter eine besonders deutlich: Die Resonanz war Ausdruck einer großen Sehnsucht, einer Sehnsucht nach einer anderen, sinnstiftenden und selbstbestimmten Arbeit. Diese Sehnsucht ist mir in den letzten Jahren immer wieder begegnet. So auch bei intrinsify, dem Netzwerk für Neue Arbeit mit dem so einprägsamen Slogan »Happy Working People«.

Nicht nur den beiden Gründern, Lars Voller und Mark Poppenborg, waren und sind glückliche und zufriedene Menschen am Arbeitsplatz ein Anliegen, sondern auch den vielen Mitgliedern und Teilnehmern an den Veranstaltungen des Netzwerks. Nur bei dem Weg, wie dies zu erreichen sei, tauchten spürbare Unterschiede auf. Immer wieder haben wir lange Diskussionen darüber geführt, ob für mehr Glück der Einzelne oder das gesamte System in den Blick zu nehmen sei. Kurz gesagt: Psychologie oder Soziologie? Während die einen glauben, dass sich das System verändert, wenn sich Menschen und deren Verhalten verändern, denken die anderen, ein anderes System würde zu anderem Verhalten führen.

In der öffentlichen Diskussion und in unseren Unternehmen dominiert gefühlt die individuelle Sicht. Weshalb gibt es all die Führungskräftetrainings, die den Chefs eine andere Haltung, ein neues Verhalten antrainieren sollen? Weshalb die gut gemeinten Hinweise im alljährlichen Mitarbeitergespräch? Weshalb die Selbstmanagement- und Achtsamkeitstrainings? Weshalb der Austausch des CEO, weil die Zahlen nicht stimmen? Weshalb der neue Teamleiter, weil es in der Montage immer wieder zu Verzögerungen kommt? Diesen Maßnahmen liegt die These zugrunde, dass anderes Verhalten oder gleich andere Menschen zu anderen, besseren Ergebnissen führen werden.

Mit dieser Argumentation können Sie die beiden intrinsify-Gründer und noch einige mehr so richtig auf die Palme bringen. Kurz gefasst lautet deren Botschaft: »Wer anderes Verhalten will, muss das System ändern, nicht die Menschen. Lasst die Menschen in Ruhe!« Vielleicht sind also gar nicht die Führungskräfte kaputt und müssen in Trainings repariert werden, sondern das Spiel, das sie im sozialen System namens

»Unternehmen« spielen (müssen), taugt nicht? Dieser Blick auf soziale Systeme, zuerst von dem Soziologen Niklas Luhmann eingeführt, entlastet die Menschen in – großen und kleinen – Organisationen. Das finde ich ausgesprochen wichtig. Mir wird manchmal ganz schwindelig bei dem, was Führungskräfte – und Mitarbeiter überhaupt – alles sollen. In den Tagen, in denen ich dieses Kapitel schreibe, geht gerade ein Aufruf von Helmut Diess, Chef des VW-Konzerns, durch die Presse. Er forderte in einer Ansprache seine Führungskräfte auf, die Denkmäler des Alltags beiseitezuräumen, wenn aus Volkswagen kein Industriedenkmal werden soll. »Das«, so der VW-Boss, »habe ich zu unseren Azubis gesagt. Und das sage ich auch zu Ihnen.« In derselben Rede beklagt Diess fehlende Schnelligkeit und fehlenden Mut zu radikalem Umsteuern.

Wer rein systemtheoretisch argumentiert, dem geht bei diesen Klagen und Forderungen die Hutschnur hoch – weil der Blick darauf fehlt, wie das System ein beobachtetes Verhalten hervorbringt. Davon habe ich in der Zusammenarbeit mit großen Unternehmen auch immer wieder Kostproben bekommen: Da dauert es ein halbes Jahr, bis die Nutzung einer Online-Plattform im Rahmen eines Ausbildungsprogramms vom Datenschutz geprüft wurde, dort verhindert der Betriebsrat aus gut gemeintem Schutzinteresse ein bis Samstagmittag gehendes Seminar – obwohl alle Teilnehmer damit einverstanden sind. Das tun aber nicht, oder zumindest nicht nur, die einzelnen Datenschützer oder Betriebsräte, sondern das tut das System, in dem diese Menschen agieren. Sie können quasi nicht anders. Jedenfalls nicht ohne einen hohen Preis zu zahlen, wenn sie sich gegen das herrschende System stellen. Wer nicht nach den Regeln spielt, ist schnell draußen – wie bei »Mensch ärgere dich nicht«.

Dieser Systemblick ist ausgesprochen wertvoll, denn er lehrt Demut vor dem System – und davor, wie schwierig es ist, in Systemen Veränderungen zu bewirken, erst recht, wenn die Systeme sehr groß und sehr alt sind. Mit dieser Perspektive wird viel eher möglich anzuerkennen, was alle trotz des Systems leisten, statt ihre Unzulänglichkeiten anzuklagen. Und sie macht darauf aufmerksam, dass Menschen – egal auf welcher Ebene einer Organisation – sehr häufig unter begrenzenden Rahmenbedingungen handeln. Deswegen ist ein Hebel für Veränderungen genau dort, bei den Bedingungen, bei den Strukturen, Vorschriften und Gepflogenheiten.

Doch so einfach, wie es manchmal bei überzeugten Systemdenkern wie Reinhard Sprenger klingt, ist das nicht. Man kann den institutionellen Rahmen leicht ändern, behauptet der »Managementdenker«. Dass das aber nicht so leicht ist, wird schon daran deutlich, dass das Subjekt in diesem Satz »man« ist. Wer genau sollte handeln und wer kann es? Die Antwort auf diese Fragen bleibt der Systemblick schuldig. Und nicht nur das. Es fehlt auch die Berücksichtigung der psychischen Prozesse in jedem Einzelnen von uns. Die laufen immer ab, ob wir wollen oder nicht, willkürlich oder unwillkürlich, bewusst oder unbewusst, und sie prägen Ihr Verhalten mindestens ebenso wie die Sie umgebenden Kontexte. Muster, die sich in Ihrem Leben bewährt haben, wenden Sie wieder an. Da kann der Kontext sein, wie er will.

Wer jahrelang gelernt hat, seine eigene Leistung zu optimieren – angespornt von Noten für Einzelleistungen und individuellen Belohnungen –, wird nicht zum Teamplayer, weil jetzt die Gruppe gemeinsam einen Bonus bekommt. Der wird weiterhin zusehen, seine eigene Leistung zu maximieren, und vielleicht sogar entnervt das Unternehmen verlassen, weil seine Anstrengungen nicht mehr nach dem gewohnten Muster belohnt werden. Wer umgekehrt das Unternehmen wechselt und von einer Teamkultur in ein Umfeld kommt, in dem ganz klar die Leistung des Einzelnen im Vordergrund steht, wird sich vermutlich ebenso mit der Anpassung an dieses System schwertun. Unsere eigenen Gewohnheiten und gelernten Muster spielen eine mindestens ebenso große Rolle wie die Kontexte, in denen wir uns bewegen. Wir nehmen uns selbst immer mit, wohin wir auch gehen.

Das bedeutet auch, dass uns trotz aller äußeren Zwänge immer noch eine Menge Möglichkeiten bleiben, autonom auf den Kontext zu reagieren. Ein gutes Beispiel dafür ist für mich Paul Polman, der frühere CEO von Unilever. Der Niederländer setzte unter anderem die an der Börse üblichen Quartalsberichte aus, da er sie als hinderlich für die Entwicklung des Unternehmens erlebte. Er entschied sich, an dieser Stelle das gängige Spiel nicht mitzuspielen. Von Paul Polman wird später noch einmal die Rede sein. Er hat sich an vielen Stellen nicht damit zufriedengegeben, dass das System nun mal so ist und er daher nur in bestimmter Weise handeln kann. Solche Sätze höre ich – leider – nur allzu oft. Das ist auch nur zu verständlich angesichts der gefühlten Aussichtslosigkeit, in der eigenen Organisation Impulse für Veränderungen zu setzen. Doch für mich ist die Frage nicht wirklich, ob es möglich ist.

Denn das ist es für mich ganz klar. Die für mich viel spannendere Frage lautet: »Wie ist es möglich?«

## Alles oder nichts?

New Work hat unglaublich viele Facetten. Von innovativen Arbeitszeitmodellen und Homeoffices über eine veritable Gesellschaftsutopie zum Systemblick. Individuum, Unternehmen oder Gesellschaft – wo ansetzen? Überall? Vielleicht fragen Sie mich das jetzt ebenso wie diejenigen, die Vorträge von mir gehört oder mich in Gesprächen rund um unsere AUGENHÖHE-Filme erlebt haben. Lange habe ich mich das auch selbst gefragt. Recht schnell war mir klar, dass ich mich keiner der bestehenden Positionen wirklich zugehörig fühle. Ich konnte einigen mehr, anderen weniger abgewinnen, doch so richtig zu Hause fühlte ich mich nirgends. Es war also schnell klar: Es ist weder das eine noch das andere. Nun bin ich eine notorische Sucherin nach dem »Sowohl-als-auch« und war eine ganze Weile so unterwegs. Ich fragte mich, ob sich die Positionen vereinen lassen, ergänzen lassen mit den Ideen der jeweils anderen. Schon eher. Doch auch nicht wirklich. Mit dieser Erkenntnis stieg mein Frust und ich dachte: Vielleicht ist es ja auch nichts von alledem. Aber nee, dafür sind viele Gedanken und Einsichten zu wertvoll, sie müssten schon Berücksichtigung finden. Doch wie?

> Es reicht nicht, unsere Unternehmen im Hinblick auf wachsende Komplexität zu optimieren.

Nur Eigenverantwortung statt Fremdbestimmung ist zu wenig, das ist nicht radikal genug. Es ist zu wenig, nur auf das Wohlergehen der Menschen zu schauen. Es reicht nicht, unsere Unternehmen im Hinblick auf wachsende Komplexität zu optimieren. Alle diese Betrachtungsweisen empfinde ich auf ihre Art als unvollständig, ich finde, sie werden dem Thema nicht gerecht. Ich glaube, es ist im Sinne des Tetralemmas Zeit für die fünfte Alternative. Nicht das eine oder das andere, kein Sowohl-als-auch und auch nicht Weder-noch, sondern nichts von alledem und selbst das nicht. Das bedeutet: etwas völlig Neues. Eine neue Neue Arbeit. Eine, die Freiheit, Selbstständigkeit und Verantwortung genauso berücksichtigt wie Teilhabe an der Gesellschaft, Solidarität sowie soziale und ökologische Folgen. Dazu möchte ich mit diesem Buch einen Beitrag leisten. Und das, ohne zu wissen, wie sie genau aussieht, diese neue Neue Arbeit. Denn ich glaube, das ist etwas, woran viele Ansätze kranken: Es steckt in ihnen die Idee, auch für andere zu wissen, was richtig ist und wie es geht. Doch das kann nicht funktionieren, darum wird es im Kapitel »Autopoiese respektieren« noch ausführlich gehen.

Auch dieses Buch kann und will nicht wissen, was gut für Sie ist. Es ist als eine Einladung zu einer Entdeckungsreise gemeint. Ich bin gespannt, was wir, was Sie und ich finden werden.

# TEIL II

# ENTFESSELT

# Leise wirken

Im vorigen Kapitel habe ich über meine Erfahrung gesprochen, dass das Spiel, das Führungskräfte im sozialen System namens »Unternehmen« spielen (müssen), nicht taugt. Und daraus könnten Sie den Schluss ziehen, dass ich Führungskräfte generell für fehl am Platz, wirkungslos oder gar kontraproduktiv halte. Aber so einfach ist das nicht. Ich habe im Laufe der letzten Jahre unzählige Geschichten rund um »Neue Arbeit« erlebt, die sehr deutlich machen, wie wichtig Führungspersönlichkeiten und ihre inspirierenden Visionen sind, ganz besonders in Gründungs- und Transformationsprozessen. Doch etwas dabei ist besonders wichtig: Diese Menschen haben geführt, aber auf eine stille, zurückhaltende Art.

Pia Brüntrup ist eine dieser Führungspersönlichkeiten. Sie führt eine Art Organisation, bei der Wandel noch herausfordernder erscheint als in einem Wirtschaftsunternehmen: Pia ist Schulleiterin am Gymnasium Hoheluft, kurz GHT, in Hamburg-Eimsbüttel. Die Schule wurde 2012 neu gegründet – was zweifelsohne ein Vorteil war. Zwangsläufig war die Entwicklung, die dann folgte, dennoch nicht.

Es entstand nicht etwa ein klassisches Gymnasium wie so viele andere in der Stadt und überall im Land, sondern eine Schule, in der viel Neues entwickelt und erprobt wird: »Die Lehrerinnen und Lehrer, die Eltern und Schülerinnen und Schüler sind Menschen, die sich auf Ungewöhnliches einlassen können und bereit sind, Innovation mitzugestalten«, steht auf der Website geschrieben – und das sind keine leeren Worte. Pia sagt allen Eltern, die ihre Kinder am GHT anmelden, dass an der Schule viel erprobt wird. Einmal gefundene Prozesse oder etablierte Regelungen werden nicht der Ruhe und Routine wegen beibehalten, sondern neue Lösungen erarbeitet und ausprobiert, wo immer dies notwendig erscheint. Im Gespräch mit der Schulleiterin spürte ich sofort: Die Frau hat nicht nur einiges über Agilität gelesen, für sie ist dieses Erproben eine Grundhaltung, in die sie andere immer wieder mit einlädt. Sie öffnet unermüdlich Räume – für ihre Kollegen, die Schüler und die

Eltern gleichermaßen – und hält dann aus, wenn andere die Probleme anders angehen und lösen, als sie selbst es getan hätte.

## Überall Pioniere

So zum Beispiel bei der Moderation der Lehrerkonferenz, eigentlich ein »Heiligtum« der Schulleitung. Das macht am Gymnasium Hoheluft inzwischen ein Lehrerteam, das sich für diese Aufgabe gebildet hat. Die Konferenz war schnell nicht wiederzuerkennen: Nicht nur das Format hat sich geändert, auch die Energie, mit der die Beteiligten dabei sind. Die Schulleiterin gibt damit nach klassischer Lesart ein wichtiges Machtinstrument aus der Hand, was von ihr persönlich einigen Mut erfordert.

Pia Brüntrup nennt das »Arbeiten an der eigenen Entbehrlichkeit«, ein Prinzip, das sich inzwischen durch alle Ebenen der Schule zieht: Das Leitungsteam macht sich gegenüber dem Kollegium entbehrlich, aber auch die Lehrer gegenüber ihren Schülern. »Laisser-faire« ist das übrigens nicht, das ist der Schulleiterin sehr wichtig: »Ich bleibe interessiert dabei, bin präsent und aufmerksam, mische mich aber nicht ein.«

Einfach ist dieses »Arbeiten an der eigenen Entbehrlichkeit« übrigens nicht, es fordert alle Beteiligten. Am GHT ist es zum Beispiel so, dass die Schüler in einigen Arbeitsphasen des Tages selbst entscheiden, woran sie arbeiten möchten. Manche entscheiden sich dann, gar nicht zu arbeiten, sondern mit ihren Freunden zu quatschen oder zu chillen. Pia sagt, das sei nicht immer einfach auszuhalten. Da gilt es, die eigenen Muster und Ideen, wie etwas sein sollte, sehr präsent zu haben, diese immer wieder zu hinterfragen und mit dem eigenen Impuls zum Eingreifen gut umzugehen.

Das erlebte die Schulleiterin zum Beispiel, als einige Schüler an den Demonstrationen zum Klimaschutz teilnehmen wollten. Normalerweise treffen die Klassenlehrer die Entscheidung über eintägige Befreiungen vom Unterricht. Nun aber waren viele Klassen betroffen, und so

> **Das Leitungsteam macht sich gegenüber dem Kollegium entbehrlich, die Lehrer gegenüber ihren Schülern. »Laisser-faire« ist das nicht.**

kam der Wunsch auf, die Schulleiterin möge in diesem Fall entscheiden. Das hätte sie machen können, der Wunsch nach einer schuleinheitlichen Regelung war auch sehr verständlich. Doch sie hat sich dagegen entschieden, sie hat dem Impuls, einzugreifen und die Entscheidung an sich zu ziehen, widerstanden.

Was wären die Folgen gewesen, hätte sie anders gehandelt? Die Lehrerinnen und Lehrer hätten beobachtet, dass in heiklen Fällen doch die Schulleitung die Verantwortung übernimmt. Was wären ihre Reaktionen darauf gewesen? »Ah, dann darf ich also nur in den einfachen Fällen entscheiden, mehr wird mir nicht zugetraut.« Oder: »Gott sei Dank, solche schwierigen Entscheidungen muss ich dann nicht treffen, puh!« Was überwogen hätte, ist eine Frage der Persönlichkeit jedes Einzelnen. In jedem Fall wäre es ein Schritt zurück in die alte Machtverteilung gewesen, was für die lebendige Entwicklung dieser Schule nicht förderlich gewesen wäre.

Noch etwas macht das »Arbeiten an der eigenen Entbehrlichkeit« bisweilen zu einer Herausforderung: Kollegen um die so handelnden Personen herum nehmen deren Agieren nicht selten anders wahr. Sie erleben den Versuch, sich entbehrlich zu machen, eher als Entscheidungsschwäche, ihnen fehlt Orientierung, und mancher fühlt sich allein gelassen.

Wenn es mal wieder schwer sei, so Pia Brüntrup, helfe es, sich daran zu erinnern, wofür sie und ihre Kollegen angetreten sind: eine Schule zu ermöglichen, in der junge Menschen immer mehr zu eigenständigen Persönlichkeiten werden, die in der sich immer schneller wandelnden Welt agieren können. Dass davon einiges gelungen ist, spüren Sie in der Begegnung mit Schülerinnen und Schülern. Sie treffen Entscheidungen, stellen kluge Fragen, sind engagiert, erarbeiten sich Zusammenhänge selbst und erproben neue Vorgehensweisen – im Unterricht wie im Schulalltag. Natürlich könnten Sie jetzt einwenden, dass das aber doch an anderen Schulen auch zu beobachten ist. Ja, Sie haben recht. Aber ich habe den Eindruck, dass das am GHT in besonderem Maße passiert, stärker und ausgeprägter als an anderen Schulen.

So haben die Schüler in der Schulkonferenz angeregt, dass sie in den Pausen selbst entscheiden dürfen, ob sie rausgehen oder nicht. Wenn Sie Kinder haben, wissen Sie, dass dieses Thema ein Dauerbrenner an Schulen ist und dass dabei klare Positionen aufeinandertreffen und von Akteuren durchaus vehement vertreten werden. Die Schüler des

GHT haben ihre Position dargelegt, andere Sichtweisen integriert und schließlich erreicht, dass ein anderer Umgang mit den Hofpausen erprobt wird: Es gibt keinen »Draußenzwang« mehr. Einzige Bedingung: Das Experiment wird abgebrochen, sollte es zu Aggressionen oder Zerstörungen kommen.

Doch nichts davon ist bisher passiert. Im Gegenteil – es sind alle entspannter: die Lehrer, weil sie niemanden rausjagen müssen, und die Schüler, weil sie selbstbestimmt entscheiden können. Bisher hatten sie im Wesentlichen nur zwei Möglichkeiten: Sie beugen sich der Regel oder sie umgehen sie, indem sie sich im Gebäude verstecken oder Ausreden erfinden. Beides ist irgendwie stressig. Selbst im Winter geht übrigens nun ein großer Teil der Schüler trotzdem raus und genießt die frische Hamburger Luft. Wieder ein Stück Eigenverantwortung, wieder ein Beitrag zum »Wofür« dieser Schule.

Dieses »Wofür« immer wieder in Erinnerung zu bringen, ist eine der wichtigsten Aufgaben der »Pioniere«, wie ich sie nenne: Das sind die Menschen, die mit ihrem Weitblick, ihrer Vorstellungskraft und ihrer Art, vermeintliche Grenzen infrage zu stellen, zu neuen Wegen inspirieren. Das finden Sie überall – in innovativen Schulen genauso wie in mittelständischen Unternehmen und Konzernen. Ich erinnere mich an ein Gespräch mit Christian Kuhna von Adidas im Rahmen der Dreharbeiten zu unserem ersten AUGENHÖHE-Film: Er sagte, er habe immer geglaubt, dass ihn beim nächsten Schritt, den er geht, jemand stoppen würde. Gegangen ist er trotzdem, denn »wo die Grenze ist, weiß ich erst, wenn ich sie überschritten habe«, so seine Haltung. Ist jemals etwas passiert, wurde er gestoppt? Nein.

Der Idealismus und die Leidenschaft der Pioniere fallen auf. Gepaart sind sie mit einem feinen Realitätssinn. Nicht aufgeben, auch wenn es zunächst unmöglich erscheint, Wege finden, fragen, was im System geht, immer eher einen Schritt zu viel als zu wenig.

## Die Rückkehr des Helden

Diese Haltung finden Sie auch bei Ronny Großjohann und Robert Harms. Die beiden waren zum Zeitpunkt unserer ersten Begegnung Fabrik- und Produktionsplaner bei Siemens, genauer im Gasturbinenwerk in der Huttenstraße in Berlin. Anlass für die tiefgreifende Veränderung in diesem traditionsreichen Werk in Moabit war die Überzeugung, dass dieser Standort eine bessere Zukunft haben würde, wenn die Brenner, ein zentrales Bauteil der Gasturbinen, künftig im Haus gebaut würden, statt wie bisher zugekauft zu werden. Als Ronny und Robert diese Herausforderung erkannt hatten, taten sie sich mit noch drei Kollegen zusammen und begannen zu tüfteln. Als ihnen klar war, was sie tun wollten, stellten sie ihre Ideen dem Management vor. Mit diesem Schritt wurde aus dem, was als Initiative mit Start-up-Charakter begonnen hatte, ein offizielles Projekt – mit allem, was dazu gehört: Gantt-Charts, Budgets, Projektleiter und Teilprojektleiter, Meilensteine und Berichte.

Die ersten drei Monate lief das gut, alle waren beschäftigt, Berichtsseiten füllten sich. Doch dann fiel Ronny und Robert etwas auf: In den wöchentlichen Statusmeetings gab es immer mehr Rechtfertigungen und immer weniger echten Fortschritt. Die Meetings wurden immer länger und blutleerer, es fühlte sich schwerer und schwerer an, von der Lebendigkeit der Anfangsphase, als die beiden Ingenieure noch mit ihren drei Kollegen im Hinterzimmer an Lösungen arbeiteten, war nichts mehr zu spüren. In dieser Phase, schon nah daran, ihr Projekt aufzugeben, fragten sich Ronny und Robert, was ihre eigene Begeisterung für das Vorhaben hatte wachsen lassen, und erinnerten sich vor allem an dies: die Freiheit, das Projekt so anzugehen, wie sie es für richtig hielten, in Ruhe gelassen zu werden und ohne ständigen Druck zu arbeiten.

Mit dieser Erkenntnis im Kopf probierten sie etwas anderes: Die beiden legten die Herausforderung der hohen Kosten durch den Zukauf der Brenner – bildlich gesprochen – in die Mitte und luden Freiwillige ein, Ideen dafür zu entwickeln, wie mit diesem Problem umgegangen werden könnte. Fertige Lösungen präsentierten Ronny und Robert dabei nicht, sie machten auch keine Vorgaben, sondern schufen Räume, in denen ihre Kollegen ihre Ideen und Fähigkeiten entwickeln und entfalten konnten, zum Beispiel in Form von »Werkstätten«. Das bedeutete, die Mitarbeiter bildeten Gruppen zu den einzelnen Aufgaben, unabhängig von ihren »normalen« Aufgaben und der Hierarchieebene, der sie zugeordnet waren. So entstanden nicht nur eine effiziente Brennerproduktion, sondern auch zahlreiche weitere Prozessverbesserungen und vor allem eine ganz andere Stimmung am Standort in der Huttenstraße: Wenn Sie dort durch die großen, alten Fertigungshallen gehen, erleben Sie Mitarbeiter, die ihren Job richtig gerne machen, die über den Tellerrand schauen und längst nicht mehr nur Schlosser, Dreher oder

Maschinenführer sind – sondern Teil eines größeren Vorhabens. Dafür stehen sie jeden Morgen auf.

Ronny und Robert verlangte dieser Prozess einiges ab: Verantwortung wirklich abzugeben, ohne dann doch wieder zu kontrollieren oder Vorgänge, die schiefzugehen drohten, an sich zu ziehen, Entscheidungen der Mitarbeiter mitzutragen, auszuhalten, dass Diskussionen und Entscheidungen auch mal länger dauern. Kurz: den Mund zu halten und leise zu sein. Dabei gleichzeitig immer wieder die Räume offenzuhalten, in denen eine solche Kultur sich entwickeln kann, dafür wurden die beiden allerdings auch mal laut. Denn Versuche, solche Räume wieder abzuschaffen, ja gar Angriffe auf sie gibt es besonders in großen Konzernen immer reichlich, etwa durch eine neue, stark kontrollierende Führungskraft »weiter oben«, Restrukturierungen, Sparmaßnahmen oder dergleichen. Wenn Sie in einem großen Unternehmen arbeiten, wird es Ihnen nicht schwerfallen, diese Liste fortzuschreiben.

Überraschend war für die beiden Ingenieure die Einsicht, dass nahezu alle Mitarbeiter die Verantwortung, die mit diesen Prozessen einhergeht, wirklich wollten. Es war ohne Frage ein Lernprozess für alle Beteiligten, mit diesem hohen Grad an Selbstorganisation umzugehen. Die Geduld dafür aufgebracht zu haben, ist der Verdienst von Ronny und Robert. Ihr stetig wachsendes Vertrauen in die Mitarbeiter war der Boden, auf dem deren Zutrauen in die eigenen Fähigkeiten wachsen konnte.

Ob Pia oder Ronny und Robert, Lehrerin oder Ingenieure, Schule oder einer der größten deutschen Konzerne: Gemeinsam ist diesen Pionieren, dass sie so etwas wie stille Helden sind. Sie spielen eine wichtige Rolle, ohne immer vorne auf der Bühne zu stehen. Ihnen gelingt es, sich zurückzuhalten, eher die Bühne zu bereiten, als sie selbst zu bespielen. Sind die dann noch wirklich Führungskräfte? Heißt nicht führen gerade, vorauszugehen und präsent zu sein?

## Echte Führung

Das bleibt weiterhin richtig, nur anders. Was vermutlich, so zumindest meine Hoffnung, tatsächlich bald am Ende ist, ist die Führung qua Position. Bisher ist es in unseren hierarchisch gegliederten Organisationen weitgehend so, dass ein Mensch an einer bestimmten Stelle Führungskraft ist. Dies ist im Organigramm verzeichnet und die Stellenbeschreibung umreißt, was dieser Mensch tun und lassen sollte. Dahinter stecken eine ganze Reihe Annahmen, unter anderem die, dass Führungskräfte mehr wissen oder etwas besser können als andere und dass sie deswegen entscheiden sollten.

Die Autorität bezieht eine Führungskraft in diesem Sinne weitgehend aus ihrer Position. Sie entscheidet, weil sie in der Position ist, in der entschieden wird – und die anderen setzen die Entscheidung um, weil der Chef es angeordnet hat. Einen Unterschied zwischen diesen Führungskräften und den echten, wie ich sie nenne, gibt es allerdings seit jeher: Echte Führung war und ist nur möglich, wenn jemand folgt. Das war schon immer so, es war bloß von den tayloristischen Strukturen überdeckt. Ich bin sicher, Sie, liebe Leser, haben sofort jemanden vor Augen, wenn ich von echten Führungskräften spreche – und vermutlich auch, wenn ich von den anderen rede, die ihre Autorität vor allem aus ihrer Position beziehen, also formale Macht nutzen.

> Echte Führung war und ist nur möglich, wenn jemand folgt. Das war bloß von den tayloristischen Strukturen überdeckt.

Echte Führung wird immer wichtiger werden und immer weniger an bestimmten Positionen und Personen hängen. Weshalb? Die stetig steigende Komplexität erfordert die Ideen und das Können von immer mehr Personen, und immer mehr Menschen fordern Selbstbestimmung ein. Dazu ausführlich mehr im Kapitel »Autopoiese respektieren«.

Wie es sich anfühlt, wenn echte Führung die Regel ist, kann man zum Beispiel bei den Ingenieuren für Brandschutz von hhpberlin sehen. Dieses Unternehmen, damals schon das größte Brandschutzingenieurbüro in Deutschland, war eines der ersten, das mir vor fast zehn Jahren auf meiner Reise zu lebendigen Organisationen begegnete, und es fasziniert mich noch immer. Mit knapp 200 Mitarbeitern gibt es in diesem Ingenieurbüro keine formellen Führungspositionen. Menschen, die diese einnehmen, gibt es hingegen viele. Ganz pragmatisch und orientiert an dem, wie sie selbst gerne arbeiten wollen, haben Stefan Truthän und Karsten Foth, die beiden Inhaber und Geschäftsführer, ein Organisationssystem geschaffen, das Koordination und Ausrichtung ermöglicht, ohne dass dafür feste Führungskräfte notwendig wären.

Im Gespräch mit den Mitarbeiterinnen und Mitarbeitern – übrigens zu mehr als der Hälfte Frauen, was im Brandschutz sehr ungewöhnlich ist – fällt sofort auf, wie sehr sie Eigenverantwortung übernehmen und wie absolut selbstverständlich dies für sie ist. Die Geschäftsführer werden nicht um eine Entscheidung gebeten, sondern lediglich konsultiert oder informiert. Einmal war ich mit Karsten Foth zu einem gemeinsamen Vortrag unterwegs. Im Zug checkte er seine Nachrichten, und eine war eine besondere Bestätigung für die Verantwortlichkeit jedes Einzelnen in seinem Unternehmen: In einem sehr großen Projekt war es richtig heikel geworden, der Kunde hatte sich mit seinen Beschwerden an die Geschäftsführer gewandt. Statt die Kohlen selbst aus dem Feuer zu holen, hatte Karsten jedoch den zuständigen Mitarbeiter informiert, ihm den Ball zugespielt und das dem Kunden erklärt.

In der Nachricht nun informierte der Kollege Karsten nur noch, wie das Problem gelöst wurde, der Chef musste nicht einspringen. Vielleicht an sich noch nicht so spektakulär, nur wenn Sie sich verdeutlichen, welcher Art die Projekte sind, die hhpberlin bearbeitet, könnte sich Ihr Blick verändern. Nur so viel: Außer der Elbphilharmonie und Stuttgart 21 wird an den sechs Standorten dieses Ingenieurbüros so ziemlich jedes große Bauprojekt in diesem Land brandschutztechnisch bearbeitet.

Die Menschen bei hhpberlin können sich nicht mehr vorstellen, nach Weisungen zu arbeiten. Jedenfalls nicht immer. Sie folgen gerne jemandem mit hoher Kompetenz in der zu lösenden Frage – und übernehmen an anderer Stelle genauso selbstverständlich die Führung. Ob das nicht im Chaos endet? Nein, aber dafür braucht es kluge Strukturen. Dazu im Kapitel »Selbstorganisation organisieren« mehr.

## Räume öffnen

Der große Unterschied zu »normalen« Unternehmen entsteht in lebendigen Organisationen durch die Fähigkeit Einzelner, manchmal auch faszinierender »Duos«, andere zu inspirieren. Es gibt dafür sehr bekannte Beispiele, wie »die Steves« (Jobs und Wozniak) bei Apple, aber eben auch bisher weniger bekannte als die hier erwähnten, denen es gelingt, mit ihren Ideen und Visionen zu begeistern und gleichzeitig Räume für andere zu öffnen. Oft leise und dennoch – oder gerade deswegen – sehr wirkungsvoll.

Was ich meine, wenn ich »Räume öffnen« sage? Diese Metapher begegnete mir schon vor über 20 Jahren, als ich erstmals mit der Methode »Open Space« Workshops und Konferenzen moderierte und spürte, wie anders die entstehende Atmosphäre war. »Open Space« verzichtet auf eine feste Agenda oder vorher bestimmte Aufgaben, es gibt weder gesetzte Redner noch eine durchgängige Leitung der Veranstaltung. Stattdessen kommen die Kräfte der Selbstorganisation zur Entfaltung: Nach einer intensiven Vorbereitung bietet die Moderation lediglich eine minimale Struktur an, die einerseits Koordination und andererseits zufällige Begegnungen und Initiativen ermöglicht. Die Teilnehmer bringen die Themen ein, für die sie Leidenschaft haben, und arbeiten dann mit anderen Interessierten an diesen Anliegen. Dadurch entsteht eine sehr kraftvolle Energie.

Ich fragte mich, ob diese Art, gemeinsam Arbeit zu organisieren, nicht auch außerhalb von Workshops und Konferenzen funktioniert. Die Antwort fand ich einige Jahre später in der Begegnung mit Menschen wie Pia Brüntrup, Karsten Foth oder Ronny Großjohann. Wie die Moderatoren eines »Open Space« bieten sie hilfreiche Strukturen an, die ermöglichen, dass Menschen selbstorganisiert und eigenverantwortlich arbeiten können.

So passiert etwas, was ich gern mit dem Begriff »magisch« bezeichne: Weil hier wie von Zauberhand die Dynamik des Lebens Raum bekommt. Und die bekommt sie, weil ihr Menschen Raum geben, anstatt zu versuchen, sie zu steuern. Das ist der wesentliche Unterschied: Räumeöffner steuern nicht, sie ermöglichen.

Auf diese Weise magisch werden diese Prozesse immer dann, wenn die Führungskräfte als Inspiratoren, Sinnstifter und Hüter der Idee spürbar bleiben und gleichzeitig andere einladen und ermutigen, ihre Gedanken und Ideen einzubringen. Das ist eine Art der Führung, die wenig von dem bisherigen Management und dem bisweilen lauten »Command and Control« hat.

Nun hat das »Command and Control« heutzutage aber in vielen Kontexten durchaus bereits einen schlechten Leumund. Deswegen werden in vielen Organisationen schon alternative Wege diskutiert, und ich höre dabei sehr oft die Aufforderung, die Mitarbeiter sollten ins Boot geholt, mitgenommen werden. Manchmal klingt es für mich fast wie ein Mantra, so oft nehme ich es wahr. Aber ist das eine wirkliche Alternative?

# Ins Boot holen?

Ich habe es gerade neulich auf einer Veranstaltung wieder erlebt: Andreas, mittlere Führungskraft in einem DAX-Konzern, sagte, es ginge eben darum, die Mitarbeiter ins Boot zu holen. Die anderen Anwesenden, überwiegend Führungskräfte und Unternehmerinnen, stimmten zu, es war schnell ein Konsens gefunden. Mir gefällt diese maritime Metapher im Grunde auch sehr und ich fand sie lange auch zutreffend.

Doch inzwischen halte ich davon nur noch wenig. Weshalb? Das »Ins-Boot-Holen« geht von Mitarbeitern aus, die einer vom Kapitän ausgearbeiteten Route folgen. Es impliziert, dass jemand anderes, meistens die Führungskraft, die Richtung kennt und vorgibt. Einmal im Boot, werden die Mitarbeiter mehr oder weniger dem Kurs folgen müssen, den dieses Boot einschlägt. Ihre eigenen Impulse können – wenn überhaupt – nur noch begrenzt wirken. Aber das kann es nach meiner Überzeugung nicht sein. Ich finde, es muss darum gehen, einen Raum zu öffnen, in dem die Beteiligten ihre Ideen und Gedanken, ihr Können wirklich einbringen können und ihnen nicht nur Bruchteile von Entscheidungen überlassen werden. Und das ist etwas anderes als in ein Boot einzusteigen, dessen Reiseroute bereits feststeht.

> Wer ins Boot geholt wird, fühlt sich eher zu einer passiven Haltung eingeladen als zu aktiver, kreativer Gestaltung.

Die Geschichte des Siemens-Werkes in der Huttenstraße macht genau diesen Unterschied deutlich: Zuerst haben Ronny und Robert probiert, die Menschen ins Boot zu holen, sie von ihrer Idee zu überzeugen. Mit den geschilderten Konsequenzen: Es ist kaum jemand in das Boot eingestiegen und es verlor schnell wieder an Fahrt. Erst als sie das Problem offen in die Mitte gelegt hatten, kam Leben in die Bude, begannen Mitarbeiter, sich einzubringen und an Lösungen zu tüfteln. Sie haben quasi eigene Boote gebaut, zu Wasser gelassen und Verantwortung für den Kurs übernommen. Dabei behielten sie einander im Blick, ganz so wie die Besatzungen der etwa 200 Segelboote, die jährlich im Rahmen der »Atlantic Rally for Cruisers« den Ozean überqueren.

Diese Unterscheidung wirkt vielleicht sehr fein, gleichzeitig ist sie aber in der Wirkung immens. Wer ins Boot geholt wird, fühlt sich mit hoher Wahrscheinlichkeit eher zu einer passiven Haltung eingeladen als zu aktiver, kreativer Gestaltung. An dieser Stelle fällt mir ein Satz ein, den meine Kollegin und Freundin Dina häufiger in diesem Zusammenhang sagt: »Ich hätte gerne Leute, die machen – und nicht nur mitmachen.«

Wenn ich mich mit solchen Gedanken in Gespräche einschalte, erlebe ich nicht selten ein Abwiegeln: Wenn »ins Boot holen« gesagt wird, bedeute dies selbstverständlich, dass die Mitarbeiter aktiv mitgestalten sollen. Nur ist das wirklich, wirklich so gemeint? Oder ist es nicht vielmehr so, dass es eben auch beim Mit-Gestalten bleiben soll und das Gestalten dem Chef vorbehalten bleibt?

Wundern würde es mich nicht, ist es doch die Erwartung, die wir gemeinhin an Führungskräfte haben: Sie sollen entscheiden, machen und vorangehen. Dieser Glaube ist konstituierend für hierarchische Organisationen, er ist in ihnen – und den Menschen, die in egal welcher Rolle in diesen Unternehmen arbeiten – tief verwurzelt: Mitarbeiter sehen sich – höchstens – als Mitgestalter, Chefs als die Macher. Es erstaunt mich daher nicht, dass Sätze wie der mit dem Boot oder »Wir müssen die Menschen mitnehmen« so oft gesagt werden. Sie sind Ausdruck einer Ambivalenz: Einerseits möchten Unternehmerinnen und Führungskräfte das tun, was von ihnen erwartet wird: entscheiden, machen, vorangehen. Das können sie und das mögen sie, deswegen sind sie in Führungsrollen. Andererseits sehen sie sich nach Entlastung, Verantwortungsverteilung und echter Teamarbeit. Das passt außerdem zu den Trends rund um New Work, Partizipation ist en vogue, Hierarchie out.

Gleichzeitig gibt es dann immer wieder Einladungen, sich doch anders zu verhalten: Da sagt ein Bereichsleiter eines großen Unternehmens, das mittlere Management solle aufhören mit dem Gedöns und endlich mal (wieder) klare Ansagen machen – leider ein nahezu wörtliches Zitat. Jetzt kommt es auf die Reaktion an: Folgt der Teamleiter diesem »Wunsch« des Bereichsleiters, nimmt er die Einladung an, doch wieder Ansagen zu machen? Oder findet er andere Wege. Es könnte sich lohnen, mit dem Bereichsleiter zu sprechen, worum es ihm geht, was er sich von klaren Ansagen erhofft, oder – falls ein direktes Gespräch nicht möglich ist – sich in seine Lage zu versetzen und nachzudenken, was sein Anliegen sein könnte. Um dann von diesem Anliegen aus Ideen zu entwickeln, wie dieses anders als mit nebenwirkungsintensiven »klaren Ansagen« zu erfüllen wäre.

## Beschützen und machen lassen

Das Nachdenken über diese Sätze rund um die Boote führt mich immer wieder zu der Frage, was wir unter Führung verstehen. Wozu brauchen wir sie? Was ermöglicht sie? Was erschwert sie? Ich bin dazu übergegangen, diese Fragen nicht mehr direkt zu stellen, sondern Menschen zu fragen, was sie brauchen, wenn sie Führung brauchen. Ich frage das auch Führungskräfte. Wofür ich so frage? Die Gespräche kommen dann von einer abstrakten Ebene auf eine individuelle: Wie ist das bei mir? Bei uns?

Ich bekomme Antworten wie: Ausrichtung, Koordination, Sparring, Entlastung, Ermutigung, Erlaubnis, Interesse an mir und meinen Gedanken, Orientierung und einiges anderes mehr. Diese Aussagen helfen sehr, um Bestandteile von Führung zu reflektieren und zu überlegen, wie die Funktionen anders als durch hierarchische Positionen gewährleistet werden können.

Auf beeindruckende Weise wird dieser Weg gerade in einem Teil eines großen Konzerns gegangen, in der DB Systel, dem IT-Haus der Deutschen Bahn. Thomas Ditzer, Unternehmensentwickler in Frankfurt, und seine Kollegen berichten davon, wie sich von den Herausforderungen durch die Digitalisierung ausgehend langsam der Gedanke in der Organisation festsetzte, dass die anstehenden Aufgaben nicht mit der bestehenden hierarchischen Struktur bewältigt werden können. Zu sehr waren dadurch Silos entstanden, die für eine echte Orientierung am Kunden und für die dafür erforderlichen agilen Arbeitsweisen eher hinderlich waren. In einem ersten Strategieworkshop machten die Bahner sich Gedanken, wie das anders werden könnte. Aus diesem Workshop heraus entstanden dann Initiativen, zu denen Mitarbeiter sich freiwillig meldeten. Dies war bereits die erste Änderung: Nicht die Führung bestimmte, wer mitmachen soll, sondern Mitarbeiter meldeten sich.

Diese Initiativteams entwickelten erste Ideen, wie künftig zusammengearbeitet werden könnte und wie Führung sich dabei verändern würde. Intuitiv bildeten sich die ersten Teams, die nicht mehr nach einer Abteilungslogik zusammengestellt waren, sondern vom Kunden her gedacht waren. Diese Teams griffen eine der Leitideen modernen Organisationsdesigns auf: ein Team so zusammenzustellen, dass es möglichst alle Aufgaben innerhalb der Gruppe erledigen kann, ohne weitere Kollegen aus anderen Bereichen hinzuziehen zu müssen. Schnell kam der Reflex der Organisation, auch diese Teams bräuchten eine »zugeordnete« Führungskraft. Das lehnten die Teams rundheraus ab, mehr vom Selben wäre das, da wollten sie nicht dabei sein. Doch was dann? Auf der Suche nach Ideen wurden die Initiativen fündig bei den agilen Rollen. In agilen Vorgehensmodellen wie Scrum werden die Führungsrollen verteilt. Während der »Product Owner« für die fachliche Führung zuständig ist, kümmert sich der »Scrum Master« um die Prozessgestaltung und die Zusammenarbeit im Team. Alle anderen Führungsaufgaben übernehmen die Mitglieder des Teams selbst. An dieser Stelle, so Thomas Ditzer, hätte die Entwicklung allerdings leicht kippen können: Als ITler und Ingenieure hatten viele den Ansatz sehr technisch verstanden und sich vor allem auf die Umsetzung der agilen Prozesse und die Etablierung der Rollen konzentriert. Aspekte der Haltung dahinter drohten aus dem Blick zu geraten. Scrum geht unter anderem von Ermächtigung und Selbstorganisation aus. Teams sind ermächtigt und verantwortlich, alle notwendigen Entscheidungen mit Blick auf das Ergebnis zu treffen. Damit das wirklich gelingt, braucht es aber neben veränderten Rollen und Prozessen auch das Zutrauen in die Kompetenz der Mitarbeiter, ein Loslassen aufseiten der Führungskräfte und ein Annehmen der Verantwortung von den Mitarbeitern. Sonst bleiben es »agile Spielchen«, wie Thomas formulierte. Genau das wollten sie aber bei der DB Systel nicht, es ging ihnen um die Veränderung der Haltung. Doch wie das etablieren?

Ein Besuch beim Vorreiter dm in Karlsruhe trug zur Wendung bei: Die Delegation der DB Systel war im Gespräch mit dm-Mitarbeitern gefragt worden, welches Menschenbild ihren Handlungen und Haltungen zugrunde liegt. Diese Frage führte dazu, dass man einige Glaubenssätze auf den Prüfstand stellte. Bei dm ist die Entscheidung für ein positives Menschenbild klar. Jeder dort geht davon aus, dass alle Kollegen gute Arbeit leisten und zum gemeinsamen Erfolg beitragen wollen. Selbst wenn es hin und wieder andere Erfahrungen gibt, was auch bei dem Karlsruher Vorzeigeunternehmen vorkommt, bleibt die Entscheidung für dieses Menschenbild unerschütterlich. Ich finde das so richtig wie pragmatisch: Wie die Menschen sind, das wissen wir ohnehin nicht. Ich kann ihnen nur vor den Kopf gucken, nicht hinein. Fest steht allerdings, dass meine Annahme, wie die Menschen sind, meine Handlungen beeinflussen wird. Und das ist sicher nicht ohne Wirkung.

Wie weit das gehen kann, fiel mir vor ein paar Wochen wieder besonders auf, als ein Kollege im Gespräch eine Studie erwähnte: Darin wurde festgestellt, dass Kinder nach einer gewissen Zeit Zeichen von Hochbegabung zeigen, wenn man ihren Lehrern die Information mitgibt, dass diese Kinder hochbegabt seien. Auch wenn das nach gängigen Tests gar nicht der Fall ist. Allein die Annahme, es mit Hochbegabten zu tun zu haben, prägte offenbar das Verhalten der Lehrer, aufgrund dessen wiederum die Kinder tatsächlich eine Hochbegabung ausprägten.

Doch zurück nach Frankfurt. Die Begegnung mit den dm-Mitarbeitern führte bei der DB Systel auch dazu, dass Menschen in Führungsrollen sich noch weiter zurücknahmen, noch mehr die Mitarbeiter machen ließen. In Karlsruhe hatten sie gehört, dass bei dm nur dann eingegriffen wird, wenn es um Vorgänge geht, die kritisch für das Unternehmen sind, und sich selbst dann der Eingriff auf eine Beratung beschränkt. Gleichzeitig war klar: Die neu entstehenden eigenverantwortlichen Teams brauchen einen gewissen Schutz, damit sie in dem bestehenden Umfeld etwas Neues aufbauen können. Damit war die Aufgabe für die Führungskräfte klar: Beschützen und machen lassen – und dabei kontinuierlich an der Abschaffung ihrer festen Positionen arbeiten. Denn Ziel ist es, dass es nach und nach keine formalen Führungspositionen mehr gibt. Mitte 2020 hatten bereits 15 Prozent der Mitarbeiterinnen und Mitarbeiter keine formalen Vorgesetzten mehr und nahezu alle der inzwischen über 5000 Beschäftigten befinden sich auf dem Weg dorthin. Thomas Ditzer rechnet damit, dass Ende 2021 alle in der neuen Form arbeiten werden.

Diese Erfahrungen machen mir deutlich: Es entsteht erst dann etwas wirklich anderes, wenn die Unterschiede zwischen Führungskräften und Mitarbeitern nicht mehr als Gefälle erlebt werden, sondern eher als unterschiedliche Rollen, die auch wechseln können. Noch einen Schritt weiter gedacht gibt es dann keine definierten Führungskräfte mehr, sondern die Führungsarbeit wird zu einem großen Teil von den Mitarbeitern selber in ihren Teams miteinander geleistet.

Auch das ist schon ein wenig magisch. Beim Studieren dieser Magie ist mir außerdem etwas aufgefallen, das ich lange nicht benennen konnte. Egal, ob es Pia, Ronny, Robert, Karsten oder Thomas waren: Es lag noch etwas in der Luft. Zu meiner eigenen Überraschung formte sich dazu bei mir der Begriff Demut.

# Mut zum Dienen

Der Begriff ist etwas aus der Zeit gefallen, keine Frage. Ich verstehe Demut daher auch ausdrücklich nicht im religiösen, unterwürfigen Sinne, sondern eher im Sinne Erich Fromms, der Demut als eine emotionale Haltung sieht, die Voraussetzung ist für die Überwindung des eigenen Narzissmus. Mir gefällt auch sehr die Erweiterung von Siegbert Warwitz, der Demut als »Mut zum Dienen« versteht und in ihr eine Variante der Eigenschaft Mut sieht. Für mich hat Demut vor allem auch etwas mit Bescheidenheit zu tun, ausgedrückt besonders in der Akzeptanz und Anerkennung des Könnens, der Erfahrungen, Ideen und Sichtweisen anderer.

So verstandene Demut ist für mich eine der Voraussetzungen dafür, dass ein Organisationsdesign wie bei hhpberlin überhaupt entstehen kann. Als geschäftsführende Gesellschafter auf die Idee zu kommen, ein System zu schaffen, in dem die eigene Rolle als Führungskraft auf das Setzen von Rahmen »reduziert« wird, braucht so manche persönliche Voraussetzung. Hätten die beiden Geschäftsführer, Stefan Truthän und Karsten Foth, diese nicht, so wären die Gedanken zum Organisationsdesign, wie es sich bei hhpberlin entwickelt hat, gar nicht entstanden. Dieser Zusammenhang illustriert für mich deutlich, wie sehr innere Dynamik und äußerer Kontext in einer Wechselbeziehung stehen. Diese gilt es zu fokussieren, nicht das eine oder das andere. Denn die Aufmerksamkeit vor allem auf einem dieser Aspekte zu haben, muss zwangsläufig zu kurz greifen.

> Demut hat etwas mit Bescheidenheit zu tun, besonders in der Anerkennung des Könnens, der Erfahrungen, Ideen und Sichtweisen anderer.

In besonderer Weise ist mir Demut auch in München begegnet, bei der dortigen Sparda-Bank. Helmut Lind, Vorstandsvorsitzender des Kreditinstituts, bringt diese Haltung auf den Punkt, wenn er sagt: »So gut wie es jetzt geworden ist, hätte ich das nie designen können.« Alles, was in der Sparda-Bank München entstanden ist, sei ohne Planung entstanden, sie hätten immer den nächsten Schritt aus dem aktuellen entwickelt, auf Basis von Vertrauen. Er sagt nicht »ich« und er meint auch nicht »ich« – und das ist Teil des Unterschiedes. »Wer bin ich, in der Arroganz zu glauben, dass ich die Welt komplett erfassen und ergreifen kann? Welche Überheblichkeit leitet mich, dass ich der bin, der das allein kann?«, betont er seine Haltung.

Für Helmut Lind war es ein Weg, diese Einstellung zu entwickeln, wie er im Interview zu unserem zweiten Film AUGENHÖHEwege ausführlich geschildert hat. Er hatte sich mit 20 Jahren vorgenommen, Vorstand einer Bank zu werden, und arbeitete konsequent auf dieses Ziel hin, das er schließlich mit 40 erreicht hat. Seine Erwartung war, dass sich sein Leben grundlegend ändern würde, nun, da er an seinem großen Ziel angekommen war. Es passierte aber – nichts. Das brachte ihn gehörig ins Nachdenken. Ihm wurde klar, dass er seinen Wert nicht ausschließlich aus der Position beziehen kann, die er bekleidet. »Erfüllung finden Sie letztlich nur in sich selbst«, waren seine Worte, die durchaus ein wenig spirituell klingen, was auf den ersten Blick so gar nicht zu einem Bankmanager zu passen scheint.

Er geht sogar noch weiter: »Ich schaffe Möglichkeiten dafür, dass sich möglichst viele Mitarbeiter wieder spüren können«, beschreibt er sein Tun. Damit definiert er seine Rolle neu. Helmut Lind sieht sich heute nicht mehr als Manager, der vordenkt und vorgibt, sondern als Raumöffner, wie auch er es formuliert. Das geht weit über das oft zitierte »Führen statt Managen« hinaus. Diese neue Definition von Führung fand nicht nur Anhänger. So manche Führungskraft fühlte sich von den Ideen und Aktionen Linds infrage gestellt. Er untergrabe ihre Autorität als Führungskraft, war zu hören.

Doch allem Widerstand zum Trotz ist in diesem offenen Raum einiges geschehen: Bei der Sparda-Bank München haben sie so manches Managementinstrument abgeschafft, das sie vorher für unverzichtbar gehalten haben. Individuelle Zielvereinbarungen und Boni? Fehlanzeige. Beurteilungsgespräche? Gibt es in der gängigen Form nicht. »Ein Gespräch auf Augenhöhe ist in dieser Form nicht möglich«, sagt Michael Dumpert, bei den Münchnern zuständig für Unternehmensentwicklung. An die Stelle der Beurteilungsgespräche sind echte Dialoge getreten.

Das Bemerkenswerte dabei: Der ganze Prozess lief ohne große, laute Kampagnen zu Führungskultur oder Unternehmensleitbildern. Helmut Lind fing an, anders zu handeln, und fand Resonanz. So breitete sich eine neue Kultur im Unternehmen aus, die von immer mehr Menschen ausging. Ganz leise.

# Ich mag das nicht

Für mich ist die Abschaffung solcher Managementinstrumente nur folgerichtig: Wie wollen Sie jemandem Respekt zollen, ja gar demütig gegenüber seinen Ansichten, Leistungen und Ideen sein, wenn Sie nur einen Ausschnitt von ihm würdigen – und zwar den, von dem Sie zu wissen glauben, dass er der relevante sein wird? Nichts anderes tun Zielvereinbarungs- und Bonussysteme, sie reduzieren den Menschen auf seine – vermeintlich – verwertbaren Beiträge. Wir haben schon im ersten Kapitel darüber gesprochen: Ich mag das nicht. Mein Fremdeln mit solchen Systemen fing früh an: Als Azubi wurde ich noch verschont, kaum hatte ich ausgelernt, war »fertige« Bankkauffrau, musste ich Ziele erfüllen: Festgelder, Aktien, Bausparverträge und Lebensversicherungen verkaufen. Hab ich dann auch gemacht, immer genau so viele, wie in der Liste standen. Nach kaum einem halben Jahr bin ich gegangen: erst nach Kanada, dann ins Studium.

Was mich damals so gestört hat, habe ich erst viel später verstanden, als ich mich mit Wirkungen und Nebenwirkungen solcher Steuerungssysteme befasste. Was Zielvereinbarungen und Boni betrifft, so sind diese sehr gut erforscht: Solche Belohnungssysteme reduzieren Kreativität, schüren Konkurrenz, wo Kooperation gefragt ist, machen abhängig und binden Aufmerksamkeit – um nur einige Folgen zu nennen. Noch dazu gehen diese Systeme davon aus, dass jemand ohne Anreize, Belohnungen und Bestrafungen nicht seine volle Leistungsfähigkeit zur Verfügung stellt. Positive Wirkungen von Anreizsystemen gibt es übrigens nur bei sich wiederholenden, eintönigen Aufgaben – und selbst dann nur unter bestimmen Voraussetzungen.

Noch etwas lösen Anreizsysteme mit aus: Sie entfernen den Blick von dem eigentlichen Kern des Unternehmens, von seinem Sinn. Schnell geht es nur noch darum, die gesetzten Ziele zu erfüllen. Was kaum bis gar nicht im Bewusstsein ist: Wofür ist das Unternehmen eigentlich da, wofür stehen die Mitarbeiter und Führungskräfte – also Sie! – jeden Tag auf?

# Sinn entfalten

Selbstverständlich ist es für ein Unternehmen notwendig, auch ökonomisch erfolgreich zu sein. Wie könnte ich als Bank- und Diplomkauffrau etwas anderes behaupten? Nur habe ich den Eindruck, dass in vielen Unternehmen inzwischen »die Zahlen« zum zentralen Ziel, ja zum Sinn der Organisation geworden sind. Schlagen Sie einmal die Wirtschaftsnachrichten in Ihrer Tageszeitung auf: Aktienkurse, Gewinnwarnungen, nicht selten Skandale – in denen es häufig um unzulässige Methoden geht, Gewinne weiter zu erhöhen. Die Logik von Gewinnen, Renditen und Wachstum beherrscht das Denken und wird in der öffentlichen Diskussion nur selten infrage gestellt. In börsennotierten Unternehmen – und leider nicht nur dort – wird das Erreichen der Quartalszahlen zum Selbstzweck.

## Geldverdienen ist wie Atmen

Rendite für die Eigentümer und Anteilseigner zu erwirtschaften bestimmt Entscheidungen und Aktionen. Auf Gewinne zu fokussieren, ist vielerorts so sehr zur Gewohnheit geworden, dass »gute Zahlen« an die Stelle des eigentlichen Sinns der Unternehmen getreten sind. Meine Position dazu ist ganz klar: Gewinnerzielung kann nicht der Sinn eines Unternehmens sein! Ebenso wenig wie wir Menschen auf der Welt sind, um zu atmen, sind Unternehmen da, um Geld zu verdienen. Bei Unternehmen wird das aber oft verwechselt. Einer der Ersten, der vehement auf diese Verwechslung aufmerksam gemacht hat, ist Götz Werner, der Gründer von dm.

Das war nicht von Anfang an so, zunächst war dm ein Unternehmen, in dem sich vieles dem wirtschaftlichen Erfolg unterordnete. Es ging um Ordnung und Produktivität. Das Harzburger Modell mit seinen Hierarchien, Stellenbeschreibungen und mechanischen Vorgehensweisen war lehrbuchmäßig umgesetzt. Bis ein Seminarleiter Götz Werner eine

Frage stellte, die den Drogisten ins Grübeln brachte. dm war zu diesem Zeitpunkt längst keine kleine Drogerie mehr, sondern ein Filialunternehmen mit Niederlassungen in mehreren Ländern. Die Frage lautete: »Sind Sie für das Unternehmen da oder das Unternehmen für Sie?« Der Seminarleiter ergänzte noch zwei weitere Fragen, die es ebenso in sich hatten: »Sind die Kunden für das Unternehmen da oder das Unternehmen für die Kunden? Und die Mitarbeiter? Sind sie für das Unternehmen da oder umgekehrt?«

Diese drei Fragen waren für Götz Werner ein wichtiger Wendepunkt, wie er in seiner Autobiografie schreibt. Er vertiefte sich in die Anthroposophie, die sein Denken schon länger beeinflusste – er hatte zusammen mit seiner Frau die erste Waldorfschule in Karlsruhe gegründet. Er las viel über Erkenntnistheorie und reflektierte die Gedanken und Ideen, die aus dieser Auseinandersetzung hervorgingen, mit Vertrauten.

Als er schließlich vor seine Mitarbeiter trat und die Frage beantwortete, wofür dm da ist, hatte das mit Gewinnen nichts mehr zu tun. Er sagte: »dm ist da, um Rahmenbedingungen dafür

> **Ebenso wenig wie wir Menschen auf der Welt sind, um zu atmen, sind Unternehmen da, um Geld zu verdienen.**

zu schaffen, dass Menschen sich entwickeln können.« Menschen waren Zweck, nicht Mittel, das war für Götz Werner inzwischen sehr klar geworden.

Das sagen viele, aber nur in wenigen Unternehmen ist das so klar spürbar wie bei dm. Vor über zehn Jahren hatte ich die Gelegenheit, dm aus der Nähe zu erleben. Im Rahmen eines der bei dm eher seltenen Beratungsmandate lernte ich die Logistikstandorte in der Nähe von Köln kennen. Das neue Verteilzentrum in Weilerswist war damals gerade im Bau. Ich unterstützte das Team um den damaligen Bereichsleiter Aus- und Weiterbildung Roberto Suarez Hutzler dabei, Moderatoren auszubilden, die während der Planung und Umsetzung Mitarbeitergruppen moderieren sollten. Diese Gruppen planten das neue Verteilzentrum gemeinsam und begleiteten den Bau.

Die Frage, wie Mitarbeiter in ihrer Entwicklung gefördert werden können, lief immer mit. Es ging einerseits darum, wie die Menschen sich in den Bauprozess so einbringen konnten, dass es für sie entwicklungsfördernd ist, zum anderen darum, wie das Verteilzentrum so gestaltet werden konnte, dass das Credo vom Menschen als Zweck Ausdruck findet und gleichzeitig effizienten Logistikprozessen dient. Wenn Sie in Weilerswist die Hallen betreten, werden Sie vermutlich erstaunt sein: Im Gegensatz zu vielen grauen und dunklen Lagern ist es hier hell und bunt. Das Gebäude wurde von einer Künstlerin, Melanie Stollsteiner, mitgestaltet. Ausgangspunkt der Farbgestaltung war der Mensch, es ging der Künstlerin darum, Vielfalt statt Monotonie auszudrücken, immer wieder Aufmerksamkeit in der Routine zu wecken und eine hohe Lebensqualität für alle im Verteilzentrum Tätigen zu schaffen.

Genauso überraschend wie die Farben war für mich, wie sehr die Prozesse so geplant wurden, dass sie auch zum Menschen passen. Roberto zeigte mir nach der Fertigstellung des neuen Verteilzentrums zum Beispiel die Arbeitsplätze in der Einlagerungsvorbereitung, an denen Kartons aufgeschnitten werden. Das konnte kein Roboter erledigen, zu groß war die Gefahr, dass er die Verpackungen von Haarfarbe und ähnlichen Produkten gleich mit zerschneidet. Also taten das Menschen, obwohl es den Planern lieber gewesen wäre, diese eher monotone Tätigkeit zu automatisieren. So saßen aber nun jeweils zwei Mitarbeiter an einem Band und öffneten die Kartons. Sie unterhielten sich dabei, und wenn sie mit ihrer Tätigkeit innehielten, stoppte das Band – das sich auch sonst immer der Arbeitsgeschwindigkeit der Mitarbeiter anpasst und nicht umgekehrt. Es wurden auch keine Kennzahlen am Band gemessen, kein Zähler mahnte ständig zur Eile.

Natürlich geht es bei dm auch darum, Geld zu verdienen – das Atmen ist bei dem Karlsruher Unternehmen genauso wichtig wie bei jedem anderen auch, nur erheben sie es eben nicht zum Sinn ihres Tuns. Ich glaube übrigens, das tun tatsächlich viel weniger Unternehmen als auf den ersten Blick sichtbar. Spreche ich zum Beispiel mit Familienunternehmern oder Gründern, so spüre ich sehr häufig, dass es nicht in erster Linie ums Geld geht. Da werden mit Leib und Seele Landmaschinen gebaut, Social-Media-Konzepte entwickelt oder Reinigungsmittel hergestellt.

Die Idee der Gewinnmaximierung hat sich also scheinbar viel mehr in unseren Köpfen festgesetzt, als sie wirklich gelebt wird. Aber allein die Tatsache, dass viele glauben, es ginge um Gewinnmaximierung, richtet oft Schaden an. Deswegen gehört die Frage nach dem Sinn explizit auf den Tisch, sonst geistert dieser Irrglaube weiter herum und verrichtet sein zerstörerisches Werk. Ich habe mehr als einmal erlebt, dass gute

Initiativen wie zum Beispiel die, mehr flexible Arbeitsorte zu ermöglichen, in Misskredit gerieten, weil im Unternehmen die Vermutung herrschte, das würde nur getan, um den Gewinn zu maximieren. Wenn das »Wofür«, also der Sinn, stärker präsent ist, passiert das deutlich weniger. Bei dm habe ich solche Äußerungen jedenfalls selten gehört.

Der Sinn ist auch deshalb so wichtig, weil Menschen nach etwas suchen, womit sie sich verbinden können. Das wurde mir wieder einmal deutlich, als ich vor ein paar Monaten mit Christoph Kraller, damals noch Geschäftsführer der Südostbayernbahn, sprach. Der Mann ist passionierter Eisenbahner, wenn er zu sprechen beginnt, spürt jeder das sofort. Er berichtete mir in einem Gespräch von einem wichtigen Meeting, in dem er seine Kolleginnen und Kollegen von seinen strategischen Überlegungen überzeugen wollte. Christoph hatte sich intensiv auf diesen Termin vorbereitet, eine Präsentation zusammengestellt, in der er ZDF – Zahlen, Daten, Fakten – sorgfältig aufbereitet und Argumente zusammengetragen hatte. Ich bin sicher, Sie wissen, von welcher Art Präsentation ich spreche. Doch das lockte offenbar niemanden. Christoph war ratlos. War den anderen die Dringlichkeit nicht klar? Weshalb reagierten die nicht?

Ich vermutete, dass Sachargumente und Fakten alleine nicht ausreichen, um eine echte Anziehung zu ermöglichen. Oder nur kurz. Das ist dann eher so etwas wie Gier, wenn ich das Gefühl entwickle, ich könnte persönlich profitieren, wenn ich diese oder jene Entscheidung treffe. Doch diese Art Anziehung meinte ich nicht, sondern eine, die tiefer geht und emotionaler ist. Damit so etwas entsteht, braucht es ein echtes »Wofür« des Unternehmens.

Was Christoph bei unserer nächsten Begegnung berichtete, bestätigte mich in meiner Annahme: Er hatte im folgenden Meeting angefangen, davon zu sprechen, wofür es aus seiner Sicht die Südostbayernbahn gibt und wofür er persönlich jeden Tag aufsteht. Glauben Sie mir, wenn Christoph davon zu erzählen beginnt, ist seine Leidenschaft sofort spürbar, diesem Leuchten in den Augen kann sich kaum jemand entziehen. So ging es auch zwei Kolleginnen von Christoph, die ich wenig später zufällig traf. Sie erzählten sofort von diesem zweiten Meeting. »Das war … wow«, sagte die eine, »ganz anders als sonst. Da ging es nicht um Zahlen wie sonst so oft, sondern darum, wofür wir tun, was wir tun. Die Kraft, die dieses ›Wofür‹ hatte, war mit den Händen greifbar.« »Ja«, ergänzte die andere Kollegin, »und ich erinnere mich, dass einige von uns Tränen in den Augen hatten. Das war schon auch ungewohnt.« Ich weiß nicht, wie es Ihnen geht, mich hat diese Geschichte sehr berührt, denn sie erzählt von einer ganz anderen Art der Anziehung. Sie erzählt von der geradezu magischen Kraft, die sich entfaltet, wenn nicht nur Menschen, sondern auch ganze Organisationen tun, was sie wirklich, wirklich tun möchten.

## Wofür Unternehmen wirklich da sind

Der Unterschied zwischen Organisationen, die eine echte Antwort auf die Frage nach dem »Wofür« haben, und denen, die darauf eher mit Kennzahlen antworten, wurde mir vor einigen Jahren binnen einer Woche sehr plakativ vor Augen geführt. Am Anfang dieser Woche war ich in Berlin, bei den Brandschützern von hhpberlin. Die kennen Sie bereits aus dem letzten Kapitel. Dort war sofort spürbar: Hier steht niemand morgens nur dafür auf, dass das Geld in der Kasse klingelt. Gefragt, wofür hhpberlin da ist, antworteten mir die Mitarbeiter – Ingenieurinnen genauso wie der Hausmeister – dass sie mit dem besten Brandschutz dafür sorgen, dass Menschen brennende Gebäude sicher verlassen können – und Retter möglichst gefahrlos ihrer Arbeit nachgehen können.

Dieser Satz hängt nicht etwa als »Mission Statement« an der Wand, er wird gelebt. Das haben wir »live« gespürt als wir für unseren ersten Film in Berlin gedreht haben. Das Strahlen in den Gesichtern der beiden Mitarbeiter, die gerade eine neue Idee für den Brandschutz in einem Spezialfall entwickelt hatten und davon erzählten, sehe ich noch heute vor mir. Da war für mich die Leidenschaft spürbar, mit der die Menschen bei hhpberlin immer neue Möglichkeiten austüfteln, Brandschutz weiter zu verbessern und damit unsere Gebäude und Städte noch ein Stück sicherer zu machen.

Nebenbei bemerkt: Mit diesen »Mission Statements«, die gerne bei Unternehmen an der Wand hängen, habe ich so meine liebe Not. Zu oft habe ich erlebt, dass tolle Sätze an der Wand hängen, aufwendige Kampagnen zur Verbreitung der Mission gestartet wurden – ich aber in der Organisation nicht entdecken konnte, wie das, was dort stand, im Alltag vorkam. Leider war ich da nicht die Einzige, auch den Mitarbeitern der betreffenden Häuser erschloss es sich meistens nicht. Zynismus und Resignation waren die Folge.

So ähnlich war es dann auch in der zweiten Hälfte der betreffenden Woche, als ich in einer großen deutschen Unternehmensberatung zu Gast war. Auch dort hatte ich meine Gesprächspartner nach dem Sinn ihrer Organisation gefragt, nach ihrem »Wofür«. Die Antworten reichten von zu erreichenden Quartalszielen über Aufzählung der Ziele aus der persönlichen Zielvereinbarung bis hin zu Sätzen, die so fast wörtlich im Geschäftsbericht standen – die ich jetzt nicht wiederhole, ich will schließlich niemanden in die Pfanne hauen.

Meine Gesprächspartner spürten offenbar meine Irritation, die ihre Antworten hervorgerufen hatten. Als ich sagte, dass für mich der eigentliche Sinn noch etwas anderes ist, merkte ich, dass ich offenbar einen heiklen Punkt getroffen hatte, jedenfalls wurden die Stimmen lauter und die Gesichtsfarben dunkler. Das gipfelte dann in einem Satz, den mir einer der Berater fast schon an den Kopf warf: »Ich würde das ja auch gern glauben, liebe Frau Luinstra! Aber im Business hat so was nun mal keinen Platz!«

Wir haben die Diskussion dann nicht weiter vertieft, aber ich weiß noch, dass ich damals auf der Heimfahrt im ICE dachte: Genau diese Haltung ist doch das Problem! Wir haben uns daran gewöhnt, dass es im Business nicht um Sinn geht, also denken wir, dass das eben so ist und nicht veränderbar wäre. Aber ich dachte zugleich auch daran, dass ich einem der Unternehmensberater in unserem Gespräch in einem Punkt sogar recht gegeben hatte. Er hatte zum Schluss eingeworfen, das mit dem Sinn sei doch ziemlich esoterisch und dieses ganze Gequatsche vom Purpose werde ziemlich überhöht. »Ja«, konnte ich da nur sagen. Aber ich sagte auch: »So meine ich Sinn auch nicht.« Es ginge mir um das »Wofür der Organisation«. Und ich vertrete damals wie heute den Standpunkt, dass Sinn in dieser Bedeutung eine wesentliche Rolle spielt.

Dieser Standpunkt wird seit meiner ersten Begegnung mit sysTelios, dem Gesundheitszentrum im Odenwald, auf besondere Weise gestärkt. Ich fragte in einem der ersten Interviews für unser Projekt AUGENHÖHE nach dem Sinn der Organisation. Die Antwort war, man wolle einen gesundheitsförderlichen Raum schaffen, und das nicht nur für die Klienten (die hier sehr bewusst so und nicht Patienten genannt werden,

> Wir haben uns daran gewöhnt, dass es im Business nicht um Sinn geht, also denken wir, dass das nicht veränderbar ist.

weil das schon eine Krankheitszuschreibung beinhaltet, die ausdrücklich abgelehnt wird), sondern für alle Menschen, die mit der Klinik in
Kontakt sind, besonders die eigenen Mitarbeiter, aber auch Partner und
Lieferanten. Die Aussage an sich war für mich schon bemerkenswert. In
meinem Berufsleben hatte ich recht oft mit Institutionen im Gesundheitswesen zu tun, und es kam bis dahin nicht vor, dass die Belange der
Mitarbeiter nicht nur mitgedacht wurden, sondern gleichwertig neben
den Interessen der Klienten bzw. Patienten standen. Zu dieser Sicht auf
die verschiedenen Stakeholder lesen Sie mehr im Kapitel »Augenhöhe
anstreben«.

Für mich noch faszinierender war etwas anderes: Bei sysTelios wird
stets gefragt, wofür etwas getan wird. Nicht warum, nicht wieso, nicht
wozu – wofür. Die Kraft, die dieser Unterschied entfaltet, ist mir erst im
Laufe der engen Kooperation mit den Kolleginnen und Kollegen von
sysTelios in unserem gemeinsamen Ausbildungsprogramm AUGEN-
HÖHEwegbegleiter so richtig bewusst geworden. »Warum« mochte ich
schon länger nicht mehr, da ich immer wieder die Erfahrung gemacht
habe, dass diese Frage vor allem Rechtfertigungen auslöst. Bei »wieso« trat dieser Effekt schon weniger auf. Doch beide Fragen führen in
Begründungen, in die Vergangenheit – ich erfahre dann, aus welchem
Grund etwas geschehen ist. Dieser Grund liegt zudem sehr häufig außerhalb der Person, die ihn anführt. Da werden »objektive« Zwänge benannt oder sachliche Argumentationen geführt.

»Wozu« ist schon mehr von einer anderen Sorte. Es ist nach vorne
gerichtet. Für mich fragt »Wozu« nach konkreten, messbaren Zielen.
Aber auch diese Frage bleibt eher außerhalb der Person, die sie stellt
oder der sie gestellt wird. Wenn Sie zum Beispiel meine Kollegen und
mich fragen, wozu wir unsere AUGENHÖHE-Filme machen, dann bekommen Sie vermutlich Antworten wie: »Wir möchten inspirieren und
ermutigen. Wir möchten aufzeigen, was alles möglich ist.« Das ist alles
etwas, was bei anderen – bestenfalls – passieren könnte, wenn sie unsere
Filme ansehen. Fragen Sie uns aber, wofür wir tun, was wir tun, klingt
das anders. Von mir hören Sie dann, dass ich einen Beitrag zu einer
anderen Arbeitswelt, einem neuen Paradigma leisten möchte – meinen
Kindern eine andere Arbeitswelt hinterlassen, als ich sie vorgefunden
habe. Ich möchte mich zeigen, mich mit meiner Kraft, meiner Erfahrung
und meinem Können einbringen und damit Menschen in Entwicklungen und Bewegungen einladen.

Die Frage nach dem »Wofür« geht über alle anderen hinaus. Sie meint denjenigen, der sich mit der Frage beschäftigt, immer auch selbst. Es geht letztendlich um meine Antwort, zu was für einer Welt ich beitragen möchte. Ich bin gefragt, diese Welt mitzugestalten. »Wofür« adressiert nicht nur konkrete Ziele, sondern eine Sehnsucht. Die Frage nach dem »Wofür« zu stellen, erzeugt auch wieder die Art von Magie, von der wir bereits sprachen. Das habe ich gerade vorgestern wieder erlebt. Ich stellte den Teilnehmern an einer Veranstaltungsreihe, die ich mit einer Kollegin schon vor über sechs Jahren ins Leben gerufen hatte, die Frage: »Wofür seid ihr heute Abend zu dieser Veranstaltung gekommen?« Ihre Antworten wie »Verbundenheit erleben«, »mich im Umgang mit Nichtwissen üben«, »weiterdenken« oder »Kraft tanken« waren schon eindrucksvoll genug. Doch noch viel stärker bleibt mir die Stimmung in Erinnerung – und die Tatsache, dass gleich fünf Menschen den Arm hoben, als es darum ging, für folgende Veranstaltungen die Organisation zu übernehmen. Das war in der Vergangenheit oft genug schwierig gewesen. Doch jetzt war etwas anders: Die Menschen wussten, wofür sie gekommen waren, und waren sofort bereit, einen Beitrag dazu zu leisten, dass dieses Format fortbesteht. Das ist – an einem kleinen Beispiel illustriert – der Unterschied, den Sinn macht.

An dieser Stelle fragen Sie sich vielleicht, ob das, was ich gerade über die Notwendigkeit der Ausrichtung an einem »Wofür« gesagt habe, auch auf individueller, persönlicher Ebene gilt. Ja, aber … Ich erlebe immer wieder, wie kraftvoll es ist, wenn Menschen auf die Frage, wofür sie unterwegs sind, für sich eine Antwort haben. Sie dient ihnen als Ausrichtung, als Kompass und als Ausgangspunkt ihrer Aktivitäten – ganz so wie der Squashpoint, von dem im Kapitel »Folgen für Menschen, Organisationen und Gesellschaft« die Rede war.

Weshalb nun ein »Aber«? Weil wir Gefahr laufen, das mit dem Sinn zu übertreiben und vor allem zu sehr auf die Arbeit zu beziehen. Die sozialen Medien, Zeitungen und Zeitschriften sind voll von Aufrufen, einen Sinn in der Arbeit zu suchen, nur wirklich sinnvolle Arbeit zu verrichten. Ich glaube, damit überhöhen wir die Arbeit, die ohnehin schon einen sehr großen Stellenwert in vieler Menschen Leben einnimmt. Da wäre es manchmal gut, sich den alten Goethe ins Gedächtnis zu rufen, der einst schrieb: »Der Zweck des Lebens ist das Leben selbst.« Frei übertragen könnte ich sagen: Wir sollten darauf achten, vor lauter Sinnsuche das Leben und das Atmen nicht zu vergessen.

Bei Organisationen liegt der Fall anders, sie kommen quasi von der anderen Seite: In unseren Unternehmen liegt Fokus viel zu sehr auf der Atmung, das bedeutet in deren Fall, sie fokussieren – zu – sehr das Geldverdienen. Da dürfte der Regler auf der Sinnskala gerne ein bisschen weiter nach oben rutschen. Das ist kein Kippschalter, kein Entweder-Oder, denn selbstverständlich bleibt das Geldverdienen weiterhin wichtig – nur eben nicht als Sinnersatz. Wer sich aber nur auf Sinn fokussiert und die Wirtschaftlichkeit aus den Augen verliert, ist am Ende zwar sinnerfüllt unterwegs – aber auch pleite. Unternehmen müssen Geld verdienen, Menschen müssen atmen – aber keiner von beiden ist auf der Welt, um das eine oder das andere zu tun. Es ist nicht ihr »Wofür«.

Nicht selten begegnen mir auch Menschen, die Aspekte rund um den Sinn noch aus einem anderen Grund eher romantisch und unrealistisch finden. Sie führen ins Feld, dass doch schließlich Menschen bzw. Institutionen Geld in Unternehmen investiert haben und eine Rendite erwarten – egal, welch sinn-vollen Ideen Mitarbeiter und Geschäftsführung nachhängen. Die haben recht, das ist oft so. Doch muss und vor allem soll das so bleiben? Ich finde: Nein. Und es gibt bereits Unternehmerinnen und Unternehmer, die anders denken und handeln – manchmal schon seit mehr als 130 Jahren.

## Eigentum an Unternehmen neu denken

Im Jahr 1886 wurde in Stuttgart die »Werkstätte für Feinmechanik und Elektrotechnik« gegründet – heute besser bekannt unter dem Namen Bosch. Obwohl eines der größten Unternehmen in Deutschland, ist Bosch bis heute nicht an der Börse notiert. Weshalb das so ist? Der Gründer Robert Bosch verfügte in seinem Testament eine besondere Eigentümerstruktur und legte damit den Grundstein für die heutige Unternehmensverfassung, in der Kapital und Stimmrechte getrennt sind. Dadurch wird verhindert, dass Gewinnmaximierung über den langfristigen Unternehmenserfolg, die Arbeitsbedingungen und die Umwelt gestellt wird. Darum ging es Robert Bosch, der zu seinem 80. Geburtstag formulierte: »Pflegen Sie diesen Geist der Hingabe an die gemeinsame große Aufgabe [...], immerdar zum Wohle alle Betriebsangehörigen und zum Wohle des Unternehmens selbst, das mir als Werk meines Lebens teuer ist.«

Der Familie Bosch gehören heute nur noch 8 Prozent der Kapitelanteile am Unternehmen, 92 Prozent der gemeinnützigen Robert Bosch Stiftung GmbH, die wiederum ihr zustehende Dividenden für gemeinnützige Zwecke einsetzt. Die Stimmrechte hingegen sind wesentlich in Händen aktiv im Unternehmen Tätiger beziehungsweise Menschen, die dem Unternehmen eng verbunden sind – wer schafft, hat auch das Sagen. Normalerweise gilt eher: »Wer das Geld hat, hat das Sagen.« Mit diesen Regelungen wollte Robert Bosch seinem Unternehmen über seinen Tod hinaus Unabhängigkeit und unternehmerische Freiheit sichern. Für ihn gehörten diese Aspekte zu einer anständigen Art der Unternehmensführung, die ihm zeitlebens wichtig war. »Lieber Geld verlieren als Vertrauen«, war einer seiner Leitsätze.

Aber so eine Eigentumsform ist doch eher die Ausnahme, mögen Sie nun einwenden. Das ist richtig, zumindest wenn wir Deutschland betrachten. In Dänemark etwa sind über 70 Prozent aller Unternehmen mit Stiftungen verbunden – darunter so große und bekannte wie Carlsberg, Novo Nordisk oder Maersk. Übrigens mit beeindruckend guten Ergebnissen auch nach ökonomischen Kriterien: In Unternehmen mit Stiftungsbindung liegen Rentabilität und Marktwert oft über dem Durchschnitt, außerdem ist die Innovationsfähigkeit höher und die Unternehmen bestehen länger.

Auch hierzulande wächst die Gruppe der Unternehmen, die sich selbst gehören. Einer der Pioniere in Sachen Verantwortungseigentum ist die Waschbär GmbH, Teil der Triaz Group. Das Unternehmen wurde 2006 von Ernst Schütz übernommen. Einige Jahre später begann der Unternehmer, mittlerweile über 60 Jahre alt, über die Zeit nach seinem Eintritt in den Ruhestand nachzudenken. Das Versandhaus vererben? Seine vier Kinder waren bereits auf anderen beruflichen Wegen unterwegs, es wollte niemand übernehmen. Also verkaufen? Durchaus verlockend, da wären ein paar Millionen drin gewesen.

**Sobald ein Unternehmen an Investoren verkauft wird, richtet sich der Fokus auf die Renditen.**

Doch daran war Ernst Schütz nicht interessiert, ihn nervt die Gier, die sich in unserer Gesellschaft entwickelt hat, wie er in einem Gespräch mit dem Magazin »brand eins« formulierte. Ihm war und ist wichtig, dass Waschbär seinen Sinn erfüllen kann und dass ökonomischer Druck sich nicht auf jede Entscheidung auswirkt. Und dieser wird unweigerlich höher, wenn ein Unternehmen an Investoren verkauft wird. Der Fokus richtet sich dann auf die Renditen, und um diese zu erhöhen, wird das Arbeitstempo forciert, es werden Löhne gedrückt, am Kundenservice gespart und Lieferanten ausgebeutet. Wird ein Unternehmen mehrfach verkauft, potenzieren sich diese Effekte, und das ursprüngliche Unternehmen ist binnen weniger Jahre nicht wiederzuerkennen.

So war es leider auch bei einem Unternehmen, das online Ferienunterkünfte vermittelt. Ich begegnete mehreren Mitarbeitern dieses Unternehmens bei unserem ersten AUGENHÖHEcamp 2015 in Hamburg. Was mir sofort auffiel: Das Funkeln in den Augen, wenn sie von ihrem Unternehmen, von der Potenzialentfaltung, die dort möglich war, und der Eigenverantwortung jedes Einzelnen sprachen. Das hatte niemand in vorherigen Jobs so erlebt. »Das Beste war«, sagte eine Mitarbeiterin, »dass wir es hinbekommen haben, unsere Freiheiten zu nutzen, sehr viel Eigenverantwortung zu übernehmen und uns gleichzeitig im Interesse eines gemeinsamen ›Wofür‹ auch immer wieder zurückzunehmen und Verantwortung für das Ganze mit zu übernehmen. Das war ein ausgesprochen lebendiger Tanz.« Fünf Jahre und zwei Verkäufe später sind von dieser Art Verantwortung nur noch Spuren übrig, es werden wieder Pläne erfüllt, die andere gemacht haben, und Zahlen abgeliefert.

So eine Entwicklung wollte Ernst Schütz bei Waschbär um jeden Preis verhindern. Doch wie könnte das gelingen? Der gelernte Landwirt begegnete in dieser Zeit des Nachdenkens Armin Steuernagel, ebenfalls Unternehmer und, obwohl nicht einmal halb so alt wie Ernst Schütz, mit ähnlichen Fragen beschäftigt. Armin gründete sein erstes Unternehmen, den Waldorfshop, bereits mit 16 Jahren und ist seitdem Unternehmer mit Leib und Seele. Er bekennt sich dazu, Kapitalist zu sein, ihn fasziniert die Kraft und die Dynamik privaten Eigentums an einem Unternehmen, mit dem hohe Verantwortlichkeit einhergeht. Gleichzeitig war ihm zunehmend unwohl bei dem Gedanken, dass jeder Eigentümer, selbst wenn es ein Spekulant ist, mit seinem Unternehmen machen kann, was er will.

Einige Recherchen und Gespräche später fanden die beiden einen Ausweg: Sie änderten die Satzungen ihrer Unternehmen. Die Regelungen folgen im Kern zwei Prinzipien. Erstens: Gewinne sind Mittel zum Zweck und nicht der Zweck selbst. Das ist das Sinnprinzip – es soll in dem Unternehmen in erster Linie um den eigentlichen Sinn gehen, nicht um möglichst hohe Gewinne, die an Investoren ausgeschüttet werden und Eigentümer nicht selten zu Multimillionären machen. Gewinne werden bei Waschbär und beim Waldorfshop reinvestiert, als zusätzliches Einkommen an alle Mitarbeiter – die ja maßgeblich dazu beitragen, dass die Gewinne erzielt werden – gezahlt, und Teile der Überschüsse werden gespendet. Zweitens: Eigentümer kann nur sein, wer im Unternehmen tätig ist oder ihm eng verbunden ist. Das ist das Selbstbestimmungsprinzip. Es basiert auf der Erkenntnis, dass echtes Verantwortungsgefühl nicht möglich ist, wenn das Unternehmen einem Fremden gehört. Wer weit weg ist, ist meistens lediglich am Gewinn interessiert und erlebt nicht, wie sich diese gewinnmaximierenden Entscheidungen zulasten von Mitarbeitern, Partnern oder Kunden auswirken. Diese Fremdbestimmung wollten Ernst Schütz und Armin Steuernagel verhindern und schrieben das genau so in die jeweiligen GmbH-Satzungen.

Und nicht nur das: Sie sorgten mit entsprechenden Formulierungen und Konstruktionen auch dafür, dass diese Regelungen nicht mehr verändert werden können – weder von ihnen selbst noch von ihren Nachfolgern. Die Stimmrechte in diesen Unternehmen können durch diese Regelungen nun nicht wie üblich verkauft werden. Und auch vererbt werden diese nicht mehr wie gewohnt ganz automatisch. Sie könnten auch sagen, das Steuerrad dieser Unternehmen ist unverkäuflich, es kann nur an Menschen weitergegeben werden, die wiederum im Unternehmen aktiv oder diesem eng verbunden sind.

Mit diesen Regelungen überführten dann die Nachfolger von Ernst Schütz, Katharina Hupfer und Matthias Wehrle, sowie Armin Steuernagel ihre jeweiligen Unternehmen in das sogenannte Verantwortungseigentum. Diese Unternehmen gehören sich nun selbst. So unterschiedlich die rechtlichen Konstruktionen im Einzelfall sind, eines ist den Unternehmen in Verantwortungseigentum gemeinsam: Sinnorientierung ist ihnen wichtig – und das nicht nur als Bekenntnis, sondern für alle Zeiten rechtlich gesichert. Verantwortungseigentum bedeutet eine Veränderung, die das Potenzial hat, unser gesamtes Wirtschaftssystem auf eine neue Stufe zu heben: die Kraft des Eigentums nutzen und gleichzeitig Gemeinwohl sichern. Damit hätte der Satz »Eigentum verpflichtet«, der so schlicht in Art. 14 unseres Grundgesetzes steht, eine neue, lebendige Bedeutung.

Sie könnten an dieser Stelle aber auch an den Punkt kommen, sich zu fragen, ob Schütz und Steuernagel noch zu retten sind. Die verzichten auf die uneingeschränkte Verfügungsgewalt über ihr Eigentum – und auf sehr viel Geld. Wissen Sie, was verrückt ist? Für die beiden – und für viele andere der Unternehmer, die ihre Organisationen in Verantwortungseigentum überführt haben – fühlt es sich gar nicht an wie ein Verzicht. Achim und Adrian Hensen, zwei der Gründer der Purpose-Stiftung, die Verantwortungseigentum fördert, berichteten von vielen Begegnungen mit Unternehmern, die nahezu erlöst waren, mit dieser Eigentumsform endlich etwas gefunden zu haben, was zu ihren Werten und Haltungen passt. Einer von ihnen ist Christian Kroll. Christian ist der Gründer von Ecosia – der Suchmaschine, die Bäume pflanzt. Ein enormer Erfolg, was nicht lange unbemerkt blieb bei den Großen der Branche. An Kaufangeboten für sein Unternehmen dürfte es nicht gemangelt haben und der junge Mann hätte sich längst mit einigen Millionen auf dem Konto ein schönes Leben machen können. Doch dafür war Christian nicht angetreten. Christian will Bäume pflanzen. Dafür steht er jeden Tag auf, nicht für viel Geld.

Für mich spiegelt sich in diesen Haltungen eine besondere Form der Demut wider. Kaum jemand bringt das so klar auf den Punkt wie Ernst Abbe. Der damalige Teilhaber der heutigen Carl Zeiss AG hatte nach dem Tod von Carl Zeiss sämtliche Unternehmensanteile in eine Stiftung überführt und damit eines der ersten Unternehmen in Verantwortungseigentum Deutschlands geschaffen – vor mehr als 130 Jahren. Ernst Abbe sagte, er sei seinem Gewissen verpflichtet und würde daher »die Mittel, welche die Gunst der Umstände in meine Hände gelegt hat, bei meinen Lebzeiten zu gemeinnütziger Verwendung bringen und gleichzeitig Vorkehrungen treffen, dass auch nach meinem Tode Gleiches geschehe«.

Faszinierend … und doch irgendwie unmöglich? Gewinnerzielung ist doch der Motor unserer Wirtschaft schlechthin, den wir nicht einfach so abwürgen können? Stimmt, Gewinne sind wichtig, sonst kann ein Unternehmen sich nicht weiterentwickeln, es würde an Mitteln für Investitionen und Forschung fehlen. Doch Gewinne sind eben nicht alles. An dieser Stelle widerspreche ich Milton Friedman energisch: Die Maximierung der Gewinne ist nicht das höchste Ziel eines Unternehmens. Die Aktionäre sind nicht die Einzigen, denen gegenüber das Unternehmen eine soziale Verpflichtung hat. Es ist vielmehr so, dass die

Verengung auf diese Sicht eine Menge der Probleme verursacht, die wir heute beobachten: soziale Spannungen, fehlende Teilhabe, Wirtschaften auf Kosten der Natur, Betrugsskandale und einiges mehr. Wir sprachen bereits im ersten Teil dieses Buches darüber, ebenso darüber, dass in rein auf Gewinne ausgerichteten Organisationen die Menschen mit ihren Potenzialen, ihrer Kreativität und ihren Ideen nicht vorkommen, sondern auch zu Mitteln zum Zweck werden. Verantwortungseigentum allein wird diese Probleme nicht lösen, aber ganz entscheidend zu ihrer Abschwächung beitragen. Und genau das ist dringend erforderlich. Verantwortungseigentümer beobachten übrigens immer wieder, dass durch die andere Art, Eigentum zu leben, Mitarbeiter deutlich mehr Verantwortung übernehmen und viel häufiger Initiativen ergreifen. Das ist natürlich sehr im Sinne der Lebendigkeit.

Doch was, wenn an der Eigentumsstruktur erst mal nicht zu rütteln ist? Ist dann Hopfen und Malz verloren?

### Es führt kein Weg am Geld vorbei?

Sie arbeiten in einem börsennotierten Unternehmen? Ausländische Investoren haben den Betrieb, in dem Sie arbeiten, übernommen? Nach dem letzten Kapitel könnte leicht der Eindruck entstehen, dass in diesen Fällen eben nichts zu machen ist, da schlussendlich finanzielle Interessen gegenüber guten Absichten und Sinnorientierung überwiegen werden. Keine Frage, die Gefahr besteht, genau deswegen liegt mir eine Veränderung in den Eigentumsstrukturen so sehr am Herzen. Doch es ist nicht so, dass gar nichts möglich wäre, solange sich an den Eigentumsstrukturen nichts ändern lässt. Welche Möglichkeiten sich Ihnen bieten, hängt natürlich entscheidend davon ab, welche Rolle Sie in Ihrem Unternehmen haben und welche Einflussmöglichkeiten Ihnen dadurch offenstehen.

Die Gründerinnen und Gründer unter Ihnen könnten sich auf die Suche machen nach Investoren, die Beteiligung an Unternehmen anders denken als nach dem Motto »Ich gebe dir Geld und dafür bekomme ich x Prozent deines Gewinns«. Die gibt es nicht? Doch, manchmal sogar an sehr unvermuteter Stelle, unter den klassischen Venture Capitalists. Albert Wenger zum Beispiel, geschäftsführender Partner bei Union Square Ventures, einem der zehn erfolgreichsten Venture Capital Funds der

Welt. Der New Yorker gehört zu den Initiatoren des Public Benefit Corporation Statute. »B-Corps« – so die Abkürzung – sind Unternehmen, die sich zu am Gemeinwohl orientierten Zielen bekennen und dies in ihren Satzungen festschreiben. Albert Wenger betont, dass Sinn gleichrangig mit anderen Zielen des Unternehmens ist – und keineswegs »Rendite zuerst« gelten muss. Folgerichtig hat Union Square Ventures gleich in mehreren dieser »B-Corps« investiert. Doch Sie müssen gar nicht über den großen Teich schauen, auch hierzulande gibt es Investoren, die anders denken, zum Beispiel die Purpose Ventures oder die GLS Beteiligung.

Schön und gut, mögen Sie denken, doch nun ist nicht jeder Gründer oder Eigentümer eines Unternehmens. Aber auch aus der Rolle eines Mitarbeiters oder einer Führungsperson heraus haben Sie Möglichkeiten, den Bezug zum Sinn, zu dem »Wofür« Ihres Unternehmens zu stärken. Ich habe mehrfach die Erfahrung gemacht, dass es schon einen großen Unterschied macht, wenn die Frage nach dem »Wofür« einfach nur gestellt wird. Und das kann jeder tun. Sie müssen das nicht gleich so exzessiv tun wie die Menschen bei sysTelios, wobei es tatsächlich eine besondere Magie hat, wenn alle Aktivitäten an einem »Wofür« ausgerichtet werden und dieser Sinn auch immer wieder hinterfragt und geschärft wird.

> Es hat eine besondere Magie, wenn alle Aktivitäten an einem »Wofür« ausgerichtet werden.

Welche Kräfte es auch innerhalb eines großen Unternehmens entfalten kann, wenn zwei Menschen losgehen, ihr »Wofür« in die Mitte legen und zum Mitdenken einladen, haben Sie anhand der Siemens-Geschichte im letzten Kapitel erfahren. Dass aber nicht nur Führungskräfte, sondern auch jeder Mitarbeiter Impulse setzen kann, und wie weit die gehen können, wurde mir gerade letzten Monat wieder bewusst. Mir berichtete ein Mitarbeiter eines Unternehmens der Gesundheitsbranche, dass unter seinen Kolleginnen und Kollegen eine Initiative entstanden ist, das Unternehmen in Verantwortungseigentum überführen zu wollen. Diese Idee platzieren sie seit einiger Zeit immer wieder bei den geschäftsführenden Gesellschaftern, und peu à peu steigt bei diesen die Neugier auf diese andere Art, Eigentum zu denken. Den Chefs war einfach gar nicht klar, dass es so etwas wie Verantwortungseigentum gibt. Nun wird es noch etwas Zeit brauchen, sich dem Gedanken, das wirklich umzusetzen, zu nähern, doch ich bin guter Dinge, dass wir demnächst wieder ein Unternehmen mehr in Verantwortungseigentum sehen werden – und das, weil Mitarbeiter den Impuls gesetzt haben.

Okay, mögen Sie denken, das mag im Mittelstand gehen, aber Unternehmen, die börsennotiert sind, kommen aus der Nummer einfach nicht raus. Selbst wenn der CEO wollte, den Kräften der Aktienmärkte wird selbst er sich doch wohl beugen müssen. Sie haben absolut recht, in börsennotierten Unternehmen wirken noch einmal ganz andere Kräfte.

Diese Restriktion, die durch die Eigentumsstruktur für die Unternehmen nun einmal besteht, wird aber leider oft nicht klar genug benannt. Idealerweise müsste das jemand tun, der der Unternehmensleitung angehört. Es ist gefährlich, wenn Sie so tun, als könnten Sie die Eigentumsfrage ignorieren, und die Gefahr, damit Zynismus zu ernten, ist groß. Ich erinnere mich noch gut an meine ersten Wochen bei dem Pharmaunternehmen, seinerzeit eine hundertprozentige Tochter eines großen börsennotierten Konzerns. Man war in dem Pharmaunternehmen stolz auf die Erfolge und Erfindungen der langen Firmengeschichte, viele der Mitarbeiter identifizierten sich sehr mit ihrem Tun. Trotzdem: Immer wenn jemand auf die »Mission« des Unternehmens zu sprechen kam, die kurz zuvor neu formuliert worden war, ging ein spöttisches Lachen durch den Raum. Es wüsste doch jeder, dass es darum nicht ging, sondern um immer mehr Erträge.

Schließlich machten gleichzeitig Gerüchte die Runde, das Unternehmen solle verkauft werden. Das führte zu einer ganzen Mengen Frust, in den sich mehr und mehr Zynismus mischte. Wir fühlten uns – bitte verzeihen Sie meine Ausdrucksweise – verarscht. Nun hätte allein schon aus aktienrechtlichen Gründen natürlich niemand offen sagen dürfen, dass ein Verkauf geplant ist. Aber klar zu machen, dass sich das Unternehmen gerade in einer Phase befindet, in der Gewinne das höchste Ziel sind, wäre sinnvoll gewesen. Dann hätten wir zusammen überlegen können, wie wir mit dieser Restriktion möglichst nah an unserem Sinn bleiben können, wo Widersprüche entstehen und wie wir mit diesen umgehen können. Doch ohne diese Klarheit blieb unser Potenzial ungenutzt. Ein Mechanismus, dem ich auf meinem weiteren beruflichen Weg noch manches Mal begegnet bin.

Ich finde das unglaublich schade. Damals hat mich das richtig genervt. Hätten wir reinen Wein in unsere Gläser eingeschenkt bekommen, hätten die meisten sich vermutlich aktiv in die Entwicklung von Lösungen eingebracht. Als ich den damaligen Geschäftsführer fragte, weshalb die Karten nicht auf den Tisch gelegt würden, sagte er, er und seine Kollegen wollten die Menschen im Unternehmen nicht unnötig beunruhigen, sie wollten uns schützen. Gut gemeint, half aber nicht. Die Unruhe war so noch viel größer, als wenn Klartext geredet worden wäre. Jeden Tag schossen neue Spekulationen ins Kraut, und es war verdammt schwer, sich auf die eigentliche Arbeit zu konzentrieren.

Aber es gibt zugleich ermutigende Geschichten, die zeigen, dass es nicht völlig unmöglich ist, auch in börsennotierten Unternehmen andere Dimensionen als Rendite zu entfalten. Eine dieser Geschichten handelt von Paul Polman. Von ihm war bereits am Ende des ersten Teils dieses Buches kurz die Rede. Der Niederländer stand zehn Jahre an der Spitze von Unilever und verfolgte vom ersten Tag an klar eine Agenda: Unilever zu einem wirklich nachhaltigen Unternehmen zu machen. Wem das nicht gefalle, sagte er an die Adresse der Aktionäre, solle besser keine Unilever-Aktien halten. Unter seiner Führung entwickelte das Unternehmen den »Sustainable Living Plan« und setzte wie bereits erwähnt die Quartalsberichte an der Wall Street aus, um zu signalisieren, dass keine kurzfristigen, kursoptimierenden Entscheidungen getroffen werden.

All diese Bemühungen gerieten ins Wanken, als Unilever Anfang 2017 Ziel eines Übernahme-»Angebotes« des US-Konzerns Kraft Heinz wurde. Der Angriff konnte abgewehrt werden, doch das hatte einen hohen Preis: Die nachhaltige Strategie rückte zunächst in den Hintergrund, es wurden Stellen gestrichen, ganze Geschäftsbereiche veräußert und das Unternehmen profitabler gemacht. Die Mächte des Börsenkapitalismus hatten gewirkt. Paul Polman, so betonte er immer wieder, ist die Kompromisse nur widerwillig eingegangen.

Neue Vorgehensweisen und ungewöhnliche Haltungen sind oft fragil, das wird an dieser Geschichte wieder einmal deutlich. Umso wichtiger sind Menschen, die diese Entwicklungen immer wieder energetisieren. Dass sie das nicht unbegrenzt lange können, wird leider auch an der Biografie Paul Polmans deutlich: Er ist schon seit Ende 2018 nicht mehr CEO von Unilever. Spuren hinterlassen hat er dort dennoch – sei es auf dem Gebiet der Nachhaltigkeit, das ihm besonders wichtig war, oder durch seine Art, Gewohntes infrage zu stellen.

Und genau diese Spuren sind wichtig, selbst wenn das Pendel noch einige Male wieder zurückschlagen wird in gewohnte Muster. Wir brauchen die Visionäre, die andere Wege gehen, sonst werden wir in dem bestehenden System – mit all seinen Schattenseiten – hängen bleiben. Paul Polmans Engagement ist für mich auch deshalb so erwähnenswert, weil er immer wieder darauf aufmerksam macht, dass Entwicklungen hin zu mehr Sinn und Nachhaltigkeit von den Unternehmen kommen müssen. Die Politik ist dazu nicht in der Lage. Folgerichtig hat der Niederländer nach seinem Ausscheiden bei Unilever die Stiftung Imagine gegründet. Deren Ziel es ist, die siebzehn »Global Goals« der Vereinten Nationen zu Handlungsmaximen der Wirtschaft zu machen. Als Polman die Gründung der Stiftung auf Twitter ankündigte, zitierte er John Lennon: »You may say I'm a dreamer, but I'm not the only one.« Der Ex-CEO und der Ex-Beatle sprechen mir aus dem Herzen, und vielleicht geht es nicht nur mir so, dass in meinem Kopf die Melodie und die nächsten Zeilen des Beatles-Klassikers auftauchen: »I hope some day you'll join us, and the world will be as one.«

So eine Welt wird erfordern, dass nicht nur die Interessen der Shareholder, sondern die aller Stakeholder Berücksichtigung finden. Aber wie soll das gehen?

# Augenhöhe anstreben

Wie sehr wir im Umgang mit den Interessen verschiedener Stakeholder Reflexe eingeübt haben, wird nicht nur daran deutlich, wie oft die Interessen der Eigentümer am Ende eben doch an erster Stelle stehen. Davon war im vorherigen Kapitel ausführlich die Rede. Sondern es wird auch daran deutlich, dass Interessen der Kunden fast automatisch über die der Mitarbeiter gestellt werden. Damit meine ich nicht, dass in unseren Unternehmen eine ausgesprochen hohe Kundenorientierung herrschen würde. Und doch werden deren Interessen – zumindest in der Rhetorik – reflexhaft vor die der eigenen Mitarbeiter gestellt. So habe ich das zum Beispiel in einer mittelständischen Versicherung erlebt. Dort hatte das Telefonsystem vermehrt Anrufe von Kunden vor 9 und nach 18 Uhr – den bisherigen Servicezeiten – registriert. Reflex der Chefin: Ausdehnung der Erreichbarkeit auf einen Zeitraum von 8 bis 20 Uhr. Sie erstellte Schichtpläne und teilte die Mitarbeiter ein. Kitas, die erst um 8 Uhr öffnen und damit einen Arbeitsbeginn um 8 Uhr unmöglich machen, stufte sie als Privatsache ein. Der Kunde ist doch schließlich König, oder!?

## Kunden sind keine Könige

In der Gefahr, Kundenbedürfnisse über die der Mitarbeiter zu stellen, war auch sysTelios, als es um die Frage der Wochenendbelebung ging. Die Klienten der psychosomatischen Klinik sind in der Regel auch an Wochenenden und Feiertagen im Haus, und es ging darum, neben den therapeutisch notwendigen Diensten von Ärzten, Pflegekräften und Therapeuten ein Angebot zu schaffen, das für die Klienten bereichernd und anregend wirkt und ihnen ermöglicht, aufkommende Themen zu bearbeiten. Die Schaffung einer Wochenendbelebung war der Klinikleitung nicht nur aus diesen Gründen wichtig, hinzu kam auch der Wunsch des medizinischen Teams, bei Aufnahmen von neuen Klienten an Wochenenden weitere Unterstützung von Therapeuten zu bekommen.

Wie Sie vermutlich ahnen, stieß diese Idee jedoch beim Therapeutenteam auf verhaltene Begeisterung. Sie konnten die Anliegen zwar sehr gut nachvollziehen, doch mehr Angebote für die Klienten und mehr Präsenz von Therapeuten an Wochenenden und Feiertagen bedeuten für die Beschäftigten Arbeit zu ungeliebten Zeiten und dadurch mitunter große Herausforderungen für die Vereinbarkeit von Beruf und Familie. Dabei ist Vereinbarkeit hier ausdrücklich nicht nur mit Blick auf Eltern und Kinder gemeint, sondern viel weiter gefasst: Menschen pflegen hilfsbedürftige Angehörige, üben Ehrenämter aus, engagieren sich in Sportvereinen und wünschen sich Zeit für sich, für Muße und Kontemplation. Das klingt jetzt vielleicht alles sehr nach der viel zitierten Work-Life-Balance. Doch die gibt es gar nicht. Arbeit ist Teil des Lebens – da wird nichts balanciert, sondern integriert.

> Work-Life-Balance gibt es nicht. Arbeit ist Teil des Lebens – da wird nichts balanciert, sondern integriert.

Wie das bei sysTelios ging? Das Team äußerte seine Bedenken, die Chefs hörten aufmerksam zu. So weit, so normal. Meistens gehen solche Geschichten wie folgt weiter: Es vergeht ein wenig Zeit, es wird das ein oder andere Gespräch geführt, vielleicht ein Workshop abgehalten. Dann treten die Chefs erneut vor die Belegschaft oder lassen die Mitarbeiter schriftlich wissen, dass deren Anliegen und Vorschläge ernst genommen und sorgfältig geprüft wurden. Es folgt eine Ansage, wie die Wochenendbelebung aussehen wird, ab wann sie gilt und vielleicht auch noch, wie sie umzusetzen ist.

Nicht so bei sysTelios. Dort begannen intensive Aushandlungsprozesse, immer wieder diskutierten verschiedene Teams Notwendigkeiten, Möglichkeiten und Lösungsideen. Kein einfacher Prozess bei den vielen unterschiedlichen Interessen im Raum, und so zog er sich über Monate hin. So lange, dass die beiden damaligen Geschäftsführer, Mechthild Reinhard und Gunther Schmidt, den Impuls verspürten, die Entscheidung doch an sich zu ziehen. Gefolgt sind sie diesem nur kurz, denn ihnen war sofort klar, dass es immense Auswirkungen hätte, wenn sie an ihren Lösungsideen festhielten. So eine Setzung, wie sie es nannten, hätte eine Haltung von »Dienst nach Vorschrift« begünstigt. »Wie soll ein Therapeut, der nur kommt, weil er muss, mit den Klienten auf höchstem Qualitätsniveau arbeiten?«, fragte Gunther im Interview zu unserem zweiten Film AUGENHÖHEwege. Ich war zu der Zeit häufig in Siedelsbrunn und hörte immer wieder den Satz: »Keine vertikale Setzung.« Doch weshalb war das allen Beteiligten so wichtig? Woanders funktioniert es doch auch, wenn Chefs eine Ansage machen?

Eine Antwort auf diese Frage findet sich im Gründungsimpuls von sysTelios. Vor allem Gunther hatte schon früh erfahren, wie hierarchische Strukturen, die er immer wieder in Kliniken vorgefunden hatte, hinderlich für eine therapeutisch erfolgreiche Arbeit waren, wie er sie sich vorstellt. Weshalb? Sein Ansatz der Hypnosystemik geht unter anderem davon aus, dass wir Menschen unsere Potenziale nur unter ermutigenden, förderlichen Kontextbedingungen entfalten. Wenn nun aber die Mitarbeiter diese schon nicht haben – so die Erfahrungen unter »Hierarchiebedingungen« –, wie sollen sie dann Klienten dabei unterstützen? Das, so hatte es Gunther wiederholt erlebt, war kaum möglich, und so steckte bereits in der Gründung von sysTelios die Idee, dass wirklich erfolgreiche Arbeit nur möglich ist, wenn möglichst viele der Bedürfnisse der Beteiligten integriert werden, um damit einen Raum zu schaffen, in dem Potenziale wirklich zur Entfaltung kommen können. Und deshalb ist es bis heute so, dass in Siedelsbrunn keiner über die Anliegen und Bedürfnisse der anderen einfach so hinweggeht – weder die Geschäftsführung über die der Mitarbeiter noch umgekehrt.

»Oh je«, mögen Sie jetzt vielleicht sagen, »das kann auch anstrengend werden, oder?« Das stimmt – aber anders, als Sie vielleicht denken. Dass es durchaus länger dauern kann, bis die unterschiedlichen Interessen ausgesprochen und integriert sind, damit haben Sie absolut recht. Und doch überrascht mich immer häufiger, wie gut es dann doch möglich ist, verschiedene Perspektiven zu berücksichtigen, kreative Lösungen zu entwickeln und vor allem, wie schnell oft die Umsetzung erfolgt. Es sind dann eben alle wirklich an Bord – und zwar nicht, weil sie ins Boot geholt wurden, sondern weil sie das Boot mitgebaut haben. Das ist ein spürbarer Unterschied.

Doch nicht nur wegen dieses Unterschieds nehme ich persönlich längere, langsamere Prozesse inzwischen nicht nur in Kauf, sondern habe gelernt, sie zu schätzen: Mir fehlte gute, tiefe Diskussion ehrlich gesagt oft – in Organisationen genauso wie im politischen Diskurs. Hier wie dort wird viel zu oft in »dafür« und »dagegen« polarisiert. Es würde uns allen guttun, uns in Auseinandersetzung mit Bedürfnissen zu üben – denen anderer und den eigenen. Letzteres ist erfahrungsgemäß oft der viel schwierigere Part – wir werden darauf im Kapitel über die Zumutungen der Lebendigkeit zurückkommen.

Aber zurück zu sysTelios und der Wochenendbelebung. Es hat dort tatsächlich eine Weile gedauert mit dem Wochenendangebot, und es ist keineswegs so umfangreich, wie es hätte sein können. Wurden dann damit die potenziellen Interessen der Kunden hinter die der Mitarbeiter gestellt, stehen diese nunmehr an erster Stelle?

## Mitarbeiter sind keine Könige

Sie könnten in der Tat auf die Idee kommen, der alte Satz des »Der Kunde ist König« sei durch einen neuen ersetzt: »Der Mitarbeiter ist König« oder »Die Mitarbeiterin ist Königin«. Den Satz hört man so allerdings eher selten – meist kommt er in Form der Forderung daher, die Menschen sollten an erster Stelle stehen. Wobei bei der Umsetzung dieser Forderung meistens die Mitarbeiterinnen und Mitarbeiter in den Fokus genommen werden. Ich höre und lese diese Forderung sehr oft – in vielen der Unternehmen, in denen ich unterwegs bin genauso wie in der Literatur und von Experten wie dem Wirtschaftsvordenker Gary Hamel. Auch der dm-Gründer Götz Werner formulierte ausdrücklich, die Menschen – das heißt die Mitarbeiter – seien an die erste Stelle zu rücken.

Ich mag an der Forderung »Mitarbeiter zuerst«, dass sie auf einen Mangel hinweist, der jahrelang in der Wirtschaft wie in Behörden und vielen anderen Organisationen zu beobachten war – und vielerorts noch immer ist: Die Mitarbeiter und ihre Bedürfnisse wurden kaum wahr- und ernstgenommen. Sie sollten funktionieren, eine bestimmte Stelle bekleiden und die ihnen zugewiesenen Aufgaben erledigen. Was sie sonst noch konnten oder gar wollten, blieb irrelevant.

Vielen hängt das zum Hals raus, sie wollen etwas anderes. Meiner Beobachtung nach sind das übrigens nicht nur junge Leute, nicht nur die der sogenannten Generation Y, die anders arbeiten möchten. Mir begegnen nahezu wöchentlich Menschen aller Altersgruppen, die am Arbeitsplatz als ganze Person und nicht nur als Funktionsträger oder Aufgabenerfüller vorkommen möchten. Und dabei ist es ganz egal, wo sie tätig sind, ob sie als Werksleiter, Lehrerinnen, Geschäftsführer oder

Polizistinnen arbeiten: Den Wunsch haben sie alle. Es ist mehr als an der Zeit, dem Funktionieren in hierarchischen Systemen etwas entgegenzusetzen. Mit dem Ansatz, die Menschen an die erste Stelle zu rücken, kommt eine Bewegung in das System, die ich für hilfreich halte.

Hier liegt allerdings auch eine Gefahr, und die ist einer der Gründe, weshalb ich der Forderung, die Mitarbeiter an die erste Stelle zu stellen, letztlich doch skeptisch gegenüberstehe: Es wird übertrieben und es entsteht daraus ein Gegeneinander. Ich erinnere mich zum Beispiel an so manchen Workshop, in dem es um eine bessere Vereinbarkeit von Beruf und Familie ging. Das lief oft nach folgendem Schema ab: Die Geschäftsleitung machte strategische Vorgaben, innerhalb derer die Mitarbeiter geeignete Maßnahmen ausarbeiten sollen. Und das taten sie dann auch, nicht zu knapp. Endlich einmal gefragt, was sie sich wünschen, um Beruf und Familie gut in ihrem Leben integrieren zu können, erarbeiteten sie lange Listen von Maßnahmen: flexible Arbeitszeiten, Homeoffice, Betriebskindergarten, Wäscheservice – und natürlich sollten die Führungskräfte bitte schön jederzeit verständnisvoll reagieren, wenn ein Mitarbeiter aus familiären Gründen frühzeitig den Arbeitsplatz verlässt. Nicht selten waren es mehr als 40 Maßnahmen, die so am Ende des Tages auf den Flipcharts standen. Die Reaktion der Geschäftsleitung ließ meistens nicht lange auf sich warten: »Ihr spinnt wohl, das können wir nie und nimmer alles machen.« Das wurde so deutlich zwar selten gesagt, doch der weitere Umgang mit den erarbeiteten Vorschlägen ließ die Botschaft für die Mitarbeiter mal mehr, mal weniger deutlich erahnen.

Dahinter steckte eine immer ähnliche Dynamik: Die Geschäftsleitung fragte die Mitarbeiter, was diese sich – in dem gesetzten Rahmen – wünschen. Wie beim Weihnachtsmann! Und die Mitarbeiter verhielten sich adäquat und fingen folgerichtig an, ihre Wünsche aufzuschreiben – ganz so, wie Kinder einen Wunschzettel schreiben. Und solche Wunschzettel haben nun mal etwas sehr Paternalistisches: »Du darfst dir etwas wünschen und ich schaue mal, ob ich es dir erfüllen kann und möchte.« Die Mitarbeiter werden nicht als Menschen auf Augenhöhe behandelt, sondern wie Kinder. Und dann ist die Wahrscheinlichkeit hoch, dass sie sich auch so verhalten.

Und noch etwas passiert, wenn Bedürfnisse der Mitarbeiter als Wünsche verstanden werden: Aus den Wünschen werden ganz flott Forderungen, und das kann schnell zu Konfrontation führen. Ich versuche an dieser Stelle immer klarzumachen, dass es einen Unterschied gibt zwischen Wünschen und Bestellungen. Das habe ich meinen Kindern auch immer versucht zu sagen, als sie in den Adventswochen ihre Wunschzettel schrieben. Verstanden hatten sie es erst, kurz bevor sie aufhörten, an den Weihnachtsmann zu glauben. In den Unternehmen glaubt zwar niemand an den Weihnachtsmann, aber durch die als Forderungen verstandenen Wünsche verhärten sich sehr häufig die Positionen – was angesichts der Dynamik fast zwangsläufig ist: Wenn einer von oben herab Wünsche erfragt, der andere diese benennt und ihre Erfüllung fordert, wird der eine diese Forderungen wiederum zurückweisen. Die Wahrscheinlichkeit, dass auf dem Wege eine gemeinsame Lösung entsteht, ist ausgesprochen klein.

Ganz anders läuft es zum Beispiel bei hhpberlin: Auch dort fragen natürlich häufig Bewerber, was das Unternehmen tut, um Vereinbarkeit zu erleichtern. Doch statt mit einer Liste zu antworten, fragen die Geschäftsführer (oder wer auch immer das Gespräch führt) zurück, was denn der Bewerber in seiner Situation brauche. Da werden in der Regel höchstens drei Punkte genannt, für die dann auch eine Lösung gefunden wird. Das ist eine ganz eigene Dynamik: Hier werden Bedürfnisse benannt und geeignete Lösungen ausgehandelt. Das ist etwas fundamental anderes, auch wenn es zunächst ähnlich klingt. Wir werden am Schluss des Kapitels darauf zurückkommen.

**Wünschen ist nicht dasselbe wie Bestellen.**

An noch einem Punkt bin ich zögerlich, wenn es darum geht, Mitarbeiter an die erste Stelle zu setzen: Es geht sehr schnell, dass daraus übergriffige Fürsorge wird. Allerorten »kümmern« sich dann Chefinnen, Betriebsräte oder andere Wohlmeinende von allen Seiten um die Mitarbeiter. Doch diese Art des Kümmerns ist fatal.

Eine Szene aus einem Workshop zur Vereinbarkeit ist mir in diesem Zusammenhang noch sehr lebhaft in Erinnerung: Die Mitarbeiter einer Versicherung wünschten sich flexible Arbeitszeiten und Arbeitsorte und diskutierten Möglichkeiten, dies so zu verwirklichen, dass es auch den Anforderungen der Kunden gerecht wird. Unter den Teilnehmern war auch einer der Betriebsräte, der wiederholt zu bedenken gab, dass die Mitarbeiter aber unbedingt davor zu schützen seien, an Abenden oder Wochenenden zu arbeiten.

Eine Frau hatte die Diskussion bis dahin recht still verfolgt, nur hin und wieder genickt oder mit dem Kopf geschüttelt. Das änderte sich schlagartig, als der Betriebsrat sich erneut zu Wort gemeldet hatte. Sie wandte sich, nun gar nicht mehr still und leise, an ihren Kollegen und brüllte: »Und was ist, wenn ich davor gar nicht geschützt werden möchte? Ich kann und will mir meinen Tag, meine Woche selbstverantwortlich einteilen, das müsst ihr mir nicht abnehmen.« Da war richtig Ladung spürbar, die Frau war sauer. Weshalb? Sie empfand das gut gemeinte »Kümmern« als lupenreine Fremdbestimmung, und dagegen rebellierte sie vernehmbar.

Gut, dass sie das tat, denn nur allzu oft »erzeugen Kümmerer Verkümmerte«. Dieses Zitat des Autors Wolf Lotter spricht mir aus dem Herzen. Es sollte gelten: Nicht kümmern, sondern auf Augenhöhe begegnen. Der Mitarbeiter hat seine Bedürfnisse, die Kunden, die Lieferanten, die Eigentümer auch. Nun, dann werden Lösungen gesucht, es muss sich aber niemand um andere kümmern oder sie gar beschützen – Kinder ausgenommen, und auch ihnen gegenüber hat das Grenzen. Denn auch den Jüngsten unserer Gesellschaft gegenüber sollten wir den Respekt vor ihrer Autonomie walten lassen, sie altersgemäß begleiten, aber nicht bemuttern und bevormunden. Ich glaube, dass wir Kinder und Jugendliche in unserem Bemühen um Unterstützung systematisch unterschätzen: Sie können – und wollen – so viel mehr, als sie zeigen können.

Ein dritter Grund, der mich an »Mitarbeiter zuerst« zweifeln lässt: Die Forderung führt fast zwangsläufig zu Widersprüchen und Spannungen, wenn die Interessen anderer Stakeholder große Bedeutung bekommen und sich Anforderungen von außen verändern. Wie es bei dm im Verteilzentrum Weilerswist passiert ist. Dort wurde lange auf Nachtschichten verzichtet. Mit Rücksicht auf die Mitarbeiter wurde im Zwei-Schicht-System gearbeitet. Von 22 bis 6 Uhr standen die Bänder still. Lange Zeit war dieses Vorgehen logistisch und wirtschaftlich möglich. Anfang der 2010er-Jahre änderte sich das und es wurde aus verschiedenen Gründen eine dritte Schicht – die Nachtschicht – notwendig. Es wurde in den Gesprächen zwischen Standortleitung, Mitarbeitern und Betriebsrat schnell klar, dass hier unterschiedliche Interessen und Wünsche aufeinanderprallen. Es konnte also »nur« um einen guten Interessensausgleich gehen, nicht darum, eine Gruppe bevorzugt zu behandeln. Das Ergebnis des Ausgleichs war zunächst, dass die Nachtschichten auf freiwilliger Basis eingeführt wurden. Als Anfang 2014 die Nachtschichten dauerhaft erforderlich wurden, formierte sich in Weilerswist eine Arbeitsgruppe, um gemeinsam Wege zu erarbeiten, die die vielfältigen Interessen der unterschiedlichen Beteiligten berücksichtigen.

Ähnlich war es bei sysTelios in der Frage der Wochenendbelebung. Auch in Siedelsbrunn ging es nicht um die Frage, wessen Interessen vorrangig zu befriedigen wären, sondern darum, wie unter Berücksichtigung der Bedürfnisse der Beteiligten gute Lösungen aussehen. Wenn nun aber weder die Kunden noch die Mitarbeiter Könige sind, wer denn dann?

## Lieferanten waren niemals Könige

Wesentliche Stakeholder habe ich angesprochen: die Eigentümer im vorherigen Kapitel, die Kunden und die Mitarbeiter in diesem. Sie haben gemeinsam, dass sie je nach Perspektive häufiger im Mittelpunkt der Betrachtung von Unternehmen stehen. Eine Gruppe aber dürfte selten das Gefühl haben, König zu sein: die Lieferanten.

Nicht nur bei Discountern, auch in vielen großen und kleineren Unternehmen ist es Mode geworden, Lieferanten zu drängen und Preise zu drücken. Ungünstige Lieferbedingungen, lange Zahlungsziele, immer noch ein paar Euro billiger – nicht selten kommt so etwas zustande, weil es in den Zielvereinbarungen der Einkäufer steht.

In meiner Zeit als junge Beraterin arbeitete ich zusammen mit meinen Kollegen immer wieder für einen DAX-Konzern, wir berieten und gaben Trainings rund um Projektarbeit. Die Kunden waren äußerst zufrieden, die Zusammenarbeit war bereichernd und die Preise fair. Das änderte sich schlagartig: Beratungen und Trainings sollten künftig nicht mehr von den Fachabteilungen eingekauft werden, sondern zentral. Projektleiter wie Organisationsentwickler, bisher unsere Auftraggeber, waren von Anfang an wenig begeistert, da sie Zweifel hatten, ob die Kollegen im Einkauf ihre Anforderungen an Berater würden nachvollziehen können. Sie befürchteten, es könnten günstige Anbieter ausgewählt werden, ohne dass diese die entsprechende Qualifikation und Erfahrung mitbringen würden.

Die Befürchtungen bewahrheiteten sich zu unserem Glück und dem unserer Ansprechpartner zunächst nur teilweise: Die ersten Neuverhandlungen zeigten fachliches Verständnis der Einkäufer, und im Ergebnis akzeptierten wir längere Zahlungsziele bei gleichbleibenden Preisen. Doch das dicke Ende kam erst noch: Im Abstand von sechs Monaten wurden immer wieder Versuche unternommen, den Preis nach unten zu korrigieren und noch längere Zahlungsziele zu verhandeln. Was war los, fragten wir uns? Unsere Ansprechpartner auf Kundenseite klärten uns auf: Die Einkäufer hatten neue Zielvereinbarungen bekommen, es gab Prämien für niedrige Einkaufspreise.

Das Ende der Geschichte? Zunächst versuchten unsere ursprünglichen Ansprechpartner, die Differenzen über eigene Budgets auszugleichen, denn sie wollten die Zusammenarbeit gerne fortsetzen und das Vorgehen ihrer Kollegen im Einkauf war ihnen unangenehm. Dieses Handeln jedoch kostete alle Beteiligten – die Kunden wie uns – viel Kraft, hatten wir doch alle irgendwie das Gefühl, etwas Unrechtes zu tun. Wir haben das Mandat nach einiger Zeit beendet, weil keine stimmige Lösung in Sicht war.

Dass es auch anderes geht, zeigt der Getränkehersteller Premium Cola. Als der Gründer, Uwe Lübbermann, 1999 die ersten Flaschen produzieren, abfüllen und zum Kunden bringen wollte, suchte er den Dialog mit allen Beteiligten. Er sprach mit Abfüllern genauso wie mit Spediteuren und Fahrern, führte Gespräche mit Wirten und Getränkehändlern. Eine Frage hatte er dabei immer Gepäck: »Was brauchst du?« Uwe erzählte mir am Rande einer Veranstaltung, wie erstaunt einige über sein Vorgehen waren: »Du sprichst mit den Fahrern? Wieso das denn?«, wurde er immer wieder gefragt. Für den Gründer von Premium Cola war das völlig selbstverständlich: Als Neuling im Getränkegeschäft hatte er keine Ahnung von dem Business, wie er selbst sagt.

Das geht ja durchaus vielen Gründern so, nur ist es doch selten, dass jemand in dieser Situation so intensiv den Dialog sucht. Häufiger findet sich die Haltung: »Ich habe zwar keine Ahnung, ich sage aber trotzdem, was gemacht wird.« Nicht so Uwe Lübbermann. Er war und ist interessiert, was die an dem System des Getränkeherstellers Beteiligten brauchen, um ihre Arbeit gut machen zu können. Wenn er das einmal weiß, baut er die Bedarfe in die Lösungen ein, sucht wenn nötig auch über einen längeren Zeitraum nach einer gemeinsamen Lösung. Die Partner danken es ihm mit großer Loyalität. In den mehr als zwei Jahrzehnten, die es Premium Cola nun gibt, gab es so gut wie nie unauflösbare Konflikte.

Der Dialog hat auch noch einen weiteren positiven Effekt: Ein Fahrer, so berichtete Uwe, saß schon über 30 Jahre auf dem Bock und fuhr überwiegend Getränke. Der Mann hatte so viel Erfahrung, dass er anhand des Hofes eines Getränkehändlers beurteilen konnte, wie es dem geht. Er kannte Fusionsgerüchte und den neusten Branchenklatsch – und da Uwe mit ihm redet, ist auch er immer bestens informiert. Könnten andere Hersteller auch alles haben – nur redet sonst eben kaum jemand mit dem Lkw-Fahrer.

In noch einem Punkt drückt sich bei den Cola-Herstellern der Respekt gegenüber den Lieferanten aus: Premium zahlt jede Rechnung innerhalb von zwei Tagen. Da ist die bei den Großen noch nicht einmal in alle Systeme eingepflegt, und als Zahlungsziel werden gerne 30 Tage oktroyiert – wenn es gut gelaufen ist. Manchmal warten Lieferanten auch zwei Monate und länger auf ihr Geld. Manch kleines Unternehmen bringt solch eine Zahlungsmoral an den Rand der Pleite, in einigen Fällen sogar direkt in die Insolvenz. Das sind keine Verhandlungserfolge, das ist respektlos. Punkt.

Wenn nun aber weder Kunden, Mitarbeiter oder Lieferanten die Könige sein sollen: Wer ist es dann? Die Antwort ist einfach: niemand.

## Niemand ist König

Was ist das überhaupt für ein Bild, dass jemand König sein könnte? Das ist doch ein Anachronismus! Es ist schon interessant, dass wir einerseits in einer demokratischen Gesellschaft leben und andererseits in unseren Unternehmen dann aber doch Umstände akzeptieren, in denen von diesem hierarchischen, antiquierten Bild einiges überlebt hat: Patriarchen, wie sie im Buche stehen, Gönner, die von oben herab etwas abgeben, und Kunden, die alles dürfen. Das wirkt wie aus der Zeit gefallen, und doch sind sie allgegenwärtig, die kleinen und großen Königreiche.

Dabei ist doch klar: Wann immer die Interessen einer Gruppe dauerhaft über die der anderen gestellt werden, kommt es zu Schieflagen: einseitiger Fokus auf Eigentümerinteressen begünstigt Frust bei Mitarbeitern, die folglich wohl kaum ihr Bestes geben werden, und Ärger bei Kunden, die mit überhöhten Preisen, mangelnder Qualität und ähnlichen Phänomenen konfrontiert sind. Konzentration auf die Mitarbeiter kann dazu führen, dass ökonomische Notwendigkeiten aus dem Blick geraten, so wie es wohl bei AEG gewesen ist. Mein Vater hat vor vielen Jahren dort gearbeitet und seine Tätigkeit bei AEG immer als äußerst angenehm empfunden. Auch die Kollegen, zu denen er auch nach seinem Weggang noch lange Kontakt hatte, bestätigten das immer wieder.

Schön war's – und doch war AEG irgendwann pleite. Stehen die Kunden an erster Stelle, werden möglicherweise Zusagen gemacht, die die Wirtschaftlichkeit gefährden. Gerade neulich erzählte wieder ein Geschäftsführer, dass dies ein Aspekt sei, der in seinem Unternehmen definitiv zu kurz kommt. Die Mitarbeiter sind mit Leidenschaft dabei, sie hängen sich in die Projekte rein und feilen an ihren Ergebnissen. Doch dabei vergehen Stunden um Stunden, die dem Kunden nicht in Rechnung gestellt werden können, sodass nicht selten Projekte zum Zuschussgeschäft werden. Der Kunde ist dann zwar glücklich, aber die Wirtschaftlichkeit gerät in Gefahr. Diesen Mechanismus aber verlieren die Mitarbeiter immer wieder aus dem Blick.

> **Wenn die Interessen einer Gruppe dauerhaft über die der anderen gestellt werden, kommt es zu Schieflagen.**

All diese Beispiele zeigen, dass es nicht funktionieren kann, die Interessen einer Gruppe dauerhaft über die der anderen zu stellen. Es geht nicht darum, wer an erster Stelle steht, sondern dass es immer wieder neue Gleichgewichte von Interessen gibt. Das System ist in ständiger Bewegung, es kann nur dynamische Gleichgewichte geben, keine noch so gut durchdachte Reihenfolge der Stakeholder wäre angemessen. An dieser Stelle stimme ich Götz Werner nicht zu, der ausdrücklich die Mitarbeiter an die erste Stelle setzt. Dadurch entsteht mit Sicherheit eine andere, aus meiner Sicht auch günstigere Dynamik, als wenn die Shareholder an erster Stelle stehen würden. Der Weisheit letzter Schluss ist es aber noch nicht. Da braucht es etwas anderes, nämlich wirkliches Aushandeln von Lösungen – und das immer wieder.

## Was brauchst du, Kollege?

Egal, ob bei Premium Cola, bei sysTelios oder bei hhpberlin, eine ganz simple, aber von der Wirkung her geradezu magische Frage spielt eine entscheidende Rolle:»Was brauchst du, Kollege?«Besonders auffällig ist das bei sysTelios. Die Geschichte von der Wochenendbelebung habe ich Ihnen eben ja schon erzählt, und im Verlauf der Diskussionen zu diesem Thema kam diese Frage besonders oft, wann immer jemand bemerkte, das ginge aber so nicht, das könne er oder sie nicht leisten.

So lehnte etwa ein Kollege die Wochenendarbeit mit dem Argument ab:»Ich war lange krank, und ich kann nicht auch noch am Wochenende arbeiten.«Als er dann»Was brauchst du denn?«gefragt wurde, sagte er:»Ich brauche Zeit zur Regeneration!«Durch weitere Nachfragen wurde schnell klar: Es ging ihm nicht um das Wochenende, sondern um zwei freie Tage am Stück. Es bedeutete etwas organisatorische Arbeit, das möglich zu machen, aber am Ende gelang es, dass der Kollege sogar zweimal im Monat drei Tage am Stück frei bekam.

Auf sehr ähnlichen Wegen kommen auch die Brandschützer von hhpberlin zu ihren Lösungen. Dort gibt es zum Beispiel keine festen Arbeitszeitmodelle, und sie sprechen auch nicht von Voll- oder Teilzeit. Mit immerhin fast 200 Mitarbeitern finden die Beteiligten für jeden ein individuelles Modell. Es arbeitet eben jeder so viel, wie es für ihn oder sie in der jeweiligen Lebenssituation passt. Bei hhpberlin gibt es dazu keine festen Regeln, schon gar keine Betriebsvereinbarungen oder dergleichen. Bedürfnisse werden geäußert, und gemeinsam wird nach Lösungen gesucht. Fertig.

Doch halt! Ist es wirklich so einfach?»Was brauchst du?«ist ja schon fast eine genial simple Frage. Und doch erlebe ich immer wieder, dass sie Menschen auch aus der Fassung bringen kann. Weshalb? Zum einen sicher, weil sie ungewohnt ist. Wir sind viel mehr gewohnt, gerade in Unternehmen, zu fordern, vielleicht noch zu wünschen. Aber zu formulieren, was wir brauchen? Ein Bedürfnis benennen? Das ist eher fremd. Zum anderen bringt die Frage aus der Fassung, weil sie eher nach inneren Regungen als nach sachlichen Argumenten fragt. Auch das ist in Arbeitskontexten ungewöhnlich. Und noch etwas irritiert: Diese Frage macht es sehr schwer, etwas nur einfach»blöd«zu finden. Ich weiß nicht, ob Sie in Ihrem Unternehmen auch kennen, was bei einem meiner früheren Arbeitgeber»Auskotzrunde«hieß: Jeder sagt mal, was ihm nicht passt. Gemeinsames Jammern hat zwar auch eine wichtige soziale Funktion, doch daraus entstand bei uns selten etwas wirklich Konstruktives. Die Frage »Was brauchst du?« belässt es nicht dabei, Missstände zu kennzeichnen, sondern verlangt danach, die eigenen Anliegen klar zu formulieren – und zwar nicht rein sachlich, sondern auch emotional. Die Frage ist Angebot und Anforderung zugleich. Sie dürfen Ihre Interessen einbringen, Sie müssen es aber auch. Zugleich ist gefordert, sich selbst immer wieder zu fragen, welche der eigenen Interessen jetzt so relevant sind, dass sie eingebracht gehören – und wann ich einfach mal die Klappe halte.

Das Schöne an dieser Frage ist auch: Sie können sie stellen, ohne dass jemand zustimmen müsste, ohne dass es struktureller oder personeller Änderungen bedarf. Einfach so. Probieren Sie es aus, wenn Sie mögen.

Die Folgen sind immer wieder beeindruckend: Diese so einfach daherkommende Frage trägt zu einem ganz anderen Miteinander bei, zu kreativen Lösungen und bereitet den Boden für die Entfaltung von Potenzialen.

Und noch etwas fällt auf: Ich erlebe in Organisationen, die von dieser Frage Gebrauch machen, viel weniger Anspruchshaltung, weniger Gegeneinander. Diese Anspruchshaltung wird meiner Erfahrung nach befördert, wenn Interessen als Gegensätze erlebt werden, wie wir weiter oben in der Geschichte rund um die Maßnahmen zu besserer Vereinbarkeit gesehen haben. So ein Egoismus, die eigenen Ansprüche unbedingt durchsetzen zu wollen, entsteht leicht, wenn die eigenen Bedürfnisse wiederholt nicht in Lösungen und Vorgehensweisen vorkommen. Es wird sich dann geholt, was einem vermeintlich zusteht. Doch in diesem Gegeneinander wird viel Kraft verschlissen, und deswegen muss es um etwas anderes gehen: zu ermöglichen, dass Menschen ihre Bedürfnisse äußern, ihre Interessen wahrnehmen und gleichzeitig ihren Blick auf das Ganze behalten. Das können Menschen, und sie tun das auch. Doch wie sollte ein Umfeld aussehen, das dies wirklich begünstigt?

# Autopoiese respektieren

Unternehmenssysteme, die der Frage »Was brauchst du?« Raum geben, respektieren damit implizit etwas, das ich in diesem Buch bereits häufiger angedeutet habe: emergente Selbstorganisation! Das bedeutet, dass Systeme – egal, ob Organisationen oder Menschen – Eigenschaften und Strukturen aus sich selbst heraus bilden. Wie sie das genau tun, bleibt dabei ihr Geheimnis, das kann niemand von uns steuern oder auch nur sicher vorhersagen. Unternehmenssysteme, die die emergente Selbstorganisation respektieren, probieren nämlich nicht, im anderen etwas Bestimmtes zu erzeugen, sondern interessieren sich für seine Welt.

Aber leider basiert das gesamte Management unserer Unternehmen eben nicht auf Selbstorganisation und auf Raum für diese, sondern stattdessen ist der Glaube an Steuerbarkeit allgegenwärtig. Mit ihm müssen wir uns deshalb in diesem Kapitel zunächst noch einmal etwas eingehender beschäftigen, bevor wir dann den Blick auf die notwendigen Rahmenbedingungen für Selbstorganisation werfen.

Zielvereinbarungen, Budgetprognosen, Projektpläne, Balanced Scorecards … – all diesen Steuerungsinstrumenten liegt letztlich die Annahme zugrunde, die Realität würde sich eben nicht selbst organisieren, sondern solche Projektionen benötigen und sich dann auch brav ihnen entsprechend verhalten.

Und? Tut sie das? Nein. In meiner Heimatstadt Hamburg steht ein schönes Beispiel dafür, wie sich die Realität einfach nicht an die Pläne hält: die Elbphilharmonie. Glauben Sie mir, ich

> Wir gehen implizit davon aus, dass die Realität unseren Plänen folgt. Tut sie aber nicht.

hätte mir sehr gewünscht, beim Bau der Elbphilharmonie hätten sich Kosten- und Zeitpläne als ein wenig treffender herausgestellt – aber das haben sie nicht. Die Diskussionen um solche Großprojekte zeigen deutlich, wie sehr wir implizit davon ausgehen, dass die Realität den Plänen folgen müsste. Entsprechend groß ist der Aufschrei, wenn sie es nicht tut. Das dürfte auch daran liegen, dass wir uns die Annahme nicht bewusst machen, sondern fast im Gegenteil solche Planungen sogar einfordern.

Denken Sie, die Elbphilharmonie wäre gebaut worden, hätten die verantwortlichen Politiker am Anfang gesagt, dass sie die Kosten und den Fertigstellungstermin noch nicht kennen, sondern beides im Projektverlauf Schritt für Schritt entwickeln und konkretisieren? Da hätte sich doch niemand drauf eingelassen! Und das, obwohl irgendwie allen klar ist, dass solche Projekte sowieso von der Planung abweichen werden. Eines der gravierendsten Probleme während des Baus war wohl – so weiß man inzwischen – die fehlende Kommunikation zwischen Architekten und Bauunternehmen. Die aber ist bei so komplexen Vorhaben unabdingbar, und Pläne können sie nicht ersetzen – selbst noch so gute nicht!

Was aber ebenso wenig jemand hat kommen sehen: Wie sehr die meisten Hamburger ihre »Elphi« jetzt lieben. Es scheint, als wenn mit dem Tag der Eröffnung all die Mühen und Kosten in den Hintergrund getreten wären. Die wechselvolle Entstehungsgeschichte des Konzerthauses – davon bin ich überzeugt – ist nun Teil des Zaubers der »Elphi«.

## Die Illusion der Steuerbarkeit

Erfahrungen wie die des Baus der Elbphilharmonie bestätigen für mich einmal mehr: Zukunftsprojektionen beruhen auf Vermutungen über zukünftige Entwicklungen – politische wie wirtschaftliche oder rein interne Veränderungen. Diese Entwicklungen könnten eintreten, aber meistens kommt es anders, als man denkt. Sie bräuchten eine Glaskugel, um solche Vorhersagen zutreffend machen zu können. Das bedeutet: Steuerbarkeit ist eine Illusion! Jedenfalls im Umgang mit lebenden Systemen wie Menschen oder Organisationen. An dieser Erkenntnis kommen wir nicht vorbei.

Und tatsächlich: Blättern Sie in Büchern zu Change-Management, steht inzwischen fast in jedem – zumindest in neueren oder neu aufgelegten Büchern – etwas über die Nichtsteuerbarkeit von Organisationen. Es ist überall die Rede davon, dass es Neues zu probieren gilt und dass dieses Neue andere Vorgehensweisen als bisher braucht, weniger starre Planungen, Agilität, mehr Freiräume und so. Auch Führungskräfte und

Unternehmerinnen, mit denen ich spreche, geben zu erkennen, dass es für sie rational völlig klar ist, dass sie es in ihrer Organisation mit einem komplexen, nicht steuerbaren System zu tun haben. Aber: Sie handeln einfach nicht danach. Wir haben es hier mit einem verstörenden Phänomen zu tun: vollstes Verständnis bei totaler Handlungsunfähigkeit! Die Annahme der Steuerbarkeit steckt einfach unausrottbar immer noch überall, dem können Sie kaum entgehen. Das klingt dramatisch? Ja, und das ist es auch! In unseren Unternehmen gibt es weiterhin unzählige, viel zu viele Einladungen, an Steuerbarkeit zu glauben. Ich finde das bis zu einem gewissen Grad sogar verständlich, denn Zahlen, Daten und Fakten erwecken nun einmal den Eindruck, man könnte sie berechnen, analysieren und prognostizieren. Und das ist auch nicht ganz falsch – aber eben auch nicht ganz richtig.

Selbstverständlich ist es wichtig, Kennzahlen wie Liquidität und Rentabilität zu berechnen und immer wieder genau anzuschauen, ob die Entwicklungen gesund sind oder Handlungsbedarf besteht. Das geht in der Rückschau. Wenn Sie allerdings probieren, die Zahlen für die Zukunft zu prognostizieren, wird das Eis erheblich dünner. An der Prognose selbst ist nichts falsch, aber am Umgang mit ihr. Die Prognose ist nicht dann gut gewesen, wenn sie später mit der Realität übereingestimmt hat – sondern wenn sie geholfen hat, hilfreiche Entscheidungen zu treffen.

## Kulturentwicklung nach Plan

Selbst wenn es nicht um Zahlen, sondern um die Unternehmenskultur geht, also eher um so »weiches Zeugs«, ist die Vermutung der Steuerbarkeit allgegenwärtig. Unternehmen entwickeln dann eine Wunschkultur, planen entsprechende Maßnahmen, setzen sie um und schauen anschließend, ob die Kultur nun so ist, wie sie sie haben wollten – was selten der Fall ist. Vielleicht haben Sie selbst solche Prozesse erlebt oder mitgestaltet und waren hinterher enttäuscht, dass sich die gewünschten Ergebnisse nicht eingestellt haben. Mir sind oft Menschen begegnet, die es in solchen Fällen als eigenes Versagen erlebt haben, wenn die Projektziele nicht erreicht wurden.

Ich erinnere mich zu dieser Art Kulturveränderungen an so manche Geschichte aus meiner Zeit als Auditorin für das Audit »Beruf*und*Familie«. Regelmäßig kam in den erarbeiteten Maßnahmenkatalogen die Flexibilisierung der Arbeitszeiten vor, so auch in einer mittelständischen Bank. Die Kernarbeitszeiten wurden abgeschafft, es galt fortan Gleitzeit, ohne dass die Anwesenheit zu bestimmten Zeiten verpflichtend war. Einzig eine Absprache mit den Kollegen war erforderlich. Viele waren froh über diesen Zugewinn an Flexibilität. Bei genauerem Hinsehen und Hinhören in den Kaffeeküchen des Kreditinstituts fiel aber auf: Man erzählte sich dort, die Vorstandssitzungen fänden nach wie vor an späten Nachmittagen statt, und Mitarbeiter, die dort präsentieren sollen, müssten sich auf Abruf bereithalten. Und ein junger Vater, der sich über die neue Regelung freute und eines Nachmittags gegen 15 Uhr ging, um seinen Sohn aus der Kita abzuholen, erlebte Widerstand aus einer anderen Richtung: Auf dem Weg nach draußen begegnete er dem Vorstandsvorsitzenden, der zwar nichts sagte, aber sehr deutlich sichtbar auf seine Uhr schaute. Auch andere Mitarbeiter, die an einigen Tagen früher gingen, bekamen Kommentare oder schräge Blicke. Und was passierte? Immer weniger Mitarbeiter nutzten die Möglichkeiten der Gleitzeit, und nach einem halben Jahr saßen alle wieder zu den früheren Kernzeiten im Büro.

Kultur ändert sich nicht zwangsläufig in einer gewünschten Weise, wenn Sie Regeln und Strukturen im Unternehmen ändern. Diese Änderungen können einen wesentlichen Beitrag leisten, doch wie Menschen effektiv handeln und welche Entscheidungen sie treffen, trägt in mindestens genauso hohem Maße zu Kulturveränderungen bei. Und doch sind viele Kulturentwicklungsprozesse vom Glauben an die systematische Planung, Steuerung und Kontrolle von Veränderungsprozessen geprägt.

## Typische Fehler

Wenn es in all diesem Steuerbarkeitswahn dennoch eben nicht so kommt wie in den Steuerungsmechanismen vorgesehen, wenn Pläne nicht aufgehen, Budgets überschritten oder Ziele nicht erreicht werden, dann taucht immer wieder die Vermutung auf, es läge am falschen Steuern. Oder noch etwas fataler: Die beteiligten Menschen seien zu blöd gewesen, es hinzubekommen. Das stimmt aber beides nicht! Es stecken bloß oftmals gleich mehrere der typischen Fehler dahinter, die wir im

Umgang mit komplexen Systemen, wie unsere Organisationen und wir Menschen es nun einmal sind, machen. Es lohnt sich, diese typischen Fehler, die unter anderem der Psychologe Dietrich Dörner untersucht hat, einmal genauer anzuschauen. Denn das Verständnis für die Fehler hilft ungemein dabei, mit komplexen Systemen umzugehen.

Einer der häufigsten Fehler ist, Neben- und Fernwirkungen der eigenen Handlungen nicht zu berücksichtigen. In komplexen Systemen werden sich immer mehrere Faktoren ändern, sobald Sie eine Veränderung vornehmen. Eine Maßnahme wird niemals nur die eine gewünschte Wirkung haben. Manches können Sie ahnen, wenn Sie in einem Feld Erfahrung haben oder auf Erfahrungen anderer in vergleichbaren Situationen zugreifen können, anderes kommt völlig überraschend. Problemlösungen erzeugen neue Probleme. So geht es zum Beispiel Rauchern, die dem Glimmstengel abschwören: Sie nehmen in den folgenden Monaten an Gewicht zu. Damit haben sie vermutlich gerechnet, denn es kommt nicht so selten vor. Offenbar verändert sich der Stoffwechsel, und wer dazu vielleicht noch zu Schokolade statt Zigaretten greift, kann mit einiger Wahrscheinlichkeit davon ausgehen, dass die Waage höhere Zahlen anzeigt.

Doch es kann auch noch ganz anders kommen: Ein Freund von uns hat vor einigen Jahren aufgehört zu rauchen. Seine Lebensgefährtin begrüßte das, war seine Qualmerei doch ein ständiger Streitpunkt in ihrer Beziehung gewesen. Und dann? Einige Wochen später gab es plötzlich substanzielle Auseinandersetzungen zwischen den beiden, es wurde über Wohnort, Lebensentwürfe und den Umgang miteinander gestritten. Das Rauchen war als Streitgegenstand weggefallen, nun rückten andere Themen in den Fokus der Aufmerksamkeit. Damit hatten die beiden nicht gerechnet, sind aber trotzdem heute noch ein Paar – und er immer noch Nichtraucher. In Unternehmen tauchen solche Neben- und Fernwirkungen genauso auf, zum Beispiel bei der Einführung von Zielvereinbarungen – wir sprachen bereits darüber.

Einer der bemerkenswertesten Fehler im Umgang mit komplexen Systemen ist die Überschätzung der eigenen Fähigkeiten und Einflussmöglichkeiten. Ich erlebe das immer wieder, wenn ich Gruppen zur Illustration dieses typischen Fehlers zu einer kleinen Übung einlade. Dabei geht es darum, mit der Gruppe eine geometrische Figur im Raum abzubilden – hört sich einfach an, ist es aufgrund der Abhängigkeiten in der Gruppe aber nicht. Im ersten Schritt tut das die Gruppe selbstorganisiert, kommt der Lösung oft recht nah und hat Freude an ihrem Tun. Im zweiten Schritt bitte ich zwei Teilnehmer, die Führung zu übernehmen und den anderen zu sagen, wo sie sich hinstellen sollen, um das Ziel zu erreichen. Die beiden machen sich – überzeugt von ihren Fähigkeiten und Einflussmöglichkeiten – ans Werk und steuern das Geschehen.

Am Anfang geht das noch recht gut, die Zahl der Abhängigkeiten ist noch gering. Doch dann wird es haarig: Sobald die zwei Steuernden nun eine weitere Veränderung vornehmen, schreit wieder einer, dass es an diesem Ende nun aber nicht mehr passt. Es ist unmöglich! Diese Aufgabe ist – wenn überhaupt – nur mit vielen, vielen Berechnungen lösbar. Trotzdem kommen in der Auswertung der Übung Äußerungen wie: »Wir hätten bloß mehr Zeit gebraucht, dann hätten wir es sicher geschafft!«

> Ein Fehler in komplexen Systemen: Probleme zu lösen, die man lösen kann, statt die, die es zu lösen gilt.

Neulich dachte ich einmal, es würde zwei Teilnehmern tatsächlich gelingen, die Aufgabe zu lösen – und geriet schon ein wenig ins Schwitzen. Sie gingen überzeugt und forsch ans Werk und es schien alles zu passen. Kurz vor der – vermeintlichen – Lösung kam dann aber doch wieder: »Hier passt es nicht!« Die beiden »Führungskräfte« wollten es nicht glauben, es konnte einfach nicht sein, dass sie es nicht hinkriegen. Interessant ist: Viele andere Menschen aus der Gruppe meinten dann, es hätte schon vorher nicht mehr gepasst. Sie hätten das bemerkt, aber nichts gesagt, weil es doch nichts geändert hätte. So ihre Alltagserfahrung, die sie mit in diese Übung gebracht hatten.

Im Verlauf der Übung wuchs außerdem nicht nur in dieser Gruppe der Unmut über die Unfähigkeit der »Führungskräfte«, womit wir bei einem weiteren typischen Fehler wären, den Schuldzuschreibungen. Erkennen Sie Dynamiken wieder, die sich so auch in Unternehmen abspielen?

Mein Lieblingsfehler im Umgang mit komplexen Systemen ist der, die Probleme zu lösen, die man lösen kann, statt die, die es zu lösen gilt. Das tun wir zum Beispiel im Umgang mit Plastikmüll und Mikroplastik in den Ozeanen, zweifelsohne ein drängendes Problem und ziemlich komplex. Angesichts dieser Herausforderung werden nun in der

EU Verbote von Strohhalmen und Wattestäbchen angekündigt. Dieses Problem erscheint lösbar, wir können diese Artikel einfach verbieten. Doch wie werden die Auswirkungen auf das zu lösende Problem sein? Vermutlich marginal, denn da spielen ganz andere Faktoren eine Rolle, zum Beispiel die Entsorgungswege und der Umgang mit Müll in den verschiedenen Gesellschaften aller Kontinente insgesamt.

Wir verbieten hier Strohhalme, verkaufen aber weiterhin unseren Müll – als Rohstoff getarnt – in Länder Asiens und Afrikas, wo er unzureichend entsorgt wird? Hm, da passt was nicht. Wissen Sie übrigens, woher das meiste Mikroplastik stammt, das in unseren Gewässern auftaucht? Aus dem Abrieb von Autoreifen. Was wird angesichts dessen gefordert? Bessere Autoreifen. Nun ist das dummerweise schon ein Hightech-Material, bei dem kaum noch große Entwicklungssprünge zu erwarten sind. Was helfen würde? Weniger Auto fahren. Das will bloß niemand hören – und deswegen werden lieber Strohhalme verboten, damit weniger Plastik im Wasser landet.

Schön blöd? Nein, all diese Fehler passieren nicht, weil jemand – oder wir alle – zu dämlich wären. Zwar klingt so manche polemische Persiflage auf das Management leicht so, als sei in unseren Organisationen ein Haufen von Deppen unterwegs, die nicht blicken, wie man mit einem komplexen System umgeht. Doch das stimmt so nicht. Diese Fehler passieren hochintelligenten Menschen genauso wie durchschnittlich begabten. Aber weshalb ist das so? Wofür ist das gut?

## Blöd aus gutem Grund

Wenn sich ein System – egal ob eine Organisation oder ein Mensch – so »dumm« verhält, werde ich meistens hellhörig, denn in der Regel gibt es verdammt gute Gründe für diese vermeintliche Dummheit. Welche könnten das sein, wenn wir Tag für Tag wider besseren Wissens von Steuerbarkeit ausgehen? Der wichtigste Grund ist wohl der Schutz des eigenen Kompetenz- und Wirksamkeitserlebens. Die Akteure schützen sich unbewusst davor, ihrer eigenen Ohnmacht und Hilflosigkeit ansichtig zu werden, und flüchten sich in – vermeintliche – Sicherheit und Steuerbarkeit. Verständlich – und gleichzeitig fatal. Doch sind wir dem hilflos ausgeliefert? Sind solche Entwicklungen zwangsläufig? Nein, zum Glück nicht.

Dietrich Dörner hat festgestellt, dass sich in seinen Experimenten zum Umgang mit komplexen Systemen »gute« und »schlechte« Versuchspersonen vor allem dadurch unterschieden, in welchem Maße sie eigene Hypothesen und ihr eigenes Verhalten immer wieder kritisch hinterfragten. Reflexionsfähigkeit ist also eine der wichtigsten Fähigkeiten, wollen Sie mit komplexen Systemen angemessen umgehen. Das ist viel leichter gesagt als getan, kann es doch das Selbstbild erheblich stören, zu erkennen, sich geirrt oder gar »unlautere« Motive gehabt zu haben. So wie Friedrich der Große: Der König von Preußen gestand sich erst im Alter ein, den Ersten Schlesischen Krieg auch aus Ruhmessucht begonnen zu haben. So eine Erkenntnis muss man erst einmal zulassen können. Da ist es viel einfacher, die Illusion der Steuerbarkeit aufrechtzuerhalten.

Eng verbunden mit dem Wunsch nach Selbstwirksamkeit ist das Verlangen, die Dinge vorhersehen und steuern zu können. Wir möchten die Dinge gerne unter Kontrolle haben – was am Ende des Tages natürlich auch ein Beitrag dazu ist, sich selbstwirksam zu erleben. Dieser Kontrollwunsch ist einfach menschlich. Wir alle probieren jeden Tag, mit der Komplexität der Welt umzugehen. Entwicklungen abzuschätzen, uns Ziele zu setzen und Pläne zu schmieden sind dabei hilfreiche Strategien.

Sogar falsche Pläne können helfen, wie die Geschichte einer ungarischen Aufklärungseinheit zeigt, die Anfang des 20. Jahrhunderts während eines Manövers in den Schweizer Alpen in einen Schneesturm geriet. Als die Männer sich schon verloren glaubten, fand ein Soldat eine Karte in seiner Tasche und die Kameraden entwarfen einen Plan, wie sie zum Lager zurückfinden könnten. Als sie dort ankamen, war der zuständige Leutnant erleichtert – und sehr erstaunt: Die Karte zeigte die Pyrenäen, nicht die Alpen. Aber wie war es dann möglich, dass die Männer mit dieser Karte den Rückweg fanden? Ich vermute, der falsche Plan hatte Zuversicht verbreitet und die Männer dabei unterstützt, ins Handeln zu kommen und sich nicht aufzugeben.

Der Plan rettete Leben – so falsch er auch war. Na dann, mögen Sie jetzt denken, sind Pläne doch super, planen wir also munter weiter, scheint ja zu helfen. Ja, tun Sie das – aber bewerten Sie Ihre Pläne nicht danach, ob sie aufgehen, sondern ob sie hilfreich und nützlich waren. Pläne – wie auch die bereits angesprochenen Prognosen – sind hilfreich, solange wir sie nicht unbedingt einhalten und erfüllen wollen. Sie sind

Instrumente zur Ausrichtung und Handlungsorientierung, sollten aber nicht zu unhinterfragten Realitäten werden. Mit Zielen ist es übrigens ganz ähnlich. Das bringt niemand so gut auf den Punkt wie Gunther Schmidt, einer der Gründer der sysTelios-Klinik, der sagt: »Ziele sind nicht dazu da, sie zu erreichen, sondern dienen dazu loszugehen.« Ich kann ihm nur zustimmen.

Ein weiterer Grund dafür, dass wir immer wieder in der Illusion der Steuerbarkeit landen, ist vermutlich auch, dass wir nur diesen einen Umgang mit Komplexität gelernt haben: zu versuchen, sie zu steuern, unter Kontrolle zu bringen. Das Einüben dieses Umgangs fängt schon früh an, in der Schule, vermutlich sogar schon im Kindergarten oder noch früher in so manch junger Familie. Ich erinnere mich noch gut daran, wie ich vor ungefähr 15 Jahren mit meiner damals wenige Monate alten Tochter in der Babytrage durch eine Buchhandlung ging und den Titel »Jedes Kind kann schlafen lernen« sah – und mich sehr wunderte. Da wird versucht, das »System Kind« zu einem gewünschten Verhalten zu bringen. Steuerungsfantasie nenne ich so etwas.

Selbstverständlich können Eltern Beiträge dazu leisten, dass es wahrscheinlicher wird, dass ihr Kind nachts Ruhe findet, nur so klang der Titel eben nicht, und im Klappentext steht (das Buch gibt es heute noch …): »[…] zeigt die Autorin Eltern, wie sie ihre Kinder liebevoll und konsequent zu guten Schläfern erziehen können.« So eine Formulierung hinterlässt bei mir tatsächlich viele Fragezeichen – und ist Ausdruck von Steuerungsfantasien, die sich durch alle Lebensbereiche ziehen.

## Der Machbarkeitswahn

Steuerungsfantasien sind auch in unseren Schulen weit verbreitet, das klang im ersten Teil des Buches bereits an. Sie begleiten uns also irgendwie schon ein Leben lang – kein Wunder, dass wir sie wie selbstverständlich auch auf die unterschiedlichen Lebensbereiche übertragen: Eine Fitness-App misst unsere Schritte und mahnt zu mehr Bewegung, eine weitere App überwacht den Schlaf und gibt unzählige Tipps, wie die Nachtruhe zu verbessern ist. Die unterschiedlichsten – und zum Teil widersprüchlichen – Ernährungsphilosophien versprechen ewige Jugend und Gesundheit: Du musst nur dies essen (und jenes auf keinen Fall), dann wirst du 100 Jahre alt – mindestens. Selbst bei der Familienplanung wird auf Steuerbarkeit gesetzt: Erst Karriere, dann ein Kind, zur Not mit Kinderwunschbehandlung oder »Social Freezing«. Heikles Terrain, ich weiß. Es liegt mir fern, zynisch mit unerfüllten Kinderwünschen umzugehen. Im Gegenteil, es macht mich wütend, wenn ich Artikel lese, die den Tenor haben: »Tja, selbst schuld, wohl zu lange gewartet.« Das stimmt genauso wenig. Niemand ist schuld, wenn sich ein Kinderwunsch nicht erfüllt, beeinflussbar sind immer nur Wahrscheinlichkeiten – wenn überhaupt. Nur, die gesamte Diskussion um dieses Thema ist eben auch von Steuerungsfantasien geprägt.

Aus dem Wunsch nach Steuerbarkeit wurde ein Anspruch auf Machbarkeit, ja nahezu ein Machbarkeitswahn, egal in welchem Lebensbereich. Es ist normal geworden, dass wir uns als eine Maschine denken: Ich muss nur an dieser oder jener Schraube drehen, dann kann ich mehr arbeiten, bin fitter, kann besser schlafen – um nur ein paar Bereiche zu benennen. Mittlerweile mache ich einen weiten Bogen um Ratgeberabteilungen in Buchhandlungen – und schreibe auch selbst keine.

Was passiert da? Wie kommen wir auf den Gedanken, Menschen oder Organisationen würden sich wie Maschinen verhalten? Oder gar welche sein? Ich finde: Das ist absurd! Und wir tun uns doch damit keinen Gefallen.

## Nebenwirkungen unserer aufgeklärten Welt

Diese »Maschinenvermutung« hängt uns richtiggehend in den Kleidern und kaum jemand hinterfragt sie noch. Wir haben so unglaublich viele Systeme, die alle auf dieser Annahme beruhen, dass es uns normal und alternativlos erscheint, von Steuerbarkeit auszugehen. Wo hat das angefangen?

Einen großen Beitrag zu unserer modernen Denkweise hat die Aufklärung geleistet, die Vernunft als universelle Urteilsinstanz in den Mittelpunkt rückte. Unter vielen Vordenkern der Aufklärung herrschte großer Fortschrittsoptimismus, die Naturwissenschaften gewannen rasch an Bedeutung. Verstehen Sie mich nicht falsch, ich möchte in keinem Fall die Umstände der Zeit vor 1700 zurück und weiß die Errungenschaften der Aufklärung sehr zu schätzen. Wichtig sind mir dabei besonders auch die gesellschaftlichen Entwicklungen während der

Aufklärung, wie persönliche Handlungsfreiheit, Bildung, Bürger- und Menschenrechte sowie der Blick auf das Gemeinwohl.

Allen positiven Errungenschaften zum Trotz denke ich aber, dass wir seit der Aufklärung irgendwie nur auf einem Bein unterwegs sind: Wir glauben an Wissenschaft, Fakten, Technik und daran, dass wir auf diesem Wege die wesentlichen Fortschritte erzielen. Es muss aber, oder es sollte vielmehr ein zweites Bein hinzukommen, damit wir wieder richtig laufen können und nicht in der Gegend rumhinken. Was ist dieses andere Bein? Ich denke dabei weder an Religion noch an andere Formen der Spiritualität, sondern an ein gut 50 Jahre altes Konzept, dass uns Respekt lehrt vor der Eigendynamik jedes Systems: der Autopoiese.

## Autopoiese

Autopoi… – was? So stand es einem Geschäftsführer, mit dem ich im Coaching auf das Konzept der Autopoiese zu sprechen kam, förmlich ins Gesicht geschrieben: »Ach, das heißt, mein Unternehmen macht, was es will – egal, was ich als Geschäftsführer tue oder lasse?« Ja, im Kern heißt es das. Natürlich ist es nicht ohne Folgen, was ein Geschäftsführer – oder jede andere Person in einem Unternehmen – tut oder lässt. Das Denkmodell der Autopoiese besagt allerdings, dass ein System – also zum Beispiel ein Unternehmen – sich ständig aus sich selbst heraus organisiert. Die Organisation macht sich selbst. Sie können also nicht mit einem System etwas tun und darauf setzen, dass genau die Folgen eintreten, die Sie erwarten. Da ist es wieder: Steuerbarkeit ist eine Illusion.

> Autopoiese heißt: Ein Unternehmen macht, was es will – egal, was ein Geschäftsführer tut oder lässt.

Der etwas sperrige Begriff der Autopoiese bedeutet wörtlich übersetzt »selbst machen«, er leitet sich von den griechischen Wörtern *autos* = selbst und *poiein* = machen ab und ist eine Wortschöpfung zweier chilenischer Biologen, Humberto Maturana und Francisco Varela. Die beiden haben ihr Konzept zunächst für biologische Systeme entwickelt, es wurde später unter anderem vom Soziologen Niklas Luhmann auf soziale Systeme (wie zum Beispiel Organisationen) übertragen. Das war – und ist – schon eine revolutionäre Sicht,

Unternehmen nicht als Gegenstand von Veränderungsbemühungen zu sehen, sondern zu akzeptieren und zu respektieren, dass sie eine Eigendynamik haben und Sie nichts »mit ihnen« machen können.

Das gilt im Übrigen genauso für Menschen. Sie können nicht machen, dass ein Mensch sich in bestimmter Weise verhält. Das ist aber der Versuch, der in unseren Organisationen landauf, landab unternommen wird. Überall schallt es in Führungskräfteseminaren und Mitarbeitertrainings: »Sei so! Aber besser nicht so!« Der Grat zur Überschreitung der Grenze zum Persönlichen ist dabei äußerst schmal. Ich finde: Etwas mehr Respekt – vor der Selbstorganisation der Menschen – täte hier gut.

Doch manchmal ist das gar nicht so einfach, denn Menschen wie Organisationen bitten um »Lösungen von außen«. Sie respektieren sich selbst nicht als autopoietische Systeme, sondern wünschen sich, dass jemand – ein Berater, eine Führungskraft, ein Therapeut – es von außen richtet. Ich nenne das gerne »die Problemkarte rüberschieben«. Manchmal verwende ich auch ein etwas weniger salonfähiges Wort für die Problemkarte, das fängt dann mit »A« an.

Es ist so verständlich, dass Menschen den Wunsch haben, jemand anderer möge ihre Probleme lösen, besonders, wenn sie schon lange Leidensgeschichten hinter sich haben. Es wäre manchmal so schön und so einfach, wenn jemand unsere Probleme für uns lösen würde, doch wir müssen uns mit einer – scheinbar – zweitbesten Lösung zufriedengeben: das Problem selbst lösen. Dabei ist Begleitung von anderen sehr willkommen, doch handeln kann nur jeder für sich vor dem Hintergrund seines eigenen Weltbildes.

Dieses »eigene Weltbild« ist übrigens einer der Ausgangspunkte der Überlegungen von Maturana und Varela: die Art und Weise, wie wir die »Realität« wahrnehmen und interpretieren. Diese Realität gibt es nämlich gar nicht. Was wir glauben zu erkennen, ist kein Abbild *der* Welt da draußen, sondern »ein andauerndes Hervorbringen *einer* Welt durch den Prozess des Lebens selbst«, wie Maturana und Varela formulieren. Was zunächst klingt wie ein harmloser Wechsel des Artikels, ändert die Weltsicht fundamental. Die beiden Biologen gehen davon aus, dass es »da draußen« keine Tatsachen und Objekte gibt, die wir nur wahrzunehmen und in den Kopf hineinzutun haben, sondern dass wir Menschen mit unserem Erleben die Realität immer wieder – Sekunde um Sekunde – neu erzeugen.

Die Begegnung mit dieser radikal konstruktivistischen Sicht auf die Welt zum Ende meines Studiums hat mein Leben grundlegend verändert. Diese Sicht ist so sehr verschieden von dem deterministisch geprägten Weltbild, in dem Dinge »so sind«. Alles, wirklich alles entsteht erst im Auge (und im Gehirn) des Betrachters. Mein Chef war doof? Auf meine Freundin war kein Verlass? Nun, Sie wissen schon, was die beiden Chilenen dazu sagen würden. Die zwei würden mich vielleicht dazu einladen, den Tiergarten in der Bronx in New York, genauer gesagt den Primatenpavillon dort zu besuchen. In einer Ecke befindet sich dort ein isolierter, besonders stark vergitterter Käfig, an dem ein Schild vor dem gefährlichsten Primaten der Welt warnt. Was sehe ich dort? Mein eigenes Gesicht in einem Spiegel – was mich vermutlich zu der Frage führen würde, wie ich selbst dazu beitrage, dass ich die beiden, meinen Chef und meine Freundin,»doof« oder »unzuverlässig« erlebe.

Das Konzept der Autopoiese, angewandt auf eine Organisation, hat weitreichende Folgen. Nirgends sind diese für mich so deutlich spürbar geworden wie bei sysTelios, dem psychosomatischen Gesundheitszentrum in Siedelsbrunn im Odenwald.

## Warten, was wächst

Im Rahmen der Dreharbeiten für unsere AUGENHÖHE-Filme hat mich keine Organisation mehr fasziniert, irritiert und neugierig gemacht als sysTelios. Das begann bereits im ersten Telefonat mit den Menschen dort, und zwar an der Stelle, als meine sechs (!) Gesprächspartner mir erklärten, weshalb es in ihrer »Privatklinik für Psychotherapie und psychosomatische Gesundheitsentwicklung«, die sie selbst lieber einfach »Gesundheitszentrum« nennen, wie schon erläutert keine Patienten, sondern Klienten gibt. Im Begriff »Patient« steckt bereits die Annahme, der Mensch sei krank. Doch das glauben die in Siedelsbrunn nicht. Gunther Schmidt, einer der Gründer des sysTelios-Gesundheitszentrums und Begründer des dort angewandten therapeutischen Konzepts der Hypnosystemik, sagt immer und immer wieder, dass das, was anderswo als Angststörung oder Depression bezeichnet wird, »achtenswerte Versuche« eines Menschen seien, mit den Herausforderungen seines Lebens umzugehen.

Das ist der Ausgangspunkt der Arbeit, nicht wie üblich eine Krankheitsdefinition, denn diese Definition erzeugt ihre eigene Realität – für Ärzte und Therapeuten genauso wie für Klienten, was vermutlich das Schlimmste daran ist. Und diese Realität hat Auswirkungen. Im Falle der Krankheitsdefinition sind diese Auswirkungen meistens eher ungünstig. Wie veränderbar wird ein Klient seinen »Zustand« erleben, wenn dieser als krankhaft, womöglich als chronisch, bezeichnet wird? Wie anders ist das, wenn seine Symptome als Lösungsversuche gelten?

Was für ein wohltuend anderes Denkmodell, nicht nur bezogen auf psychosomatische Phänomene einzelner Menschen, sondern auch mit Blick auf Organisationen. »Die kranke Organisation« heißt ein Buch von Stefanie Borgert. Da steckt der Denkfehler schon im Titel! Was, wenn die Organisationen genauso wenig krank ist wie die Menschen? Sondern alles, was wir in Organisationen beobachten und was uns – lassen Sie uns ehrlich sein – manchmal gehörig auf den Senkel geht, Lösungsversuche wären? Das würde so viel ändern!

Schon nach wenigen Minuten in diesem ersten telefonischen Kontakt mit den Menschen bei sysTelios war ich elektrisiert und von zwei Dingen überzeugt. Erstens: Wir müssen dort in jedem Fall drehen! Ich habe das gleich im Telefonat klargemacht, obwohl wir so etwas normalerweise im Team entscheiden. Zweitens: Wir müssen dort alle fünf drehen – sonst waren wir in der Regel zu dritt am Set. Denn mich beschlich die Ahnung, dass der Dreh bei sysTelios in einer Weise Auswirkungen auf uns als Individuen und als Team haben würde, die es bei den anderen Drehs so nicht gab. Es war nicht leicht, mit so einem vagen Gefühl meine Kollegen zu überzeugen, die waren ja ohnehin nicht so gut auf mein eigenmächtiges Handeln zu sprechen. Schließlich sind aber alle mitgekommen, und einer sagte bereits beim ersten Mittagessen zu mir, er könnte jetzt mein vehementes Eintreten für den Weg in den Odenwald verstehen.

Doch was ist an der Organisation sysTelios so faszinierend? Wie entsteht der Effekt, schon beim Betreten des Gebäudes zu merken, dass irgendwas »gut« ist? Das sagt ein Großteil der Klienten genauso wie Bewerber und auch die Teilnehmer an unserer Ausbildung AUGEN-HÖHEwegbegleiter, die in Kooperation mit sysTelios und in den Räumen der sysTelios-Akademie stattfindet. Sind es die Räume, die so gar nicht nach Krankenhaus aussehen, sondern mit ihrer warmen Gestaltung und Offenheit eher an ein Gästehaus erinnern? Ist es die Freundlichkeit des Hausmeisters oder der Ärztin, denen Sie begegnen? Oder die Tatsache, dass Sie keine weißen Kittel sehen, ja nicht einmal Therapeuten und Ärzte von Klienten unterscheiden können?

Erschöpfend beschreiben lässt sich das nicht – das wäre ja auch nahezu ein Widerspruch dazu, dass in Siedelsbrunn die Autopoiese in besonderem Maße respektiert wird. Wenn Sie davon ausgehen, dass Organisationen sich fortwährend selbst organisieren, können Sie ihnen nicht alle Schritte, mit denen sie das tun, ablauschen. Hilfreich wäre das auch gar nicht einmal, denn in einem anderen System würden diese Schritte mit sehr hoher Wahrscheinlichkeit andere Auswirkungen haben. Ich nehme Sie trotzdem – oder gerade deswegen – gerne mit auf einen weiteren kurzen Ausflug in den Odenwald, denn Begegnungen mit sysTelios – auch virtuelle – haben bisher noch immer zu Inspirationen geführt.

> Organisationen organisieren sich fortwährend selbst. Wir können ihnen nicht alle Schritte ablauschen, mit denen sie das tun.

Die Grundidee der Autopoiese, lebendige Systeme jedweder Art würden sich autonom organisieren, hat bei sysTelios zum Beispiel zur Folge, dass es außer den gesetzlich erforderlichen Positionen (Geschäftsführer, Ärztlicher Direktor, Chefärztinnen) keine formalen Hierarchien gibt – was für eine Klinik, in der es oft sehr klare und betonte Hierarchien gibt, besonders bemerkenswert ist. Wie eine der Ärztinnen dort im Odenwald so schön sagte:»Irgendwie gibt es bei uns Medizinern so eine komische Sozialisation in weißen Kitteln.« Ich bin sicher, Sie wissen aus eigener Patientenerfahrung, was sie meint. Solche Sozialisationen werden hier konsequent hinterfragt. Wo sonst findet das schon vergleichbar statt?

Bei sysTelios arbeiten inzwischen ungefähr 180 Menschen zusammen, ohne dass es Chefs gibt – weder in den therapeutischen und medizinischen Teams noch im Service. Und selbst diejenigen, die formal notwendige Führungspositionen bekleiden, üben die damit grundsätzlich einhergehende Macht nach innen nicht aus. Ines Hörr ist eine der drei Chefärztinnen bei sysTelios. Sie kam aus der klassischen Psychiatrie mit deren sehr strukturiertem und eher defizitorientiertem Vorgehen nach Siedelsbrunn – ein Kulturschock, wie sie im Interview sagte. Sie war gewöhnt, dem Patienten gegenüber eine hierarchische, eine überlegene Position einzunehmen: Die Ärztin entscheidet – bis hin zur Zwangsmedikation.

In Siedelsbrunn ist das anders. Dort wird gemeinsam entschieden – im Team und mit dem Klienten zusammen. Dabei gilt es für Ines und ihre Kolleginnen, immer wieder abzuwägen zwischen der Verantwortung als Chefärztin und dem Gewinn durch gemeinsame Entscheidungen. Ein fordernder und zugleich für alle Beteiligten sehr hilfreicher Prozess, wie Ines betont. Fordernd, weil es die Auseinandersetzung mit sich selbst und den Positionen der anderen verlangt, hilfreich, weil jeder ernst genommen wird, vor allem auch der Klient. Ines ist immer wieder erstaunt, mit welch großer Klarheit Klienten sich positionieren – eine Fähigkeit, die ihnen in anderen Kontexten oft abgesprochen wird.

Ja, mögen Sie denken, unter Hochqualifizierten mag das gehen, so ohne Chef und mit Selbstorganisation, aber in den Serviceteams? Bei Haustechnik, Küche und Reinigung? Doch auch da suchen Sie »Vorgesetzte« in Siedelsbrunn vergeblich. Niemand passt auf, dass die »Zimmerfeen« – wie sie sich selbst nennen – ihre Arbeit auch tun, niemand macht ihnen Vorgaben, wie lange sie für ein Zimmer brauchen »dürfen«. Sogar ganz im Gegenteil: Es kommt nicht selten vor, dass Sie eine von ihnen mit einem Klienten auf der Treppe sitzen sehen, in ein Gespräch vertieft. Das ist nicht nur geduldet, sondern ausdrücklich erwünscht.

Das bleibt nicht ohne Wirkung: Die Klienten spüren, wie viel die Zimmerfeen zu ihrem Wohlbefinden beitragen, auf jedem Stockwerk finden Sie eine Pinnwand, auf der die Dankeskarten in drei Lagen übereinanderhängen. Rosemarie »Rosi« Stärk brachte es im Interview auf den Punkt: »Wir sind hier halt nicht unsichtbar, wir dürfen hier leben.« So etwas würden Sie niemals hören, wenn die Zimmerreinigung outgesourct und nach engen Taktvorgaben tätig wäre. Schon gar nicht würden Sie die zweite Selbstbeschreibung der Zimmerfeen hören: Sie nennen sich auch »das therapeutische Bodenpersonal«.

Was mir außerdem immer wieder auffällt, ist, dass in Siedelsbrunn niemand mit fertigen Konzepten agiert – die Therapeuten nicht gegenüber den Klienten, die Geschäftsführer nicht gegenüber den Mitarbeitern. Wann immer es den Impuls gibt, dass etwas anders sein sollte, entwickeln ein oder meistens mehrere Menschen eine Idee, die aber bewusst unfertig bleibt. »Wir entwickeln einen Rahmen und warten, was wächst«, formulierte Florian Pommerien-Becht, Musiktherapeut, gleichzeitig sehr engagiert in der Organisationsentwicklung und inzwischen einer meiner Kollegen in unserem Programm AUGENHÖHE-wegbegleiter. Sie wundern sich, weshalb ein Musiktherapeut den Job eines Organisationsentwicklers macht? Bei sysTelios werden keine Stellen für solche Aufgaben geschaffen, sondern die Kompetenzen der Mitarbeiter genutzt, unabhängig von Zertifikaten und Zeugnissen. Es gibt eine explizite Einladung an alle Mitarbeiterinnen und Mitarbeiter, unabhängig von ihrer Hauptaufgabe. Jeder kann sich an diesen Prozessen beteiligen, Projekte initiieren und bearbeiten. Florian schätzt das sehr, und gefragt, wie das woanders wohl wäre, sagt er: »Na ja, da wäre ich der kleine Musiktherapeut, der mit den Leuten ein bisschen singen darf.« Was jammerschade wäre, denn der Mann hat so viel mehr drauf.

Die Haltung hinter dem Vorgehen mit den unfertigen Konzepten: »Auch wenn wir unsere Idee für plausibel halten, können wir nicht wissen, wie das für euch ist. Deswegen fragen wir euch und sind interessiert an euren Impulsen und Rückmeldungen.« Dabei sind nicht nur verbalisierte und wohl formulierte Einwände relevant, sondern ganz besonders auch die, die sich (noch) nicht gut in Worte fassen lassen, die sich eher als Bauchgrummeln oder anderswo im Körper melden. Es gibt die ganz explizite Einladung, auch solche nicht spruchreifen Einwände einzubringen, denn in ihnen liegen wertvolle Informationen, so die Annahme.

Oh je, mögen Sie jetzt denken, das kann ja zäh werden, wenn da jeder seine Bauchschmerzen einbringt und noch nicht mal formulieren kann, was dahintersteckt. Glauben Sie mir, so ging es mir zu Beginn der Zusammenarbeit auch. Es war so anders zu dem, was ich bis dahin erfahren hatte. In meinen früheren Kontexten gab es eher das Muster, Bauchschmerzen bestmöglich zu ignorieren und in der Sache voranzukommen. Das hat auch Vorteile, das geht dann schnell und ich mag es, wenn Dinge flott vorangehen.

Ich habe etwas gebraucht, mich auf geringeres Tempo und mehr Einbeziehen einzulassen. Die Qualität dessen ist aber enorm: Lösungen, die so entwickelt werden, haben eine ganz andere Kraft. Zwei Dynamiken tragen dazu wesentlich bei: Auch diffuse Rückmeldungen wie ein Bauchgrummeln tragen eine Information, einen Hinweis darauf, dass etwas noch nicht passt. Das aufzuspüren und in die Lösung zu integrieren, macht diese besser. Außerdem werden Rückmeldungen nicht nur gehört, sie finden in den noch unfertigen Konzepten auch viel leichter Platz, als wenn etwas schon weitgehend zu Ende gedacht gewesen wäre. So entsteht im Prozess eine immer passendere Lösung.

# Eingreifen zwecklos?

Das Beispiel von sysTelios entkräftet auch einen Einwand und eine Frage, die ich immer wieder im Zusammenhang mit Autopoiese gestellt bekomme: Sollten Sie den Dingen einfach ihren Lauf lassen? Angesichts der möglichen Fehler im Umgang mit komplexen Systemen und der hohen emergenten Selbstorganisation von Systemen liegt dieser Gedanke nahe, ja, es könnte sich sogar ein gewisser Fatalismus einschleichen, doch ohnehin nichts ändern zu können. Gerade wenn Sie in einer großen Organisation arbeiten, erscheinen solche Gedanken als sehr naheliegend.

Die Kurzform der Antwort lautet: Nein, Sie sollten die Dinge nicht grundsätzlich laufen lassen. Das tun ja auch die Menschen bei sysTelios nicht. So ein Laufenlassen wäre sogar nahezu fahrlässig. Weder Unternehmerinnen noch Führungskräfte oder Mitarbeiter sollten zu bloßen Beobachtern der autopoietischen Veränderungen ihrer Organisationen werden. Das gilt auch für die Verhaltensweisen und Veränderungen der Menschen – einschließlich sich selbst. Weshalb? Weil Systeme sich zwar immer selbst organisieren, nur nicht immer in hilfreicher oder gar gewünschter Form. Denken Sie an Unternehmen, in denen finanzielle Aspekte aus dem Blick geraten, oder an Menschen, die starke Ängste entwickeln. Solche Dinge einfach hinzunehmen, führt nicht zu der erhofften Lebendigkeit.

Und genau für diese Lebendigkeit bin ich parteiisch. Wenn Sie Impulse setzen, um Menschen und Organisationen zum Hinterfragen von Gewohnheiten und Erproben neuer Vorgehensweisen einzuladen und um mit diesen dann die Wahrscheinlichkeiten für die Reaktionen und Verhaltensweisen zu erhöhen, die für die Organisation oder den Menschen erstrebenswert erscheinen, steigt die Chance auf Lebendigkeit.

Wären Ronny Großjohann und Robert Harms von Siemens bloße Beobachter der Geschehnisse geblieben, sähen Teile des Werks heute spürbar anders aus. Die beiden hatten sowohl ein wesentliches Problem identifiziert als auch eine Idee für eine Lösung. Nun nur zu beobachten, ob die anderen es auch merken, und zuzugucken, welche Lösungen ihnen einfallen, hätte leicht dazu führen können, dass Teile des Werks nicht so erfolgreich auf Marktänderungen hätten reagieren können. Der Preis wäre sehr, sehr hoch gewesen, weshalb es absolut richtig war, dass die beiden eingriffen.

Aber bei solchem Eingreifen gilt wie so oft: Die Dosis macht das Gift. Wenn Sie versuchen, Ihre Organisation, Ihre Kollegen oder sich selbst zu einem bestimmten Erleben oder Verhalten zu zwingen, könnte es schwierig werden – weil Sie es mit autopoietischen Systemen zu tun haben. So auch bei Siemens: Als Ronny und Robert probierten, ihren Kollegen ihren eigenen Weg überzustülpen, kam prompt die Reaktion: So nicht! Als sie zum Mitgestalten einluden, passierte etwas völlig anderes, worüber ich Ihnen im Kapitel »Leise wirken« schon berichtet habe: Die Menschen waren engagiert und mit Begeisterung dabei.

> **Versuchen Sie nicht, Ihre Organisation, Ihre Kollegen oder sich selbst zu einem bestimmten Verhalten zu zwingen.**

Wenn nun aber weder Steuerung nach der gewohnten Art noch »Laufenlassen« sinnvolle Handlungsoptionen zu sein scheinen, was ist denn dann hilfreich? Wie können wir in komplexen Systemen handlungsfähig sein und bleiben, ohne die typischen Fehler zu begehen?

## Positivvermutung

Was ich immer wieder erlebe, wenn ich in so faszinierenden Organisationen wie sysTelios unterwegs bin: Es gibt dort – besonders, aber nicht nur von Personen in sogenannten Führungsrollen – eine bewusste Entscheidung für das eigene Menschenbild. Das ist ein erstes, sehr zentrales Element im Umgang mit komplexen Systemen. Doch weshalb ist das eine Entscheidung? Müssen wir Menschen nicht so nehmen, wie sie sind? Doch wie sind sie? Wenn wir dem Gedanken folgen, dass jeder von uns sich seine ganz eigene Realität erschafft, kann auch niemand wissen, wie die Menschen sind, sondern auch da macht sich jeder von uns sein ganz eigenes Bild. Damit ist mein Menschenbild immer eine mehr oder weniger bewusste Entscheidung – und nicht die Summe meiner Erfahrungen, wir sprachen darüber bereits. Diese Entscheidung für ein Menschenbild ist zentral und sie bedeutet letztendlich, dem anderen grundsätzlich eine »gute Absicht« zu unterstellen und davon auszugehen, dass die anderen ihren Job gut machen und einen Beitrag leisten wollen.

Doch weshalb ist das so wichtig? In komplexen Situationen kann niemand von uns alle Einflussfaktoren überblicken und das eigene Bild der Lage wird immer zu eng sein. Deswegen brauchen wir andere Menschen – und auf die müssen wir uns verlassen können. Doch wie soll das gehen, wenn wir ihnen unterstellen, ahnungslos oder bösartig zu sein? Das wird nicht klappen.

Ich höre oft den Einwand, dass es doch aber ganz andere Erfahrungen gebe, dass Menschen eben nicht immer gute Absichten haben, motiviert sind und gerne beitragen möchten. Ja klar, das stimmt. Jetzt ist doch aber die Frage: Generalisieren Sie diese Erfahrungen – die oft Einzelfälle sind – und gründen Sie Ihre Entscheidungen und Handlungen auf diesem Menschenbild? Oder bleiben Sie bei Ihrer Grundannahme der guten Absichten? Ich persönlich habe mich für Letzteres entschieden und sehe andere Erlebnisse eher als Ausnahmen – auch wenn das zugegeben nicht immer einfach ist und ich natürlich auch Erfahrungen mache, die mich in die gegenteilige Sichtweise einladen.

Ob so ein positives Menschenbild nicht naiv ist, werde ich häufiger gefragt. Schließlich sind unsere Nachrichten doch voll mit Berichten von dem, wozu Menschen offenbar fähig sind. Ist das Schlechte im Menschen nicht doch irgendwie immer »sprungbereit«? Vermutlich, nur so oft springt es nicht. Ich gehe lieber mit der »Positivvermutung« durch die Welt und prüfe, ob ich es möglicherweise mit einer Ausnahme zu tun habe und entsprechend agieren sollte. Das ist deutlich bereichernder und weniger anstrengend und führt immer wieder zu wunderbaren Begegnungen.

Und noch etwas habe ich gelernt: Ich trenne Verhalten und Äußerungen von den ihnen zugrundeliegenden Bedürfnissen. Das wurde mir gerade in den ersten Wochen der Corona-Krise wieder sehr bewusst. Wir vier Familienmitglieder mussten – wie so viele – Woche um Woche sieben Tage lang 24 Stunden miteinander klarkommen, ohne dass jemand zwischendurch mal in der Schule, am Arbeitsplatz oder auf Geschäftsreisen war, und prompt wurde die Spülmaschine zum Zankapfel – und der Ton rauer. Die Äußerungen grenzwertig, doch die unterschiedlichen Bedürfnisse dahinter mehr als nachvollziehbar. Als wir das miteinander geklärt hatten, wurden die »Ausbrüche« rund um das Thema Spülmaschine spürbar weniger. Ob Sie damit jedes Verhalten und jede Äußerung entschuldigen müssen? Nein, auf keinen Fall. Was ich hier sage, entbindet auch nicht davon, sich möglicher Auswirkungen seiner Äußerungen und Taten bewusst zu sein und diese vermuteten Folgen in die eigenen Worte und Handlungen einzubeziehen. Und doch geht beides, den Ton zurückweisen und sich für das Bedürfnis dahinter interessieren: »Dein Ton passt mir nicht und gleichzeitig verstehe ich dein Anliegen und möchte mehr erfahren.« Dieser Ansatz ermöglicht, sehr viel zu erfahren und das dann in Lösungen einbauen zu können. Wer nur zurückmeckert, bleibt dumm.

Und noch etwas ist mir wichtig mit Blick auf unser Menschenbild: Unsere Annahmen über die Menschen werden bestimmtes Verhalten wahrscheinlicher machen und anderes unwahrscheinlicher. Nehmen Sie zum Beispiel das Thema der Reisekostenrichtlinien: Die Mitarbeiter finden darin oft sehr genaue Regelungen vor, was sie abrechnen dürfen und was nicht, Höchstgrenzen, vorgeschriebene Verkehrsmittel und so weiter. Die meisten halten sich daran – meist unter Ausnutzung des nach den Regeln maximal Möglichen. Hotels dürfen maximal 80 Euro kosten? Dann buchen sie das für 79 Euro, nicht das für 59 Euro – selbst, wenn es gleichwertig erscheint. Einige wenige werden die Regeln zu ihren Gunsten übertreten. Es geht doch aber nicht ohne solche Regeln, mögen Sie jetzt denken. Doch, das zeigte mir eine Begegnung mit Heiko, dem Personaler eines mittelständischen Unternehmens, der mir sein Leid mit diesen Regeln klagte. Starr seien sie, die Mitarbeiter sehr unzufrieden damit.

Was er zu tun gedenke, fragte ich ihn. Seine Antwort überraschte mich damals: Er erklärte, er wolle die Regelungen für sechs Monate aussetzen und die Wirkung dessen studieren. Gesagt, getan: Er schaffte die dezidierten Regelungen ab und ersetzte sie durch ein einziges Prinzip: »Reise intelligent!« Zudem waren fortan alle Reisekostenabrechnungen für alle Kollegen transparent. Das war durchaus bemerkenswert, denn die gelernte Reaktion angesichts nicht funktionierender Regeln ist eine andere: Sie werden verschärft und die Kontrollen intensiviert.

Knapp ein Jahr später traf ich Heiko wieder und war natürlich sehr gespannt, was aus seinem Experiment geworden war. Drei Effekte hatte er beobachtet. Erstens: Die Diskussionen in den Kaffeeküchen über die »schwachsinnigen Regeln« waren verstummt und es kamen bei ihm keine Beschwerden zum Thema Reisekosten mehr an. Zweitens: Es gab einige Kollegen, die die Freiheit für sich nutzten und – in den Augen der Mehrheit – nicht so wirklich auf die Kosten achteten. Das wurde aber nicht mehr wie vorher totgeschwiegen, sondern von den Kollegen angesprochen und in den Teams geklärt. Drittens: Die kumulierten Reisekosten über das gesamte Unternehmen waren spürbar gesunken. Andere Annahme, andere Wirkung – die in einer anderen Organisation ebenso eintreten kann, aber nicht muss.

## Eingreifen, aber richtig

Eingreifen, aber richtig, das bedeutet zum einen: zur richtigen Zeit. Kennen Sie den guten Rat, man soll das Dach decken, solange die Sonne scheint? Beim Dach geht das, das ist ja auch ein totes System – und da ist die Idee, das Dach bei Sonnenschein zu decken, auch alles andere als doof. Nur wie ist das, wenn Sie es mit Lebendigem zu tun haben? Solche Systeme sind längst nicht immer veränderungsbereit. Sie brauchen ein Gespür für den richtigen Moment: Wann geht was? So wie bei der Welle beim Surfen: den Moment abpassen und rauf aufs Brett. Und so wie Ronny und Robert zu Beginn des Transformationsprozesses bei Siemens in der Huttenstraße. Noch ein paar Jahre früher hätte vermutlich niemand auf ihre Ideen reagiert, das System war nicht bereit – es lief ja alles. Kairos – der richtige Augenblick – ist entscheidend für gewünschte Entwicklungen in komplexen Systemen.

Auch bei der DB Systel haben sie ähnliche Erfahrungen gemacht: Am Anfang des Transformationsprozesses hatten sich die Bahner ehrgeizige Ziele gesetzt, wollten bis Ende 2018 die Hälfte der Organisation transformiert, in dieser Hälfte Führungskräfte abgeschafft und gelebte Eigenverantwortung etabliert haben. Es wurde recht schnell klar, dass dieser Prozess länger brauchen würde, und so haben die Verantwortlichen den Teams die Zeit gelassen, die diese brauchten. So konnte jedes Team sein eigenes Tempo wählen. Kairos ist eben nicht überall gleichzeitig. Dies nicht nur zu erkennen, sondern danach auch zu handeln, braucht Geduld – und Ideen, wie Sie andere einladen und Prozesse energetisieren können. Denn Sie sind nicht dazu verdammt, nur auf den richtigen Augenblick zu warten, Sie können etwas dafür tun, dass er kommt. Nur wann das eintritt, das können Sie dann weder herbeiführen noch vorhersagen – aber eben etwas dafür tun, dass es wahrscheinlicher wird.

Bleiben wir zum Aspekt der Energetisierung noch kurz in Frankfurt bei der DB Systel, denn in dem Prozess dort sind mir einige Aspekte aufgefallen, die nahezu lehrbuchmäßig zu Motivation und Energie für die Transformation beigetragen haben. Von Anfang an war intuitiv klar, was die Systelaner heute so formulieren würden: Sie wollten ihr positives Menschenbild umsetzen und einen Rahmen schaffen, in dem Menschen mit Leidenschaft eigenverantwortlich agieren können.

Um einen kraftvollen Neuanfang zu definieren, haben die Bahner zu Anfang in ihrem Strategieprozess ein sehr klar strukturiertes Format gewählt, um den Prozess auf den Weg zu bringen. Damit haben sie auch die so wichtige Stabilität und Sicherheit geschaffen, auf deren Boden Veränderungen und Entwicklungen überhaupt erst möglich werden. Die Inhalte in dem gewählten Format waren hingegen nicht festgelegt, und es war klar: Was dort – auf Basis vorab formulierter Leitplanken – erarbeitet wird, gilt. Weder die Geschäftsführung noch sonst irgendjemand würde das Erarbeitete in Ausschüssen und Arbeitskreisen bis zur Unkenntlichkeit »weiterentwickeln«. Aus dem Workshop gingen acht Initiativen hervor. Beteiligt haben sich an diesen nur Mitarbeiterinnen und Mitarbeiter, die da richtig Bock drauf hatten. Diese Freiwilligkeit war ein weiterer wichtiger Schlüssel, wie im Kapitel »Leise wirken« bereits angedeutet. Damit war auch klar: Nur, wo jemand begeistern konnte, fanden sich Mitstreiter. So entstand Stück für Stück eine neue Art der Führung: nicht über Positionen, sondern über Begeisterung.

Einmal gestartet, waren die Bahner besonders aufmerksam, wann immer jemand einem anderen die Verantwortung abnahm. Thomas Ditzer, der Unternehmensentwickler in Frankfurt, betonte, dass da keinesfalls nur Führungskräfte »gefährdet« waren, aus ihrem gewohnten Rollenverständnis heraus Verantwortung an sich zu ziehen, sondern auch Kollegen untereinander. Hier klingen weitere Aspekte im Umgang mit komplexen Systemen an: Es ist hilfreich, gewohnte Muster zu unterbrechen.

**Ein System, das Sie in bester Absicht irritieren, kann mit Verwirrung reagieren.**

Ich ergänze dabei gerne: »Aber bitte behutsam.« Haben Sie auch schon öfter den Tipp gehört, Sie sollten ein System irritieren, damit es sich verändert? Was daran gut und richtig ist: Impulse von außen sind wichtig, damit gewohnte Muster hinterfragt werden und ein System die Art und Weise, wie es sich selbst organisiert, weiterentwickeln kann. Nur: Ein System, das Sie in bester Absicht irritieren, kann auch mit Verwirrung reagieren. Und die Wahrscheinlichkeit ist gar nicht so klein, wenn die Irritation groß ist. Was passiert bei Ihnen, wenn Sie verwirrt sind? Richtig: Meistens löst das dann Stress aus, und das ist bei Unternehmen nicht anders. Aber wer im Stress ist, hat kaum noch Zugriff auf seine differenzierten Kompetenzen, sondern greift im Extremfall auf archaische Muster zurück: Flucht, Totstellen oder Kampf. Das führt zwar auch zu einer Neuorganisation des Systems, nur meistens nicht in der gewünschten Richtung. Das wird in den Unternehmen unseres Landes sehr, sehr oft übersehen – bezogen auf die Organisation selbst, aber auch bezogen auf die Menschen.

Aber wie wissen Sie, ob die Dosis stimmt? Sie sollten aufmerksam beobachten und immer wieder für Rückkopplungen sorgen, sodass sie ein Gespür für die Auswirkungen ihrer Impulse bekommen. Wie das gehen kann? Indem es in immer mehr Unternehmen selbstverständlich wird, Raum für Reflexionen zu schaffen. Ja, ich meine genau das, was Chefs gerne streichen, weil »keine Zeit« dafür da ist und es »kein Geld bringt«. Dabei ist es so zentral, denn anders bekommt niemand Informationen über die Auswirkungen seiner Handlungen – und die braucht jeder dringend, um sein Gespür für die Organisation zu schulen und Systemkompetenz ständig weiterzuentwickeln.

Nicht umsonst gab und gibt es in vielen Veränderungsprozessen so etwas wie den »durstigen Donnerstag« bei Siemens in der Huttenstraße: Wer immer Lust hatte, traf sich jede Woche mit den Kollegen zu einem Getränk am Feierabend. Dort wurde – in sehr informellem Rahmen – darüber gesprochen, was gerade passiert und was die Beteiligten daraus lernen. Im Scrum gibt es dafür mit dem Review und vor allem der Retrospektive einen festen Rahmen. Dieser kann besonders zu Anfang eines Prozesses helfen, die – neue – Gewohnheit des Reflektierens zu etablieren. Ob mit fixem Rahmen oder ohne: Schauen Sie oft genug hin, sonst verpassen Sie entscheidende Bewegungen. Dietrich Dörner (der mit den typischen Fehlern im Umgang mit komplexen Systemen) stellt übrigens fest, dass schon die Betrachtung des eigenen Denkens – ohne jede Anleitung – zu einer spürbaren Verbesserung desselben führt. Sie brauchen also nicht einmal jemand anderen, um zu beginnen – hilfreich ist so ein Gegenüber aber oftmals schon.

Ich finde: Wir brauchen in unseren Unternehmen dringend mehr Auswirkungsbewusstsein und weniger deterministische Vorhersagen. Weniger steuerndes Eingreifen, sondern Einflussnahme mit dem gleichzeitigen Blick darauf, was sich entwickelt. Das nenne ich »Gestalten« – im Gegensatz zum etablierten »Steuern«. Es kann niemals darum gehen, in einem System – egal ob Mensch oder Organisation – etwas Bestimmtes auszulösen, sondern immer nur darum, Wahrscheinlichkeiten für Gewünschtes zu erhöhen und Möglichkeiten für weniger Willkommenes zu verringern. Darauf sollten wir uns konzentrieren.

Sie spüren vermutlich: Wir alle können eine Menge tun – nur eben gestaltend, nicht steuernd. Dieses Bewusstsein möchte ich mit diesem Buch stärken: gestalten, nicht steuern. Das gilt auch für Veränderungen des Organisationsdesigns unserer Unternehmen. Das ist zweifelsohne eine starke und oft auch sehr wichtige Intervention, doch auch sie führt nicht zu vorhersagbaren Konsequenzen. Lassen Sie uns das einmal näher betrachten.

# Selbstorganisation organisieren

Ist gestalten nicht doch nur ein anderes, ein schöneres Wort für steuern? Nein, für mich ist es ein fundamentaler Unterschied. Mit Steuerung versuchen Sie, die Organisation und die Menschen in bestimmte Reaktionen zu zwingen. Wir haben in Teil I des Buches darüber gesprochen, welche zum Teil grotesken Züge das angenommen hat: Organigramme mit immer mehr Kästchen, immer detailliertere Stellenbeschreibungen und stetig dicker werdende Prozesshandbücher. Arbeitszeit, Arbeitsgeschwindigkeit, Budgets, Qualität, private Nutzung des Telefons – kaum etwas bleibt von Kontrollen verschont. In den letzten 100 Jahren haben wir diese Art der Steuerung immer weiter perfektioniert.

Das kann schon lustige – oder eben nicht so lustige – Blüten treiben. Neulich habe ich das wieder erlebt, ganz direkt, bei uns zu Hause: Mein Mann, der an einer Universität tätig ist, kam nach Hause und stellte seinen Rucksack mit Schmackes auf der Treppe ab. Das macht er normalerweise nicht, er ist eher ein ruhiger Zeitgenosse. Was war passiert? Er hatte für eine Dienstreise nach Basel die Reisekosten abgerechnet und Erstattung beantragt. Nun war das Formular wieder auf seinen Schreibtisch geflattert, mit einer rot markierten Stelle: »Hier fehlt die Begründung« war dort zu lesen. Begründung wofür? Für die Notwendigkeit, um 23 Uhr, nach einem 17-Stunden-Tag, vom Flughafen ein Taxi nach Hause genommen zu haben, das eine Viertelstunde für die 11 Kilometer braucht, und nicht mit Bus und Bahn gefahren zu sein, was um die Uhrzeit ungefähr eine Stunde länger dauert?

Mein Mann war ziemlich aufgebracht, war er doch durch seine Reiseplanung gegenüber dem laut Richtlinie vorgesehenen Kostenrahmen mehrere Hundert Euro günstiger unterwegs: Der Flug war günstiger als eine Reise mit der Bahn, und er konnte auf Übernachtungen in Basel gänzlich verzichten. Er hatte einen sehr langen Tag in Kauf genommen und sollte nun begründen, weshalb er für 25 Euro ein Taxi nimmt? »Das nächste Mal«, schnaubte er, »schreibe ich dahin, dass ich das Taxi gewählt habe, weil der Limousinenservice nicht zur Verfügung stand.«

Dann mussten wir beide lachen – aber witzig war das eigentlich nicht, weder für meinen Mann noch für die Universität.

Alle diese klassischen Steuerungselemente wie Reisekostenvorschriften scheinen automatisch zu entstehen, wenn eine Organisation größer wird. Der Organisationsforscher Friedrich Glasl nennt das die Bürokratisierungsfalle. Ich finde diese Bezeichnung sehr treffend, und gleichzeitig klingt sie mir zu negativ, fast abwertend. Denn wie gesagt: Alles, was in einer Organisation an Strukturen, Prozessen und Regeln entstanden ist, ist der Versuch, mit den Herausforderungen, die sich dem System stellen, umzugehen. Es ist Mode geworden, diese Lösungsversuche als blöd darzustellen, den »Schwachsinn« in den Organisationen zu verurteilen,

> **Steuerung funktioniert nicht mehr. Wir brauchen Gestaltung statt (Er-)Zwingen.**

gern auch zum Gegenstand von Satire und Polemik zu machen. Das macht natürlich irgendwie Spaß, sich gemeinsam zu amüsieren, wie idiotisch das doch alles ist – und es entlastet ungemein. Vermutlich erträgt manch einer den Wahnsinn nur noch mit Humor und Zynismus. Das ist verständlich und hilft auch erst mal dabei, in solchen Systemen zu überleben. Also sind die zynischen Reaktionen ihrerseits schon auch klug, denn sie sind ein Ventil für so manchen Frust.

Diese Reaktionen weisen allerdings gleichzeitig darauf hin, dass die Lösungsversuche der Organisationen einen sehr hohen Preis haben: Die Mitarbeiter sind überlastet und genervt, verlieren den Bezug zu ihrer Tätigkeit. In Unternehmen dauert vieles lange, Innovationen bleiben aus, Kunden wenden sich Wettbewerbern zu und Erträge sinken. Diese »Preise der Lösung« werden immer spürbarer, was vor allem an der stetig weiterwachsenden Komplexität liegen dürfte. Dadurch wird immer klarer, dass Steuerung nicht mehr funktioniert und wir etwas anderes brauchen: statt des steuernden (Er-)Zwingens viel mehr Gestaltung. Doch was bedeutet das?

# Macht doch, was Ihr wollt?

Die Leitmaxime des Gestaltens lautet für mich: Respektiere die Autopoiese der Systeme und ihre komplexe Dynamik – bei allem, was du tust. Greifen wir noch einmal das Beispiel der Reisekostenvorschriften auf: Bestimmt erinnern Sie sich an Heiko, den Personaler aus dem letzten Kapitel, der die detaillierten Vorschriften abgeschafft und stattdessen das eine Prinzip »Reise intelligent« eingeführt hatte? Er hatte das gemacht, was ich unter »gestalten« verstehe, denn er hatte nicht versucht, bestimmte Regeln eins zu eins einzuführen und durchzusetzen, sondern der Organisation und den Menschen überlassen, was sie aus der Leitlinie »Reise intelligent« machen. Einzelne konnten entscheiden, was sie »intelligent« finden – wie mein Mann es sich bei seinem Trip nach Basel gewünscht hätte. In Heikos Organisation haben sich nach und nach Maximen herausgebildet, was »intelligent« ist, und ob dabei lediglich ökonomische oder auch ökologische und soziale Aspekte eine Rolle spielen: All das hatte Heiko nicht vorgegeben.

Heißt das nun, ich empfehle Ihnen, für das, was ich unter »gestalten« verstehe, auf Organisation und Prozesse weitgehend zu verzichten und so wenig Strukturen wie möglich in die Organisation einzuziehen? Sollten Sie am besten auch gleich Managerposten abschaffen und Ihre Abteilungen einstampfen? Wäre das dann Gestaltung, die Autopoiese respektiert? Nein, das ist ein häufiger Trugschluss. Wenn Strukturen, Vorgaben und Prozesse abgeschafft werden, organisiert sich das System zwar schon selbst – nur tut es das selten in gewünschter Art und Weise. Es treten dann neue erhebliche Nebenwirkungen auf, das habe ich in so manchem Unternehmen miterlebt. Das Muster, das ablief, war immer ähnlich: Zuerst freuten sich alle, dass sie nun »selbstorganisiert« arbeiten durften.

Doch dann kamen Fragen auf: Wer entscheidet worüber? Wie entscheiden wir? Wie messen und würdigen wir Leistung? Was ist überhaupt Leistung bei uns? Wer sieht, was ich tue? Wer kauft die neue Maschine? Wer legt die Gehälter fest? Wann und wie bekomme ich eine Gehaltserhöhung? Sie merken schon, die Fragen hörten gar nicht mehr auf. Da viele davon unbeantwortet blieben, brach Chaos aus, die Koordination fehlte, es waren unglaublich viele Nachfragen nötig, Schleifen um Schleifen wurden gedreht. Aus der guten Idee der Selbstorganisation war etwas anders geworden, das zwar ähnlich klingt und doch etwas ganz anderes bedeutet: Selbstüberlassung. »Macht doch, was ihr wollt« war zur Leitlinie geworden.

Und das hat Folgen: Die Mitarbeiter fühlen sich in vielen Fällen orientierungslos und verunsichert angesichts all der Fragen, die in so einem Moment auftauchen. Alle rennen durcheinander, versuchen Informationen zu bekommen und Entscheidungen herbeizuführen. Anfangs zumindest, später sitzen sie vielleicht nur noch da und wünschen sich die alten Strukturen und jemanden zurück, »der sagt, wo es langgeht«. Das ist ein typisches Zeichen dafür, dass der Grad an Selbstüberlassung zu hoch und der an Selbstorganisation zu niedrig ist. Häufig sehen sie auch, dass es an einer ausreichend stabilen Basis fehlte, auf deren Grundlage die Veränderungen überhaupt erst möglich geworden wären.

Für die Menschen in den Unternehmen, in denen das so läuft, bedeutet das viel Stress und große Herausforderungen, und natürlich leidet auch die Organisation selbst. So ein Wirrwarr hat Folgen, Innovationskraft, Effektivität und Effizienz leiden.

Am Ende ziehen viele das Fazit, dass das nichts taugt mit dieser Selbstorganisation. »Was für ein Quatsch!«, hörte ich dann manchmal. Aber nicht alle geben an dieser Stelle auf, sondern manche beginnen etwas zu verstehen, was im ersten Moment wie ein Widerspruch klingt: Sie spüren, dass auch Selbstorganisation sich eben nicht »von selbst« organisiert, sondern dass sie von allen Beteiligten organisiert werden muss. Nur wie? Wer von Ihnen nun Bücher von Reinhard Sprenger, Lars Vollmer oder Stefanie Borgert gelesen hat oder so manche Diskussion in der »New-Work-Szene« verfolgt – wir sprachen am Ende des ersten Teils schon darüber –, könnte auf die Idee kommen, es sei ausreichend, Strukturen und Prozesse zu verändern, dann ereigne sich Selbstorganisation quasi von allein.

## Menschen und Strukturen

Die Empfehlungen, unbedingt an den Strukturen des Unternehmens zu arbeiten, klingen oft so, als wäre das absolut ausreichend, das Verhalten der Menschen würde dann folgen, und zwar in günstiger Weise. So die Argumentation, die ich häufig lese. Doch das ist ein Irrtum.

Solche Erklärungsmuster bringen durchaus provokante Schlagzeilen hervor, keine Frage. Neulich blieb ich in dem von mir wegen der oft streitbaren Beiträge sehr geschätzten Blog von intrinsify, dem Netzwerk für Neue Arbeit, an einer Überschrift hängen. Sie lautete »Wer Kollegen respektieren will, muss sie ignorieren«. Das machte mich erst einmal neugierig. Mark Poppenborg, der Autor, schilderte eine Geschichte, wie sie jeden Tag hundertfach in unseren Unternehmen vorkommt. Vertrieb und Entwicklung bekommen sich in die Wolle: weil die einen vermeintlich keine Ahnung von den technischen Möglichkeiten und Grenzen haben und dem Kunden das Blaue vom Himmel versprechen, und weil die anderen angeblich von eben jenen Kunden schlicht keine Ahnung haben, da sie doch nie mit ihnen reden. Die beteiligten Personen streiten, der Chef versucht zu vermitteln, und am Ende schmollen alle. Mark behauptet nun: »Schuld an der Uneinigkeit zwischen Teamleiter im Support und der Regionalleitung im Vertrieb sind also nicht ihre Rollenträger, sondern die Struktur, von der sie Gebrauch machen.« Er sagt also, es läge überhaupt nicht an den beteiligten Menschen, dass sie in Streit geraten, sondern allein an den Strukturen. Die Typen mussten sich doch streiten!

Doch stimmt das? Die Beteiligten hätten doch etwas ganz anderes tun können: sich hinsetzen und sich die Zeit nehmen, dem anderen zuzuhören und seine Sichtweise nachzuvollziehen. Dabei könnten sie herausfinden, wie die Strukturen zu ihrem Konflikt beitragen und welche anderen Faktoren möglicherweise ebenso eine Rolle spielen. Dann könnten sie überlegen, was sie selbst tun können, um mit dem Konflikt umzugehen, welche Veränderungen sie anstoßen könnten und was sie eher hinnehmen müssten.

Keine Frage, Strukturen sind mächtig und das gehört viel mehr in den Blick. Unser Verhalten ist immer auch kontextabhängig – aber eben nur auch und nicht ausschließlich. Deshalb ist für mich klar: Allein in den Strukturen die Ursachen für ein Problem zu suchen, greift viel zu kurz. Denn was auch immer Sie in einem Unternehmen tun, Sie bekommen es mit autopoietischen Wesen – den Menschen – zu tun. Es ist eben nicht nur so, dass eine Organisation sich aus sich selbst heraus organisiert, wir Menschen tun das auch, in jeder Sekunde wieder neu. Wir sind keine Objekte, die sich an Strukturen einfach nur anpassen, sondern wir antworten in unserer ganz eigenen Art und Weise auf solche Impulse von außen. Es gibt weder im System Unternehmen noch in uns Menschen Ursache-Wirkungs-Beziehungen. Deswegen müssen alle Interventionen, die auch nur im Entferntesten von der Annahme solcher Beziehungen ausgehen, früher oder später scheitern. Bitte vergessen Sie solche einfachen Muster à la »Ändere die Strukturen und alles wird gut«. Es gilt eher »Ändere die Strukturen und studiere gespannt, was sich ereignet«. Dieses neugierige Studieren der Auswirkungen ist unabdingbar.

Das hat auch die Geschäftsführung eines mittelständischen Beratungsunternehmens mit rund 80 Mitarbeitern aus Hamburg erfahren müssen. Inspiriert von eben diesen »New-Work-Diskussionen« hatten die drei Geschäftsführer entschieden, Zielvereinbarungen und Boni komplett abzuschaffen. Gesagt, getan. Es gab nun ein um die durchschnittlichen Boni erhöhtes Grundgehalt, Zielvereinbarungen fielen ersatzlos weg. Die Reaktion der Mitarbeiter war gemischt: Einige fanden es gut, weil diese Boni sie schon immer genervt hatten, anderen fehlte der Anreiz und sie murrten ein wenig. Unter dem Strich war die Stimmung aber verhalten positiv und man startete einigermaßen frohen Mutes in das neue Geschäftsjahr.

Doch die Freude währte nicht lange. Schon im März kam es in den Teamsitzungen zu erbitterten Streits darüber, wer denn nun welchen Auftrag akquiriert hatte, wer ihn »bekommen« sollte, wer schon wie viele Kundentage hatte und so weiter. Dabei hing doch davon kein Bonus mehr ab, und man sollte meinen, dass all diese Messgrößen nun gar nicht mehr relevant waren. Das war aber offenbar nicht der Fall. Die Geschäftsführer waren ratlos. Als wir die Situation gemeinsam mit den Mitarbeitern reflektierten, kam heraus: Die Zielvereinbarungen hatten für eine Klarheit gesorgt. Hatte jemand 100 Tage gemacht, hatte er sein Ziel erreicht und würde seinen Bonus bekommen. Nun aber gab es »nur noch« das Grundgehalt. Jetzt hatte jeder Berater das Gefühl, der Beste sein zu müssen, um bei der nächsten Gehaltsverhandlung entsprechend punkten zu können.

Die Abschaffung der Boni hatte Konkurrenz genährt, statt wie gewünscht zu mehr Kooperation beizutragen. Unter den weitreichenden Folgen von Anreizsystemen, über die wir bereits einige Male sprachen, ist für mich die gravierendste, dass Kooperation leidet: Wann immer komplexe Aufgaben zu bewältigen sind, geht es nur gemeinsam. Lauter Einzelkämpfer für sich bekommen das nicht hin – schon gar nicht, wenn sie nur darauf fokussiert sind, besser zu sein als die andere, und dabei aus dem Blick verlieren, was für das große Ganze gerade erforderlich ist.

Was aber bei den Beratern gefehlt hatte? Vor allem Beteiligung der Mitarbeiter an der Entscheidung und die Gelegenheit, die Folgen dieser Prozessveränderung und das eigene Verhalten zu reflektieren. Nachdem die drei Chefs dafür Raum geschaffen hatten, legten sich die Konkurrenzkämpfe, und nach einem etwas flauen Quartal legten die Umsätze des Beratungshauses danach umso deutlicher zu.

> **Strukturveränderungen, neue Prozesse oder die Abschaffung gewohnter Instrumente fallen nicht vom Himmel.**

Die Abschaffung des Bonussystems blieb auch nicht die einzige Veränderung bei den Beratern: Sie haben auch das Einstellungsverfahren geändert und nach und nach formale Führungspositionen abgeschafft. Bis es so weit war, haben die Berater viele Gespräche in kleinen und größeren Runden geführt und mitunter auch ganz schön miteinander gerungen. Das zeigt für mich deutlich: Strukturveränderungen, neue Prozesse oder die Abschaffung gewohnter Instrumente fallen nicht vom Himmel, jemand muss sie anstoßen und gestalten.

## Selbstorganisation ist Selbsterfahrung

Das scheint doch öfter mal aus dem Blick zu geraten, zum Beispiel wie bereits erwähnt bei Reinhard Sprenger, der schreibt, dass es »leicht und sofort« möglich ist, den institutionellen Rahmen zu ändern. Verstehen, was gut ist – Entscheidung treffen – anders machen – läuft? Ich habe Zweifel. Denn was mir immer wieder auffällt: In den Sätzen, in denen es um diese vermeintlich einfachen Änderungen des institutionellen Rahmens geht, fehlt grundsätzlich das Subjekt. Es ist gar nicht klar, wer handelt oder handeln sollte. Doch darum muss es doch gehen: Wie kommt überhaupt ein Unternehmer, ein Vorstand oder eine Schulleiterin zu der Entscheidung, auf formale Führungspositionen zu verzichten, Beurteilungssysteme abzuschaffen oder Lehrerkonferenzen vom Kollegium gestalten zu lassen? Auf dem Weg vom intellektuellen Verstehen, dass so ein Schritt hilfreich sein könnte, bis zur Handlung passiert einiges.

Diese Akteure bekommen es nicht zu knapp mit sich selbst zu tun, davon berichteten sie unisono in unseren Gesprächen. Jede und jeder von ihnen erzählte, dass sehr widersprüchliche Gedanken auftauchten. Bevor zum Beispiel eine Lehrerkonferenz in die Hände des Kollegiums wandert, findet erst einmal ein kontroverser innerer Dialog im Kopf der Schulleiterin statt. Sie kennen solche inneren Dialoge vermutlich auch, die gehen immer dann los, wenn eine Situation nicht einfach ist, es viel zu bedenken gibt. Da sind keineswegs alle inneren Stimmen sofort einig. Jeder will was und schlimmstenfalls reden alle durcheinander. Das ist in der Innenwelt ähnlich wie in Teams da draußen, da gibt es ja oft eine Meinungsvielfalt.

Diese unterschiedlichen Stimmen erst einmal zu hören und zu entwirren, ist bereits ein großer Schritt. Nicht selten tauchen in solch unübersichtlichen Situationen auch ängstliche Seiten auf. Schließlich könnte die ganze Geschichte schieflaufen, und demjenigen im inneren Team, dem professioneller Erfolg wichtig ist, geht der Arsch auf Grundeis ob so eines Wagnisses. Hört die Schulleiterin nun an dieser Stelle vor allem auf dieses Teammitglied mit seinen Bedenken, könnte die Idee mit der Lehrerkonferenz in Kollegenhand hier bereits Geschichte sein, bevor jemand davon erfahren hat. Trifft sie die Entscheidung für den Vorschlag, die Lehrerkonferenz in die Hände der Kollegen zu geben, »einfach so« und übergeht sie diesen angesichts dieser Idee ängstlich werdenden »Mr. Professionell«, wird der stänkern, sabotieren, verweigern … – eben das, was auch Menschen machen, die sich übergangen fühlen. Da hilft nur, was sonst in Teams auch hilft: zuhören, fragen, was jeder braucht, Vorschläge machen – bis eine Lösung steht, die alle Beteiligten mittragen. Ungewohnter Umgang mit sich selbst, ich weiß.

Sich so einen inneren Prozess bewusst zu machen und damit umzugehen, ist echt Arbeit und nicht immer angenehm, denn Sie werden sich dabei unweigerlich selbst begegnen. Ihren mutigen und ängstlichen Seiten, den rationalen und den emotionalen, den sicheren und den unsicheren. Immer alles dabei, ob Sie wollen oder nicht.

Wie Gunther Schmidt von sysTelios es ausdrückte: »Selbstorganisation ist auch Selbsterfahrung, und zwar permanenter Art.« Unterschätzen wir diesen Teil nicht, wenn wir behaupten, institutionelle Rahmen seien »leicht und sofort« veränderbar. Dazu muss jemand Impulse setzen – und dieser Jemand wird seinen Gewohnheiten und Mustern, seinen Wünschen und Werten begegnen, die wesentlich beeinflussen, welche Impulse er zu setzen imstande und willens ist.

Das klingt anspruchsvoll? Stimmt. Deswegen sind die Pioniere so wichtig, die losgehen und – auf ihre leise Art und Weise – Kontexte so gestalten, dass es für alle einfacher wird, neue Impulse zu setzen. Denn das Potenzial dazu steckt einfach in uns Menschen, davon bin ich überzeugt. Und je mehr das tun, desto einfacher wird es für alle. Und doch höre ich immer wieder die Frage, ob es besondere Persönlichkeiten braucht, um selbstorganisiert zu arbeiten.

## Die können das!

In Gesprächen, die ich mit Unternehmern oder Führungskräften führe, klingen sehr oft Zweifel durch, ob ihre Mitarbeiter das können – so selbstorganisiert und mit hoher Eigenverantwortung arbeiten. Ich habe schon darüber gesprochen, dass ich mich immer ein wenig über diese Zweifel wundere, denn wir alle organisieren unseren Familienalltag, bauen Häuser, planen Reisen, führen Vereine, begleiten Kinder auf dem Weg ins Leben. Und da sagt uns doch letztlich auch niemand, was wir tun sollen. Auch wenn mir hin und wieder Menschen begegnen, die sich sehr wünschen, dass ihnen jemand die eine oder andere Entscheidung abnimmt, gilt doch unter dem Strich: Wir warten in unserem privaten Leben nicht auf Anweisungen – weshalb sollten wir es im Job tun?

Landauf, Landab habe ich erlebt, dass die Zweifel unbegründet sind, zum Beispiel bei Siemens in Berlin, aber nicht nur dort: Mitarbeiter können das! Wenn Sie es ihnen zutrauen. Das ist die zentrale Voraussetzung. Da sind wir wieder beim Menschenbild und der Wirkung der Annahmen, von denen wir ausgehen, wenn wir anderen Menschen begegnen.

»Meine Leute wollen das aber gar nicht«, ist ein weiterer Einwand, den ich nicht ganz selten höre. Mir wird dann berichtet, die Mitarbeiter würden immerzu fragen, was zu tun sei, würden keinerlei Eigeninitiative zeigen und keine Verantwortung übernehmen. Und wissen Sie was? Wenn ich den Schilderungen so zuhöre, kann ich nachvollziehen, dass bei den Chefs, die mir so etwas erzählen, der Eindruck entsteht, sie hätten es mit faulen, verantwortungslosen Mitarbeitern zu tun, die bestimmt vieles wollen, aber nicht selbstorganisiert arbeiten.

Doch sind die so oder verhalten die sich bloß so? Kontrolle und detaillierte Vorgaben – wie bei den schon erwähnten Reisekostenrichtlinien – sind starke Einladungen an die Mitarbeiter, sich das eigenständige Denken abzugewöhnen. Ich sage sehr bewusst »Einladungen«, denn so zwangsläufig, wie Mark Poppenborg das sieht, ist es für mich eben nicht, dass sie nicht mehr eigenständig denken. Bloß sehr wahrscheinlich. Denn sie ecken damit nur an, also lassen sie es und fragen lieber, was sie machen sollen. Das Hamsterrad aus Prozessen, Vorgaben und Verhalten dreht sich mit Schwung: Die Richtlinien werden immer noch nicht eingehalten? Also werden die Kontrollen verschärft. Das sehen die Mitarbeiter. Was ist dann wahrscheinlicher? Dass die Mitarbeiter mehr Verantwortung übernehmen oder weniger? Eben.

Leider ist es ja manchmal sogar so, dass Menschen von sich selbst glauben, sie seien zu Eigeninitiative und Verantwortung nicht (mehr) in der Lage. Erinnern Sie sich an die Studierenden einer norddeutschen Hochschule, von denen ich im Kapitel »Fesseln in Schulen« erzählt habe? Die mehrheitlich von sich sagten, sie wünschten sich Ansagen und würden ungern Verantwortung übernehmen? Das ist und bleibt dramatisch! Wenn wir diese jungen Menschen schon in den Ausbildungsinstitutionen dazu einladen, sich das Denken abzugewöhnen, weshalb wundern wir uns dann über Mitarbeiter, die keine Verantwortung übernehmen? Die haben das einfach nicht anders gelernt. Deswegen ist es manchmal alles andere als einfach, wenn in einem Unternehmen mehr und mehr nach den Prinzipien der Selbstorganisation gearbeitet wird – weil dafür Gewohnheiten verändert werden müssen. Und weil Menschen mehr und mehr ihre persönlichen Antworten auf die Einladungen des Systems finden müssen. Es geht nicht mehr so einfach, sich darauf zurückzuziehen, dass sie ja gar nicht anders handeln könnten. Doch, sie könnten.

Das alles klingt nach ganz schön viel Arbeit und Mühe, meinen Sie? Ja, Sie haben recht. Für mich bedeutet Selbstorganisation mehr, nicht weniger Organisation!

## Mehr aushandeln

»Was? Noch mehr Organisation? Wieso das denn?« – Ich kann mir Ihre Reaktion gut vorstellen, denn in vielen und gerade in großen Unternehmen herrscht gefühlt kein Mangel an Organisation. Eher im Gegenteil, alle stöhnen über langwierige Prozesse, viel zu viele Vorgaben und überbordende Bürokratie. Da wird übersteuert und gleichzeitig untergestaltet. Aber nun hat Steuerung natürlich auch Funktionen. Sie sorgt für Koordination, Kohärenz und Klarheit. All das muss in Selbstorganisation auch stattfinden, nur eben ohne die üblichen Vorgaben und Ansagen mit ihren hohen Preisen.

Das sagt zum Beispiel sehr deutlich Thomas Ditzer, der Unternehmensentwickler der DB Systel, den Sie nun schon ein wenig kennen. Er betont, dass der Koordinationsaufwand zunächst enorm gestiegen war, als mehr und mehr Teams in Selbstorganisation arbeiteten. »Je mehr Menschen Eigenverantwortung übernehmen, desto mehr müssen wir miteinander aushandeln«, fasst Thomas zusammen. Und es dauert, bis dieses Aushandeln eingeübt ist. Doch es sind gleichzeitig genau die hierbei erworbenen Kompetenzen, die die Teams befähigen, in einer dynamischen, veränderlichen Umgebung einen Wert für Kunden zu schaffen. »Es ist jetzt mehr Aufwand«, sagte Thomas zum Schluss unseres Gesprächs, »spürbar mehr. Doch es lohnt sich, denn Leidenschaft, Energie und Effektivität sind enorm gestiegen.« Als er das sagte, war deutlich zu spüren, welche Kraft von diesen Entwicklungen ausgeht.

Diese Kraft können Sie auch bei sysTelios erleben. In der Odenwälder Klinik mit ihren 180 Mitarbeitern entsteht natürlich ebenfalls der eine oder andere Abstimmungsbedarf. Zwar sind Therapeuten und Ärzte in sogenannten Kleinteams organisiert, die jeweils für eine Gruppe von neun Klienten zuständig sind und sehr autonom entscheiden und handeln können. Aber es gibt doch immer wieder was in größerem Rahmen zu klären: Die Therapeuten brauchen eine Information aus der Küche, die Ärzte vom medizinischen Team, das Aufnahmeteam von den Therapeuten und so weiter. Statt nun genaue Kommunikationsstrukturen festzulegen, Jours fixes zu etablieren oder Berichte zu kreieren, gibt es einen Rahmen für solche Klärungen: das »Mittagsteam«.

Das können Sie jeden Tag um 12.45 Uhr in Siedelsbrunn beobachten. Es duftet schon überall nach Essen, und dennoch bewegt sich ein Großteil der anwesenden Mitarbeiter nicht zu Tisch, sondern in die »Halle«. Da sitzen dann schon mal 80 Menschen: Ärztinnen, Therapeuten, Vertreterinnen des medizinischen Teams – die woanders Krankenschwestern heißen würden, hier nicht, denn es gibt ja bei sysTelios keine Kranken – Geschäftsführerinnen, Haustechniker, Servicekräfte, die beiden ITler.

Wer immer etwas zu sagen oder zu fragen hat, hebt die Hand, und einer nach dem anderen trägt sein Anliegen vor: Der Eigenbericht eines zukünftigen Klienten muss gelesen und ein Gespräch mit ihm geführt werden? Ein Therapeutenteam wünscht sich Supervision? Eine Vertretung für einen kranken Musiktherapeuten muss gefunden werden? Eine Besuchergruppe soll am Nachmittag durchs Haus geführt werden? Regelt sich alles sofort an Ort und Stelle – und die Klärung dauert selten länger als 20 Minuten. Nach diesem »Mittagsteam« stürmen alle das Buffet und beim Essen werden weitere Gespräche geführt. Nie bekommt dabei jeder alles mit – was aber auch nicht erforderlich ist, denn Informationen finden immer ihren Weg durch die Organisation. Das mag chaotisch anmuten und manchmal hat es auch etwas davon, doch insgesamt funktioniert das erstaunlich gut – so mein Eindruck nach mehr als fünf Jahren enger Kooperation mit den Kollegen von sysTelios.

> Abstimmungen finden nicht in festgelegten Bahnen statt, sondern so, wie es sich ergibt, und im Vertrauen auf gute Lösungen.

Das »Mittagsteam« ist für mich sinnbildlich für ein bei sysTelios an allen Ecken und Enden auftauchendes Gestaltungsprinzip: dafür sorgen, dass etwas stattfinden kann, ohne dass der genaue Weg und der Inhalt schon vorgegeben wären. Die notwendigen Abstimmungen und Koordinationen finden nicht in festgelegten Bahnen statt, sondern so, wie es sich gerade ergibt, und im Vertrauen darauf, dass sich gute Lösungen finden.

Die Hausführung hat übrigens seinerzeit einer der ITler, Christian, übernommen. Ich war dabei, weil die Besucher die Teilnehmer eines unserer AUGENHÖHElabs waren, mit dem wir regelmäßig zu Gast in Siedelsbrunn sind. Ich hatte Christian vorher noch nie bei einer Hausführung erlebt – und war baff: Er konnte detailliert Auskunft geben über das therapeutische Konzept und die zugrundeliegenden Haltungen und Theorien, die Rolle, die die Räume dabei spielen, die Überlegungen zum Organisationsdesign, aktuelle Entwicklungen und Visionen – er wusste einfach alles und konnte jede Frage unserer Teilnehmer beantworten. Das ist nicht nur für Besuchergruppen großartig, sondern natürlich auch für Christians tägliche Arbeit bei sysTelios: Er versteht den Laden mit jeder Faser, was ihm seinen Job erheblich erleichtert und den Nutzern der IT so manche Schleife erspart. Lange Abstimmungsmeetings?

Braucht es nicht. Mühsame Diskussionen über ein neues IT-Tool? Entstehen gar nicht erst.

## Nur besser?

Das klingt jetzt leicht so, als wenn mit Selbstorganisation alles besser würde. Überhaupt, in der gesamten New-Work-Diskussion hat es den Anschein, als wäre alles nur glänzend und ausschließlich positiv. Doch so eine Diskussion ist auf einem Auge, dem des Preises, blind. Alles hat immer einen Preis, das ist bei der Etablierung der Prinzipien der Selbstorganisation nicht anders. Selbstorganisation erfordert unter anderem eine vertiefte Auseinandersetzung mit sich selbst, mit den eigenen Bedürfnissen und Mustern. Und mit denen der anderen. All das ist bisweilen anstrengend.

Alle meine Erfahrungen stützen aber meine Meinung: Die Anstrengung lohnt sich. Der Preis, den wir für diese Art der Organisation zahlen, ist niedriger als der für das klassische Modell. Denken Sie nur noch einmal kurz an die – impliziten und expliziten – Kosten der alten Strukturen wie langsame Prozesse, wenig Innovationskraft und nicht selten ziemlich frustrierte Mitarbeiter. Wir können nun entscheiden, welche Preise wir lieber bezahlen. Ich bin parteiisch dafür, dass wir in unserer gesamten Gesellschaft eher die Preise der Selbstorganisation bezahlen – denn dafür bekommen wir mehr. Außerdem kommen wir ohnehin nicht darum herum zu erkennen, dass Menschen und Organisationen autopoietische Systeme sind. Wenn wir unsere Unternehmen so bauen, dass sie dem Rechnung tragen, können wir nur gewinnen.

Doch wie können wir unsere Unternehmen denn nun so bauen, dass sie mehr Raum für Selbstorganisation bieten? Dafür gibt es doch bestimmt schon Modelle, oder? Oder müssen sie etwa alles selbst erfinden? Ähm … ja!

# Selbst denken – selbst machen

Organisationen jedes Mal neu erfinden? Welchen Sinn soll das ergeben, wenn es doch Erfahrungen von Unternehmen gibt, die schon andere als die klassischen Wege gegangen sind und deren Erfahrungen Modell geworden sind:»Holokratie«, »Teal Organizations«, »Kollegiale Führung« – um nur einige zu nennen. Das Muster der Entstehung dieser Modelle ist immer relativ ähnlich: Ein Unternehmer erprobt in seiner Organisation neue Vorgehensweisen, Strukturen und Prozesse. Aus diesen leitet er ein Modell ab, das auf andere Unternehmen übertragbar sein möge. Oder ein Berater betrachtet mehrere Unternehmen, die auf beeindruckende Art und Weise anders funktionieren, und macht aus diesen Beobachtungen ein Organisationsmodell. Es gibt einen regelrechten Boom, die Fangemeinden rund um diese Modelle wachsen stetig, und für nahezu alle dieser Modelle können Sie Ausbildungen besuchen und Zertifikate erwerben, teilweise sind Franchise-Systeme entstanden.

Ein Gedanke taucht dabei immer wieder auf, ja er ist sogar konstituierend: Es sei ein mögliches und hilfreiches Vorgehen, diese Modelle in Organisationen einzuführen, damit diese sich in gewünschter Weise entwickeln. Erfinder und Fans solcher Organisationsmodelle machen uns glauben, dass in der Einführung solcher Modelle die Lösung für den Umgang mit unserer komplexen Welt liege. Doch kann das wirklich gelingen?

## Organisationsmodelle taugen nichts

Wenn wir uns noch einmal die beiden letzten Kapitel in Erinnerung rufen, liegt die Antwort auf diese Frage schon fast auf der Hand: Wir haben gesehen, dass eine Organisation ein autopoietisches System ist. Was im Kern wie gesagt bedeutet: Sie organisiert sich in jedem Moment aus sich heraus immer wieder neu. Daraus folgt, dass sie auf Impulse in nicht vorhersagbarer Weise reagiert. Und das wiederum heißt: Auch wenn der Gedanke noch so verlockend sein mag – Sie können Ihre Organisation nicht steuern! Aber was, frage ich Sie, bedeutet denn die Einführung eines Organisationsmodells? Doch nichts anderes als ein Steuerungsversuch! Es führt kein Weg an der Erkenntnis vorbei: Das kann nicht funktionieren!

Nehmen wir als Beispiel Holokratie. Brian Robertson hat dieses Modell Anfang des Jahrtausends für sein damaliges Unternehmen Ternery auf Basis des damals schon 50 Jahre alten Ansatzes der Soziokratie entwickelt. Darin stecken zweifelsohne gute Ideen: Holokratische Organisationen bestehen aus überlappenden Kreisen (statt starrer Linienhierarchie), die es Mitarbeitern ermöglichen sollen, sich flexibler um anstehende Aufgaben zu gruppieren. Führung hängt nicht an einer bestimmten Person, sondern ist eine Rolle, die verschiedene Menschen ausüben. Ein besonderes Augenmerk liegt auf der Art und Weise, wie Entscheidungen getroffen werden – jenseits hierarchischer Vorgaben oder ermüdender Konsensfindung.

> Auch wenn der Gedanke verlockend ist – Sie können Ihre Organisation nicht steuern!

Dabei sind sehr detaillierte Prozesse entstanden. Das Modell gleicht geradezu einem Rezeptbuch, dessen Schritten ein Unternehmen, das Holokratie einführt, am besten eins zu eins folgen sollte. Robertson sagt selbst, man müsse es komplett einführen, sonst ginge es nicht. Der Ansatz soll universal verwendbar sein, das vermitteln auch so einige Holokratieberater. Doch es gibt meines Wissens kein einziges Unternehmen, das Holokratie komplett einsetzt. Wieso auch – wo das doch auch gar nicht gutgehen kann! Denn – Sie kennen meine Begründung jetzt schon – bei autopoietischen Systemen wissen Sie einfach nicht, was als nächstes geschieht. Wenn Sie da mit dem Impuls »Wir machen jetzt Holokratie« um die Ecke kommen, müssen Sie immer mit Überraschungen rechnen, die das Modell nicht vorhergesehen hat und auch nicht vorhersehen konnte.

# Überforderung

Hinzu kommt: Eine der größten Gefahren bei der Übernahme eines Organisationsmodells ist die Überforderung des Unternehmens. Inspiriert von klugen Organisationsmodellen und Erfolgsgeschichten ziehen wohlmeinende Personaler, Organisationsentwickler, Geschäftsführer sowie interne und externe Berater los und beglücken Unternehmen mit den Modellen, von denen sie so angetan sind. Sie stecken andere mit ihrer Begeisterung an, es entstehen kleine und größere Initiativen, etwas zu verändern. Einige dieser Projekte fliegen, die meisten nicht. Zäh verläuft der Prozess zum Beispiel bei einem typischen Familienunternehmen in der vierten Generation, klassischer deutscher Mittelstand. Der junge Geschäftsführer flirtet schon länger mit »New-Work-Ideen«, besucht Veranstaltungen, liest einschlägige Blogs und Bücher und engagiert Berater. An Energie seinerseits mangelt es nicht. Doch schon seine Kollegen in der Geschäftsleitung können ihm kaum folgen und die Mitarbeiter verstehen nicht, wo die Reise hingehen soll. Es fängt schon damit an, dass viele im Unternehmen das Menschenbild hinter den Ideen des Geschäftsführers nicht teilen, wie mir in Gesprächen mit einigen der Beteiligten deutlich wurde. Fehlt aber eine solche Basis, wird es verdammt schwer, Entwicklungen anzuregen.

Ist eine Organisation nicht vorbereitet auf die Annahmen und Erkenntnisse, die in einem Konzept oder Modell liegen, liegt das Scheitern näher als der Erfolg. Auf den ersten Blick ist dabei gar nicht immer erkennbar, welche Tragweite die in einem Organisationsmodell vorgeschlagenen Prozesse haben. Die Nutzung von Holokratie oder »Kollegialer Führung« bedeutet zum Beispiel die Abschaffung formaler Führungspositionen. Das ist kein kleiner Eingriff in ein Unternehmen und klappt sicher nicht mal eben »nebenbei«. So eine Veränderung braucht eine ganze Menge Vorbereitung, bevor überhaupt nur darüber nachgedacht werden kann, einen Versuch in diese Richtung zu wagen. Und einen langen Atem, diesen Weg zu gehen.

Noch schwieriger wird es, wenn schon zentrale Annahmen eines Modells im eigenen Haus gar nicht geteilt werden. Wenn Sie zum Beispiel Scrum, ein Modell agiler Arbeit, einsetzen wollen, müssen in Ihrem Haus die Ideen anerkannt sein, dass Menschen aus sich heraus motiviert sind, beitragen wollen und in der Lage sind, sich selbst zu organisieren – um nur einige aufzuzählen. Herrscht aber doch irgendwie das Denken, dass man Menschen zum Jagen tragen (und ihnen Boni zahlen muss …), damit sie arbeiten, dann wird das mit dem Scrum eben schwierig. Sie brauchen für eine Übernahme eines Organisationsmodells einen Laden, in dem die zugrunde liegenden Annahmen weitgehend geteilt werden und einer signifikanten Anzahl wichtiger Akteure als Basis für ihr Handeln dienen. Sie brauchen die Bereitschaft, Praktiken und Strukturen, die im Organisationsmodell angelegt sind, aufzunehmen – und idealerweise mindestens Teile einer Organisation, die schon ein wenig geübt sind im Anwenden unorthodoxer Vorgehensweisen.

Ich bremse grundsätzlich sehr ungern Elan und Engagement, doch wenn ich mit Menschen über die oft groß erscheinenden Verheißungen eines Organisationsmodells und bevorstehende Modelleinführungen spreche, frage ich immer: »Kann Ihre Organisation dessen Etablierung verkraften?« Oder auch: »Sind zentrale Akteure wirklich Fans der neuen Vorgehensweisen – oder bloß Lippenbekenner?« Dieser zweite Aspekt ist aus meiner Sicht einer der zentralsten – auch weil er großes Frustpotenzial birgt: Jede größere Veränderung in einem Unternehmen braucht echte Fans – und wenn der Laden hierarchisch ist, was ja meistens der Fall ist, hilft es ungemein, wenn diese Fans eher oben sitzen. Und wenn da oben keine Fans sitzen, dann ist das Risiko groß, dass Veränderungen ins Leere laufen.

## Organisationsmodelle – ist das Kunst?

Wenn das nun aber selbst mit echten Fans nicht so einfach ist mit der Übernahme von Organisationsmodellen, wie es Berater gerne anpreisen: Unter welchen Bedingungen kann denn die Übernahme von Organisations- und Vorgehensmodellen überhaupt funktionieren? Das werde ich oft gefragt, und früher habe ich darauf geantwortet: Gar nicht. Meine Empfehlung war immer klar: Finger weg von Organisationsmodellen! Lege ich jedoch meine Erfahrungen und Beobachtungen der letzten Jahre in kleinen wie großen Organisationen über diese strikte Aussage, so ist mir inzwischen klar: Es gibt Ausnahmen von der »Nicht-abgucken-Regel«.

Damit Sie besser nachvollziehen können, wie ich das meine, will ich mit Ihnen noch einmal ein wenig auf die Diskussionen unter sogenannten New-Work-Experten schauen. Denn trotz aller von mir eben genannten Schwierigkeiten werden Organisationsmodelle immer wieder heiß diskutiert. Und in den Diskussionen gibt es so was wie zwei Lager: Zum einen die »Modellfans«, die große Stücke auf Holokratie, Teal und so halten. Sie formulieren Sätze wie »Die Zukunft der Arbeit ist ›teal‹«!« oder analysieren, auf welcher Entwicklungsstufe ein Unternehmen sich befindet und was zu tun ist, damit es die nächste Stufe erreicht. Sie gehen auf in der Modellwelt und interpretieren, was sie sehen, mit der Brille des Modells.

Zum anderen gibt es die Gegner, die mit Verve gegen diese Modelle argumentieren und sie als kompletten Nonsens bezeichnen. Was stimmt denn nun? Meine Meinung dazu ist: weder das eine, noch das andere – oder beides. Denn ja, Sie können diese Organisationsmodelle nutzen – nur anders als von ihren Schöpfern intendiert und anders als viele Berater es glauben machen wollen.

Nein, Organisationsmodelle können nicht zum Einführen, als Blaupause oder Handlungsleitfaden dienen. Aber, so mögen Sie sich fragen, wozu denn dann? Zu irgendwas müssen diese Konzepte doch nützlich sein. Die großen Fangemeinden können sich doch nicht komplett irren?

Nun, wenn Sie in Organisationen schauen, die mit der Philosophie der Holokratie arbeiten, so halten die sich meistens nicht sklavisch an die Vorgaben, sondern haben zahlreiche Modifikationen vorgenommen. So habe ich es unter anderem in der Erprobungsphase bei der Telekom oder auch bei dem österreichischen Hersteller von Zeit- und Überwachungsrelais TELE Haase erlebt. In der Erprobung bei der Telekom zeigte sich zum Beispiel, dass durch die sehr sachorientierten, strukturierten Meetings, wie das Konzept der Holokratie sie vorsieht, das Zwischenmenschliche zu kurz kommt. Dafür haben die Bonner dann weitere Räume geschaffen, in denen die eher emotionalen Aspekte Platz haben.

Und das, finde ich, ist auch der ideale Umgang mit solchen Modellen. Für mich sind Organisationsmodelle nämlich mittlerweile so etwas wie Kunstwerke. Und dabei denke ich daran, was wir mit Kunstwerken machen. Wenn Sie eine Ausstellung besuchen, wie gehen Sie mit den präsentierten Werken um? Zunächst einmal werden Sie sie betrachten, einige eher oberflächlich, andere eingehender. Woran bleiben Sie hängen? Vermutlich an Werken, die eine spürbare Resonanz auslösen – die Sie freuen, ärgern oder irritieren. Mit solchen Werken setzen Sie sich vielleicht anschließend intensiver auseinander, fragen sich, wozu es Sie anregt, wie es Ihren Blick auf Ihre Welt verändert.

Ein Betrachter hingegen, der das Bild nicht als Quelle der Inspiration, sondern als Vorlage für eine Kopie des Bildes betrachtet – zum Beispiel ein Fälscher – wird eher Fragen stellen wie:»Wie hat der Künstler gearbeitet?«,»Welche Farben und Techniken nutzt er?« oder»Welche Werkzeuge hat er eingesetzt?«

Na gut, Kunstwerke sind nicht als Vorlagen gemacht, mögen Sie einwenden, aber Organisationsmodelle eben schon. Stimmt, sie wurden dafür gemacht, nur taugen sie dafür eben nicht! Ich bin mir sicher: Es ist nicht der Nutzen eines Organisationsmodells, dass es eine Vorlage bietet, die übertragen werden kann. Es geht nicht darum, das Modell genau zu verstehen, seine Prozesse zu durchdringen und eins zu eins in der eigenen Organisation umzusetzen.

Ähnlich verhält es sich mit den Geschichten, die Sie in unseren AUGENHÖHE-Filmen sehen. Auch da geht es nicht darum, die einzelnen Beispiele im Detail zu verstehen. Es kam häufiger vor, dass Betrachter das Gesehene als Best Practice interpretierten und die Filme in dieser Weise auswerteten. Sie suchten in den Geschichten nach den erfolgversprechenden Praktiken und Prozessen, um diese auch in ihrer Organisation einsetzen zu können.

Das ist nur zu verständlich: Wir suchen als Menschen nach Ursache-Wirkungs-Zusammenhängen und nach Mustern, um uns in dieser komplexen Welt zurechtzufinden. Das ist auch sehr hilfreich – solange Sie das, was Sie dabei finden, nicht als Best Practice interpretieren. Weder Modelle noch Geschichten sind Best Practice, nicht einmal Good Practice. Sie sind lediglich Beispiele, wie ein Unternehmen die sich ihm stellenden Herausforderungen löst – und das können Sie als Inspiration und Ermutigung nutzen. Das ist ein Nutzen der»Organisationskunstwerke« – und der liegt auf anderen Ebenen als der konkreten Handlungsebene, wie wir im Folgenden sehen werden.

## Inspiration und Ermutigung

In dieser Weise als Kunstwerke genutzte Organisationsmodelle erweitern den Raum der Möglichkeiten, es werden Dinge vorstellbar, die Sie vielleicht vorher noch für unmöglich gehalten haben. Zum Beispiel, wenn Sie von Buurtzorg lesen, einer Teal-Organisation, die Frederic Laloux in seinem Buch»Reinventing Organisations« beschreibt.

Mich faszinierte diese Geschichte des ambulanten Pflegedienstes Buurtzorg von dem Moment an, als mir 2010 das Buch des Gründers Jos de Blok in die Hände fiel. Schon der Titel spricht Bände:»menselijkheid boven bureaucratie« – Menschlichkeit vor Bürokratie. Jos hat Buurtzorg aufgrund seiner eigenen Erfahrung als Alten- und Krankenpfleger gegründet. Er war frustriert von immer mehr Vorgaben und immer weniger Zeit für die Menschen, um die er sich kümmern wollte. Folgerichtig suchen Sie minutiös aufgestellte Tagespläne, strikte Kostenvorgaben und Ähnliches bei den Niederländern vergeblich. Stattdessen arbeiten die Pflegekräfte in Teams von zehn bis zwölf Menschen selbstorganisiert zusammen. Dieses Team betreut gemeinsam die Klienten einer Nachbarschaft – daher auch der Name des Unternehmens:»buurt« bedeutet Nachbarschaft, Stadtviertel.

**Keine Abteilungen, keine Teamleiter, keine Management-Meetings, keine Controlling-Abteilung – nichts!**

Einen Chef oder eine Chefin gibt es nicht, typische »Chefaufgaben« werden unter den Teammitgliedern aufgeteilt. Unterstützt werden die Teams bei Bedarf von Teamcoaches, die bei Fragen der Zusammenarbeit beraten oder helfen, Konflikte zu klären. Ein Coach betreut bewusst so viele Teams, dass es schon rein quantitativ gar nicht möglich wäre, doch durch die Hintertür de facto zum Chef dieser Teams zu werden – zumindest nicht so, dass jemand die Rolle in sinnvoller Weise ausfüllen könnte.

Mit vier Pflegekräften 2006 gestartet, arbeiten inzwischen weit über 10 000 Pfleger und Assistenten für Buurtzorg, der Umsatz beträgt um die 300 Millionen Euro. Schätzen Sie mal, wie viele Menschen Sie in der Zentrale des Unternehmens in Almelo antreffen? Branchenüblich wären um die 2500, aber in dem niederländischen Städtchen sitzen gerade einmal 45 Personen, die sich im Wesentlichen um Buchhaltung und Gehaltsabrechnungen kümmern. Mehr nicht, das war's. Keine Abteilungen, keine Teamleiter, keine Management-Meetings, keine Controlling-Abteilung, kein Personalbereich, kein Call-Center. Nichts.

Wenn Sie das genauso faszinierend wie ich finden und auf Ihr Unternehmen übertragen wollen, kommt es allerdings drauf an: Statt angesichts eines Organisationsmodells wie dem von Buurtzorg genau verstehen zu wollen, wie etwas geht und welche Prozesse notwendig sein werden, ermutige ich Unternehmer, Geschäftsführerinnen und

Führungskräfte immer wieder dazu, zunächst auf ihre eigene Organisation zu schauen. Unsere Unternehmen brauchen mehr Menschen, die sich Fragen stellen wie diese: Wo steht unsere Organisation? Was können wir richtig gut? Welchen Herausforderungen begegnen wir immer wieder? Und erst danach kann dann das Modell ins Spiel kommen: Wie passen die Leitideen des entdeckten Modells dazu? Wozu inspirieren uns das Modell und seine Leitideen? Was wollen wir angesichts dessen tun, ausprobieren?

Das ist etwas grundlegend anderes als zum Beispiel zu fragen: Was haben die genau gemacht? Wie geht das? Was müssen wir beachten? Dieses »Verstehenwollen« steckt tief in uns drin – vermutlich auch ein Erbe der Aufklärung. Doch es kommt darauf an, worauf sich unser Wunsch, verstehen zu wollen, hierbei ausrichtet. Ich finde, es lohnt sich oft ein Blick unter die Wasserlinie, statt sich die Praktiken auf der Oberfläche anzuschauen. Wir sollten noch viel häufiger fragen, welche Ideen und Haltungen einem Modell oder einer Geschichte zugrunde liegen. Es gab zum Beispiel oft den Versuch, den Ansatz des »Periodensystems der Lösungskompetenzen«, mit dem hhpberlin Kompetenzen, Aktivitäten und Projekte koordiniert, zu verstehen – und zu übertragen. Was die Brandschützer da tun, ist sehr intelligent, keine Frage. Doch noch viel interessanter ist, auf Basis welcher Überzeugungen sie das tun.

Was da für mich immer wieder durchscheint: Der Glaube an Bereitschaft und Kompetenz, Verantwortung zu übernehmen. Das Vertrauen in Lern- und Entwicklungsbereitschaft. Die Überzeugung, dass niemand Fähigkeiten so gut einschätzen kann wie derjenige, der sie hat. Das Vertrauen in Selbstorganisation. Die Grundannahme der Ehrlichkeit und Aufrichtigkeit. Das sind nur einige Beispiele. Wenn Sie sich unseren Film AUGENHÖHE anschauen, in dem hhpberlin vorkommt, entdecken Sie bestimmt noch weitere grundlegende Haltungen. Jeder sieht etwas anderes. Da ist er wieder, der Gedanke, dass jeder seine Realität selbst erzeugt.

Beim Erkunden dieser Fragestellungen helfen auch Dialog und Austausch mit anderen – die können, müssen aber nicht als Berufsbezeichnung »Berater« angeben. Mindestens ebenso hilfreich sind diejenigen, die in ihrer Organisation ebenso Neues wagen wie Sie. Dabei kommt es weniger auf die Ähnlichkeiten der Unternehmen oder der Vorhaben an. Viel wichtiger ist, dass Sie mit Menschen sprechen, die sich bereits intensiv mit moderner Organisation beschäftigen und so manches erproben.

Mich fasziniert es immer wieder, wenn in unseren AUGENHÖHElabs zum Beispiel die HR-Direktorin eines großen Konsumgüterherstellers, der Geschäftsführer eines Softwarehauses mit knapp 100 Mitarbeitern, die Organisationsentwicklerin einer Behörde, die Schulleiterin eines Gymnasiums und die Führungskraft eines DAX-Konzerns Ansichten, Ideen und Konzepte miteinander diskutieren – und alle anschließend mit strahlenden Augen zurückkommen, weil sie etwas gelernt und Ideen entwickelt haben, wie sie ihre jeweiligen Herausforderungen angehen können. Sie haben sich gegenseitig inspiriert – und ermutigt. Diese Ermutigung ist auch ein weiterer Nutzen bereits vorhandener Organisationsmodelle. Sie beweisen, dass es möglich ist, eine Organisation ganz anders zu gestalten, als in den meisten BWL-Büchern beschrieben ist. Diesen Effekt haben wir auch immer wieder erlebt, wenn wir mit Menschen gemeinsam unsere AUGENHÖHE-Filme anschauen und anschließend über das Gesehene diskutieren. So mancher war doch sehr überrascht, dass es wirklich möglich ist, eine Klinik mit knapp 200 Mitarbeitern ohne formale Führungspositionen zu betreiben oder als Getränkehersteller komplett auf herkömmliches Marketing und auf Fremdkapital zu verzichten.

Es kam auch gar nicht so selten vor, dass Zuschauer in diesen Gesprächen Tränen in den Augen hatten. Was hatte sie so berührt? Sie hatten entdeckt, dass sie mit ihren Gedanken und Ideen nicht allein sind. Sie hatten oft über lange Zeit gedacht, dass ihre Vorstellungen von moderner Organisation unrealistisch und unmöglich seien. Und nun sahen sie plötzlich, dass es andere gibt, die so etwas in der Art auf ähnlichen Haltungen aufbauend schon gemacht hatten. Und sie entdeckten oft, dass es in ihrer eigenen Organisation noch mehr Menschen gibt, die sich ganz ähnliche Gedanken machen. Ein Zuschauer brachte es bei einer der Premieren mal schön auf den Punkt: »Jetzt weiß ich endlich, dass ich nicht spinne – oder wenigstens nicht allein.« Diese Ermutigung durch Bestätigung und Gemeinschaft ist von unschätzbarem Wert – denn so lange einer sich allein wähnt, geht er vermutlich nicht los.

Das wäre übrigens auch viel zu unsicher, Sicherheit ist aber ein Grundbedürfnis von uns Menschen. Ich glaube, Organisationsmodelle werden auch deswegen so gerne als eins zu eins umsetzbar missverstanden, weil sie so dieses Bedürfnis nach Sicherheit erfüllen.

## Sicherheit und Akzeptanz

Menschen wollen wissen, was kommt. Das ist überlebenswichtig. Dieses Bedürfnis nach Sicherheit ist angesichts der tiefgreifenden Veränderungen, durch die viele Organisationen gerade gehen, so prominent wie nachvollziehbar. Erprobte Organisationsmodelle kommen da wie gerufen, sie tragen zu einem Gefühl von Sicherheit bei: Das haben andere auch schon so gemacht, Berater haben dazu Ausbildungen absolviert und Zertifikate erworben. Das schafft Vertrauen, dass der eingeschlagene Weg zum Erfolg führt.

Aber es ist tatsächlich eine viel spannendere Frage, wie Sicherheit im Unsicheren entstehen kann – ohne sich der »Krücke« eines Organisationsmodells zu bedienen, denn darum geht es mir. Wir stehen jetzt vielleicht erstmals in der Geschichte vor der Aufgabe, uns ohne diese Hilfskonstrukte im Unsicheren sicher zu fühlen und zu handeln, ohne die Folgen unserer Taten vollständig absehen zu können. Jahrtausendelang kam die Vereinfachung der Welt (und damit Sicherheit) aus der Religion, dann aus der Wissenschaft und später der Wirtschaft. Doch jetzt können alle diese Konstrukte nicht mehr ausreichend Sicherheit zur Verfügung stellen, da sie zu komplex geworden sind.

Das jetzt gefragte Vorgehen hat auch was von Kunst, so arbeiten Künstler seit jeher: Sie lassen sich ein, statt zu planen, suchen Chancen im Unbekannten und steigern sich in Aufgaben rein, die »Experten« für unlösbar halten. Künstler stellen sich dem Moment, sie suchen nicht nach etwas Bestimmten, sondern öffnen sich dem Unbekannten.

Für mich ist es kein Zufall, dass einer der größten Künstler des letzten Jahrhunderts, Pablo Picasso, diesen Gedanken bereits vor vielen Jahren formulierte: »Ich suche nicht, ich finde [...] Die Ungewissheit solcher Wagnisse können eigentlich nur jene auf sich nehmen, die sich im Ungeborgenen geborgen wissen, die in die Ungewissheit, in die Führerlosigkeit geführt werden, die sich im Dunkeln einem unsichtbaren Stern überlassen, die sich vom Ziele ziehen lassen und nicht – menschlich beschränkt und eingeengt – das Ziel bestimmen.«

Für mich geht es darum, dass wir uns in diesem Sinne wieder ein gutes Stück mehr auf unsere Intuition verlassen – in einer Welt, die alles messen, wiegen, analysieren und planen möchte. Das ist ungewohnt, denn wir sind daran gewöhnt, uns in unübersichtlichen Situationen immer mehr Fakten zu beschaffen. Jetzt kommen auch noch »Big

Data« – noch mehr Fakten! Keine Frage, Fakten können uns vielfach unterstützen – aber in komplexen Zusammenhängen verlieren sie ihre Vorhersagekraft.

Ist Intuition im Business ein Wunschtraum? Ich denke nicht. Dafür sind mir zu viele Menschen begegnet, die eben ohne Pläne, Strukturen und Modelle tiefgreifende Veränderungen in ihren Organisationen angestoßen haben.

Nicht schlecht gestaunt habe ich, als ich Ronny Großjohann und Robert Harms vom Gasturbinenwerk von Siemens begegnete. Binnen weniger Monate entstand dort ein völlig neues Unternehmen. Eines, in dem Eigenverantwortung, selbstbestimmtes Handeln und eine fluide Hierarchie den Alltag bestimmen, in dem die Menschen sich mit ihrem ganzen Können einbringen und die Zahlen dramatisch besser wurden. Von »New Work«, »Teal Organisations«, »Holokratie« oder dem »Kollegial geführten Unternehmen« hatten Ronny und Robert übrigens zu dem Zeitpunkt noch nie etwas gehört. Erst als sie von ihren Erfahrungen zu berichten begannen – und natürlich viel Aufmerksamkeit bekamen – wurde ihnen nach und nach klar, welch große »Industrie« zum Thema »Neue Arbeit« schon entstanden ist.

Die beiden aber haben im Grunde nichts anderes getan, als sich der Kunst zu bedienen: Sie haben vertraut, sie haben sich eingelassen und zurückgenommen. Sie haben darauf verzichtet, »menschlich beschränkt« Vorgaben zu machen.

Der Wunsch nach Sicherheit durch das Einführen eines Modells begegnet mir sehr oft gepaart mit einer weiteren Hoffnung: Führt man ein »bewährtes Modell« ein, so bekommt man eher das »Go« des Managements – was gerade in großen Organisationen ein nicht von der Hand zu weisender Vorteil ist. Ohne die Akzeptanz in den oberen Etagen lässt sich dort wenig bewegen.

Der in einigen Kreisen um die Methode »Working Out Loud« entstandene Hype ist für mich ein Beispiel, wie die Nutzung einer Methode zunächst einmal hilfreiche Auswirkungen hat. Einige deutsche Großkonzerne setzen die von John Stepper weiterentwickelte Vorgehensweise ein, um persönliche Entwicklung, Vernetzung und Dialog über organisatorische Grenzen hinweg zu stärken. Ohne den klaren Rahmen der Methode hätte vermutlich vieles von dem, was in den »Working Out Loud«-Zirkeln passiert, keine Akzeptanz in diesen großen Unternehmen.

Ich frage mich: Was passiert eigentlich bei WoL (wie seine Fans es nennen)? Was ist daran wertvoll? Es entstehen zum Beispiel jenseits der formalen Hierarchie Vernetzungen, echte Kommunikation und wirkliche Begegnungen. Menschen schätzen das, es bedient ihre Sehnsucht nach Entwicklung, Wirksamkeit und Kontakt. WoL-Zirkel sind äußerst lebendige Veranstaltungen, wie ich höre. Wenn für den Start der Aufkleber »Working Out Loud« gebraucht wird, damit der Vorstand Sie machen lässt, dann tun Sie das. Wenn etwas schon Glaubwürdigkeit bekommen hat, dann kann man das natürlich nutzen – und sich dabei gewahr bleiben, dass es nur ein Ansatz ist, der schließlich zu einer eigenen Lösung führen muss.

Organisationsmodelle tragen zweifelsohne zu Sicherheit und Akzeptanz bei, und das sind enorm wichtige Funktionen für gelingende Veränderungen. Doch wenn Sie Organisationsmodelle nutzen, besteht immer auch die Gefahr, dass sich das Ganze verselbstständigt und langsam, aber sicher die Steuerung überhandnimmt. Ich habe es gerade neulich in einem großen Unternehmen wieder erlebt: Dort wird an verschiedenen Stellen Holokratie genutzt – mit durchaus gewünschten Auswirkungen wie gestiegener Eigenverantwortung, kürzeren Bearbeitungszeiten und höherer Kundenzufriedenheit. Doch auch die Nebenwirkungen sind unübersehbar: Einige Mitarbeiter fordern vehement die Einhaltung bestimmter Prozesse und Vorgehensweisen, wie sie im System vorgesehen sind. Da ist sie wieder, die Steuerung. Eine modernere zwar, aber eben doch Steuerung, die einem komplexen System nicht gerecht wird.

Sie merken, ich bleibe sehr vorsichtig, was die Verwendung von Organisationsmodellen und Ähnlichem betrifft. Eine Ausnahme aber gibt es, da dürfen Sie abkupfern, was das Zeug hält.

> Wenn Sie Organisationsmodelle nutzen, besteht die Gefahr, dass sich das Ganze verselbstständigt und die Steuerung überhandnimmt.

# Ist ein bisschen spicken nicht doch erlaubt?

Betrifft ein Prozess oder ein Modell nur einen kleinen, abgegrenzten Teil des organisationalen Geschehens, so können Sie erprobte Vorgehensweisen übernehmen. So erklärt sich auch der Siegeszug mancher der sogenannten Workhacks, kleiner Praktiken, die einem einfach die Arbeit erleichtern. Timeboxing (feste Zeiten für bestimmte Aufgaben oder Redebeiträge), Kanban (die Organisation von Aufgaben nach bestimmten Prinzipien auf einer großen Tafel) oder Retrospektiven (feste, regelmäßige Zeit abseits des Alltags, um über sein eigenes Verhalten, die Zusammenarbeit im Team, Hilfreiches und weniger Hilfreiches nachzudenken) sind einige Beispiele für solche Workhacks. Diese können von einzelnen Teams eingesetzt werden, ohne dass sie um Erlaubnis fragen und ohne dass sie fürchten müssen, es würden die berüchtigten schlafenden Hunde geweckt.

Diese Praktiken fliegen nicht selten »unter dem Radar«, sodass die Immunabwehr der Organisation gegen Veränderungen meistens nicht anspringt. Naturgemäß sind die Wirkungen dieser Workhacks über die Gruppe hinaus, die sie einsetzt, dann allerdings auch begrenzt. Natürlich verändert sich etwas, wenn ein oder mehrere Teams anders arbeiten, es entsteht eine neue lokale Regel, die das gesamte Muster verändert. Um daraus größere (Kultur-)Entwicklungen werden zu lassen, braucht es allerdings schon eine ganze Reihe von Workhacks, Anwendern und veränderten lokalen Regeln. Oft ist es vielmehr sogar umgekehrt: Sage mir, welche Workhacks in deiner Organisation funktionieren, und ich sage dir, wie deine Kultur ist. Haben Sie zum Beispiel im Sinne des Timeboxings in einer Diskussion vereinbart, dass Redebeiträge maximal eine Minute dauern, und es halten sich alle daran, auch der Chef, dann habe ich ein paar Ideen, welche Glaubenssätze hier gelten könnten: Jede Idee, jeder Gedanke zählt gleich viel. Hierarchische Positionen sind unwichtig, wenn wir eine Lösung erarbeiten. Jeder wird gehört – unabhängig von seinem formalen Status.

Wenn umgekehrt der Workhack nicht funktioniert, komme ich auf vermutlich die Kultur prägende Glaubenssätze wie: Der Chef weiß es besser. Den Chef kritisiert man nicht. Für den Chef gelten andere Regeln. Um nur ein paar zu nennen.

Workhacks, »Working Out Loud« und Organisationsmodelle können also durchaus einige wichtige Funktionen erfüllen. Aber ist es deswegen auch wirklich notwendig, sich mit ihnen zu beschäftigen und sie in der beschriebenen Weise zu nutzen?

## Nutzen oder nicht nutzen – das ist hier die Frage

Es gibt eine ganze Reihe von Organisationen, die solche Modelle nicht nutzen, und manche von ihnen, wie hhpberlin, sysTelios oder Elbdudler (von dieser Agentur wird später noch die Rede sein) haben sogar sehr bewusst auf gezielte Impulse von außen – und sei es nur durch Managementliteratur – verzichtet.

Ich war schon überrascht, als deren Gründer bzw. Geschäftsführerinnen unabhängig voneinander formulierten, sie hätten »kein einziges Managementbuch« gelesen, weder eines der klassischen noch eines der neuen. Sie haben sich »nur« an dem orientiert, was ihr Geschäft, ihre Kunden, ihre Mitarbeiter – und sie selbst – brauchen, haben viel gesunden Menschenverstand genutzt und auf ihrem Weg sehr viel reflektiert.

Besonders beeindruckt haben mich in diesem Zusammenhang die Brandschützer von hhpberlin. Als Ingenieure im Bauhauptgewerbe nicht gerade geübt darin, Organisationen zu kreieren, haben Karsten Foth und Stefan Truthän sich eine einfache Frage gestellt, als sie 2001 in dem Ingenieurbüro anfingen, und diese Frage begleitet sie bis heute, inzwischen als Inhaber und Geschäftsführer: Wie wollen wir arbeiten? Diese Frage stellen sie auch ihren Kollegen – immer wieder. Dabei geht es keineswegs nur um »Goodies« wie Homeoffice oder flexible Arbeitszeiten, sondern darum, wie die Arbeit organisiert sein müsste, damit sie gut getan werden kann. Auf den Antworten bauen die Ingenieure ihre Organisation auf und haben dabei eine bemerkenswerte Maxime entwickelt: »Es geht bei uns nicht um das Sollen und Müssen, sondern um das Wollen und Können.« Das »Wollen und Können« der Mitarbeiter ist die Grundlage und zieht sich durch nahezu alle Bereiche des Unternehmens.

So hilfreich ein Organisationsmodell an der einen oder anderen Stelle sein mag: Sie können, müssen es aber keineswegs nutzen. Ich kann und möchte an dieser Stelle keine Empfehlung für den einen oder den anderen Weg aussprechen. Ich rate Unternehmerinnen und Führungskräften eher dazu, für sich selbst gut zu prüfen, was sie für ihr Tun brauchen und was zu der Organisation passt, in der sie tätig sind. Unter Umständen ist der Preis für die Verwendung eines Organisationsmodells sehr hoch. Denn wie schon mehrfach gesagt: Wenn es erst einmal in der Welt ist, ist es oft schwierig, der »Steuerungseinladung« zu widerstehen, die leicht von Organisationsmodellen ausgeht.

Bei Geschichten aber, wie wir sie zum Beispiel in unseren AUGEN-HÖHE-Filmen erzählen, ist es viel einfacher, sie wie ein Kunstwerk zu nutzen, und deswegen ist meine Empfehlung hier sehr viel eindeutiger: Ich habe immer wieder erlebt, wie Geschichten wertvolle Impulse gesetzt haben. Das ging von kleinen Denk- und Handlungsanstößen bis zum Umkrempeln gesamter Unternehmen. Der Tenor war dabei immer: »Die Geschichten inspirieren uns und jetzt setzen wir uns hin und überlegen, was wir für uns entwickeln können.«

Eine Geschichte macht viel weniger Vorgaben, sie ist leiser als ein Organisationsmodell, und die Gefahr, doch ins Steuern zu geraten, ist deutlich kleiner als bei Organisationsmodellen. So habe ich es häufig erlebt, auch der DB Systel diente besonders der erste AUGENHÖHE-Film als Inspiration. Was Sie heute bei der ITlern der Bahn sehen, ist aber alles andere als eine Kopie von Ansätzen, die im Film vorkommen. Die Bahner sind ihren ganz eigenen Weg gegangen.

In Frankfurt bei der Bahn – und nicht nur dort – zeigt sich: Organisationsmodelle und Geschichten eignen sich sehr dazu, den eigenen Vorstellungsraum zu erweitern und mehr Möglichkeiten zu sehen. Doch eines können sie nicht ersetzen: Selberdenken und Selbermachen. Sie werden nicht umhinkommen, aus dem, was Sie sehen, hören oder lesen, Ihr eigenes Ding zu machen. Und das ist auch gut so. Der Lohn: Lebendigkeit. Es scheint da einen Zusammenhang zu geben, mir jedenfalls fällt immer wieder auf, dass Organisationen, die ich als ausgesprochen lebendig erlebe, sehr viel selbst ausprobiert, dass sie experimentiert haben.

Experimente? Im Unternehmen? Wie in Himmels Namen soll das gehen? Ist das nicht viel zu riskant? Schauen wir uns das mal genauer an.

# Wege erforschen

Inspirationen aus Organisationsmodellen, Büchern oder Filmen können auf Veränderungswegen sehr hilfreiche Elemente sein – es wäre ja komisch, würde ich als Macherin der AUGENHÖHE-Filme und Autorin dieses Buches etwas anders behaupten. Doch Akteure werden nicht umhinkommen, Veränderungen in ihrem Unternehmen zu ihrem ganz eigenen Projekt zu machen. Wir haben im letzten Kapitel gesehen, dass es kaum möglich ist, abzugucken, wie andere es gemacht haben. Wer seine Organisation lebendiger machen will, wird sich das Vorhaben aneignen und seinen individuellen Weg gehen müssen – aber auch gehen dürfen.

## Ein Projekt?

Doch Achtung! Wenn ich jetzt Projekt sage, kann es gut sein, dass vor Ihrem inneren Auge »smart« formulierte Projektziele, Projektstrukturpläne, Meilensteine und so etwas auftauchen. Ich sehe es auch in der Tat gar nicht so selten, dass Veränderungsvorhaben in dieser Weise angegangen werden. Das ist auch sehr nachvollziehbar, denn über Jahrzehnte galt es als professionell, seine Vorhaben genau zu planen. Das war besonders in den 50er-, 60er- und 70er-Jahren auch sehr passend, weil die Welt damals recht stabil war, da schien vieles plan- und machbar. In vielen unserer Managementkonzepte steckt dieses Denken heute noch immer, auch dort, wo es um den Wandel in Organisationen geht, im Change-Management. Dort werden Change-Projekte geplant, die einzelnen Aufgaben abgearbeitet, ein Kommunikationskonzept erstellt und zum Schluss wird die Veränderung ausgerollt. Wir sprachen bereits über diesen Ansatz, den Sie immer noch sehr häufig beobachten können.

Nach der Lektüre der letzten Kapitel schwant Ihnen allerdings vermutlich schon, dass diese Vorgehensweise nicht zum Charakter autopoietischer Systeme passt, die wir Menschen ebenso sind wie unsere Organisationen. Die entscheidende Frage, die sich nach unseren dort gewonnen Erkenntnissen stellt, ist: Wie wollen Sie in einem solchen System, dass sich immer wieder selbst organisiert, gezielte und geplante Änderungen einführen? Die Antwort lautet einmal mehr: Das ist schlicht unmöglich! Das klappt weder bei Menschen, die mehr Sport treiben, weniger Schokolade essen oder sich das Rauchen abgewöhnen wollen, noch bei Organisationen, die toleranter mit Fehlern umgehen, innovativer oder schneller werden wollen. Es funktioniert nicht, das Problem zu verstehen, eine neue Vorgehensweise

> **Es funktioniert nicht, das Problem zu verstehen, eine neue Vorgehensweise zu erarbeiten und es dann anders zu machen.**

zu erarbeiten und es dann mal eben anders zu machen. Im ersten Moment mögen Sie »Och, schade!« denken, doch es wäre auch ganz schön wenig lebendig, wenn Veränderungen so laufen würden.

Daraus kann nur folgen: Wir müssen die Art und Weise verändern, wie wir Organisationsentwicklung denken und wie wir angesichts dessen handeln. Während Projekte vom Ende her gedacht sind, von einem vorab definierten Ziel, das es zu erreichen gilt, brauchen wir eine Vorgehensweise, die vom Anfang her denkt und vorne anfängt.

## Ein Experiment!

Diese Vorgehensweise nenne ich in Anlehnung an das, was Wissenschaftler tun, wenn sie etwas herausfinden und Neues entwickeln möchten, Experiment. Dieser Vergleich mag auch damit zu tun haben, dass ich mit einem Chemiker verheiratet bin. Doch es ist mehr: Schon der Wortsinn des lateinischen Begriffs beschreibt aus meiner Sicht sehr gut, worum es dabei geht. »Experimentum« bedeutet: das in Erfahrung Gebrachte, der Versuch, der Beweis, die Prüfung, die Probe.

Bei einem Experiment ist noch nicht klar, was genau herauskommen soll, Sie wollen erst etwas in Erfahrung bringen, es erproben und versuchen. Sie starten mit einer oder mehreren Annahmen, was in Ihrer Organisation, Ihrem Team hilfreich sein könnte: eine andere Arbeitsorganisation, neue Wege, Entscheidungen zu treffen, oder eine veränderte Kundenansprache. Dann machen Sie es anders und studieren die Wirkungen. Bewährt sich eine Vorgehensweise, bleibt sie. Erweist sie sich als nicht hilfreich, wird sie weiterentwickelt oder wieder fallen gelassen.

Etwas herausfinden wollten auch die Menschen bei der DB Systel. 2014 steckte das IT-Haus der Bahn in einer Krise. Der Vorstand der Deutschen Bahn sprach über die Digitalisierung des Konzerns – und die DB Systel kam darin gar nicht vor. Dieser Moment wirkte ein wenig wie ein »Reset« für die Organisation: Alles auf null, komplett neu denken. Was dabei entstehen sollte, war zu dem Zeitpunkt noch gar nicht klar, doch einige gingen, ohne das zu wissen, los und erprobten erste Dinge: Führungskräfte hielten sich aus fachlichen Fragen raus, das eigene Menschenbild wurde diskutiert und Vorhaben wurden mit Freiwilligen besetzt statt wie bisher mit von Führungskräften benannten Mitarbeitern. Diese Freiwilligen waren in der Regel keine Profis in dem, was sie taten, was dazu führte, dass sie ganz neue Fragen stellten und nicht selten von Grund auf neu dachten – was sich für die anstehenden Veränderungen als Segen erwies.

Die Kollegen bei der DB Systel haben sich nicht gefragt, wo sie rauskommen wollen, sondern wo sie sinnvoll beginnen könnten, tätig zu werden. Dabei gab es selbstverständlich so etwas wie einen Leitstern: Der Vorstand sollte nicht noch einmal die DB Systel übersehen, wenn es um Digitalisierung geht, und die ITler wollten als wichtige Player in diesem Themenfeld gesehen werden und ihrerseits die Digitalisierungsstrategie der Bahn mitprägen. Dieser Leitstern war mit einer ganzen Menge Emotion verbunden, denn zu oft hatten die Systelaner zuvor erlebt, wie sie lediglich als ausführende Dienstleister wahrgenommen wurden und im Zweifel schuld waren, wenn etwas nicht lief. »Das war schon manchmal ein Gefühl, der geprügelte Hund zu sein«, brachte es der Unternehmensentwickler Thomas Ditzer in unserem Gespräch auf den Punkt. Daran, ob ihre Aktivitäten für sie nachvollziehbar auf die Vision des Mitgestaltens einzahlten, haben die Bahner immer wieder austariert, welche nächsten Schritte sie gehen wollten. Sie kannten den Weg nicht vorher, sondern haben ihn im Gehen entwickelt.

So war es auch bei der Sparda-Bank in München. Auch dort sind Helmut Lind, der Vorstandsvorsitzende, und seine Kolleginnen und Kollegen zu neuen Ufern aufgebrochen, ohne zu wissen, wo genau sie ankommen würden. Sie sind losgesegelt und haben ihren Kurs immer wieder angepasst. Erinnern Sie sich noch, was Helmut Lind in unserem Gespräch für unseren Film so anerkennend sagte? Er formulierte, dass er sich all das, was in der Sparda-Bank entstanden ist, niemals hätte ausdenken können, sondern die Entwicklungen nur durch gemeinsames Tun möglich wurden. Das ist nicht nur Ausdruck von Demut, sondern diese Aussage macht auf einen weiteren sehr wichtigen Aspekt aufmerksam: Für die Gestaltung einer Organisation setzt sich nicht ein genialer Designer hin und entwickelt sein Bild von der Organisation, das er dann anderen mitteilt, sondern alle kreieren das Unternehmen mit ihren Beiträgen gemeinsam. Das ist auch bei der DB Systel an vielen Stellen sichtbar, so haben die Bahner die neu entstehenden Teams mit den Mitarbeitern gemeinsam zusammengestellt und nicht von wenigen designen lassen, wie die Teamzuschnitte sein sollten.

Weder in Frankfurt noch in München kannten die Akteure vorher das Ergebnis ihrer Arbeit. Ihr Wissen, ihre Erfahrungen und Haltungen haben sie vermuten lassen, was sich günstig auswirken könnte. Darin unterschieden sie sich im Übrigen gar nicht so sehr von den Naturwissenschaftlern: Wenn diese etwas Neues entwickeln möchten, nutzen sie ebenfalls vorhandenes Wissen und all ihre Erfahrung, um das Experiment zu entwerfen. Dann wird probiert und getestet, ob das Erwartete passiert ist, zum Beispiel eine vermutete Reaktion abgelaufen ist. Chemiker und Biologen können dann oft messen, wiegen, analysieren, was genau passiert ist. Das probieren wir in Unternehmen auch sehr häufig, nur so mechanistisch ist das in sozialen Systemen nicht möglich: Wir können Ursachen und Wirkungen meistens nicht klar benennen.

Und noch einen wesentlichen Unterschied gibt es zwischen den Forschern am Reagenzglas und denen, die in Unternehmen Versuche wagen: Erstere können ihr Experiment beschreiben und wiederholen, unter so gut wie denselben Bedingungen. Das wird in einem sozialen System niemals funktionieren, denn es hat sich durch den ersten Versuch bereits verändert und wird nicht mehr dasselbe sein wie vorher. Deswegen muss ich auch immer ein wenig lächeln, wenn Berater oder Organisationsentwickler versprechen, nach einem Experiment könnten die Führungskräfte und Mitarbeiter ihre alte Welt zurückhaben, sollte sich das Experiment nicht bewähren. Das ist natürlich nicht der Fall!

Wenn Sie ein halbes Jahr ohne Reisekostenrichtlinie gereist sind und sich bei jeder Reise fragen mussten – aber auch fragen durften – welche Reiseform unter Abwägung aller Güter die intelligenteste ist, haben Sie diese Erfahrung gemacht. Wenn nun wieder die alten Reisekostenrichtlinien gelten würden, bin ich mir sicher, dass Sie diese anders betrachten werden, vielleicht Workarounds suchen, um die intelligenten Lösungen, die Sie schon kennengelernt hatten, weiter nutzen zu können. Das ist dann nicht mehr dasselbe wie vorher, die Erfahrung ist nicht zu löschen. Übrigens kenne ich keine einzige Organisation, die Reisekostenrichtlinien wieder eingeführt hat, nachdem sie mit anderen Vorgehensweisen experimentiert hatte. Aber das müssen Sie ja nicht unbedingt weitererzählen, wenn Sie einen solchen Versuch in Ihrer Organisation anregen wollen.

## Gespeicherte Erfahrungen

Experimente in Organisationen weder wiederholen noch vollständig zurückdrehen zu können, weist übrigens auf einen weiteren Denkfehler hin, der mir häufig begegnet. Wann immer ich mit Menschen in Unternehmen über Experimente spreche, sagt irgendwann jemand: »Ah, klar, dann machen wir ein Pilotprojekt, und wenn das gut funktioniert, können wir es in anderen Bereichen auch einführen.« Aber genau das geht eben nicht, weil Sie es mit autopoietischen Systemen zu tun haben. Deswegen rate ich an dieser Stelle: Vergessen Sie Pilotprojekte! Das ist letztendlich auch nichts anderes, als eine Vorgehensweise schematisch über verschiedene Abteilungen, Teams oder Ähnliches auszurollen. Was an einer Stelle in der Organisation wunderbar funktioniert, muss woanders noch lange nicht klappen. Das widerspricht natürlich sehr der vielfach herrschenden Idee, Prozesse müssten überall gleich sein. In lebendigen Organisationen sind sie das aber nicht, es ist lediglich dafür gesorgt, dass sie ohne allzu viele Reibungsverluste ineinandergreifen. Wenn Sie Erfahrungen aus einem Bereich woanders nutzen wollen, könnten Sie auf die Gedanken aus dem letzten Kapitel zurückgreifen, wo es um das Übersetzen von Organisationsmodellen ging. Wir hatten da unter anderem über einige Voraussetzungen für solche Übertragungen gesprochen, wie zum Beispiel ähnliche Annahmen als Basis des Handelns.

Pilotprojekte sind für mich auch aus einem weiteren Grund wenig hilfreich: Sie bringen die Menschen und Organisationen um die Erfahrungen, die sie durch Experimente machen. Und die sind fast noch wichtiger als die Ergebnisse des Experiments, denn durch diese Erfahrungen bildet sich die Systemkompetenz immer weiter aus. Das erlebe ich – unter anderem – immer wieder sehr deutlich bei sysTelios im Odenwald.

Florian Pommerien-Becht, der Musiktherapeut mit Engagement in der Organisationsentwicklung, vergleicht diese Erfahrungen mit dem Prozess des Radfahrenlernens: Das eigentliche Lernen entsteht nicht dadurch, dass jemand, der es schon kann, Ihnen sagt, wie es geht. Sie können dessen Erfahrungen lediglich nutzen, um für Ihren ersten Versuch eine Idee zu entwickeln, wie Sie es angehen könnten. Wirklich lernen werden Sie aber aus den Erfahrungen, die Sie in Ihrem Tun sammeln. Sie entwickeln Schritt für Schritt ein Gefühl dafür, welche Auswirkungen Ihre Bewegungen haben. Diese ständigen Rückkopplungen führen zu immer neuen Bewegungsimpulsen Ihrerseits, Sie beziehen jedes Handeln wieder auf sich zurück, und irgendwann fahren Sie Rad – ohne dass Sie beschreiben könnten, wie es geht. Diese Erfahrung ist emergent, sie entsteht »irgendwie«, ohne dass Sie die einzelnen Handlungen, die zum Erfolg geführt haben, definieren könnten. Sie können es einfach – und das ist natürlich das gewünschte Ergebnis. Doch es ist noch so viel mehr: Sie haben im Falle des Radfahrens sozusagen auch Systemkompetenz für Ihren Bewegungsapparat gelernt, und die ermöglicht Ihnen auch, Surfen, Rudern, Balancieren auf der Slackline oder Skifahren zu lernen. Oder umgekehrt, falls Sie aus Österreich kommen und zuerst auf Skiern gestanden haben, bevor Sie das Radfahren lernten.

**Erfahrungen durch ein Experiment sind wichtiger als dessen Ergebnisse.**

Solche »Bewegungsintelligenz« vergisst der Körper nicht. Ich erinnere mich noch gut an meine zweite Trainingsstunde im Ruderboot. Nach dem Training saßen wir noch zusammen und der Trainer fragte mich, wo ich vorher gerudert hätte. »Nirgends«, sagte ich, und er entgegnete, dass das nicht sein kann. Ich war irritiert. Wollte Hans-Jürgen mir einreden, ich hätte, ohne mich daran zu erinnern, bereits gerudert? Wir stritten uns schon fast darüber, ob ich nicht doch schon einmal im Boot gesessen hätte, als er mich fragte, welchen Sport ich früher ausgeübt hatte. »Kunstturnen« antwortete ich. Das war zu dem Zeitpunkt schon fast 20 Jahre her, aber mein Körper hatte die Erfahrung der aufrechten Haltung gespeichert, die Hans-Jürgen so noch nie bei Ruderanfängern gesehen hatte und die ihn vermuten, ja fast darauf beharren ließ, ich hätte wohl doch schon Rudererfahrung.

Wie beim Radfahren und beim Turnen ist es in der Organisation auch: Es entstehen »irgendwie« Erfahrungen, und die bleiben im System gespeichert. Diesen Effekt können Sie – im Sport wie im Unternehmen – verstärken, indem Sie einen Trainer in das Geschehen einbeziehen, der Sie immer wieder einlädt, Ihre eigenen Handlungen auf sich selbst zurückzubeziehen und sich zu fragen, welche – gewünschten und weniger gewünschten – Auswirkungen ihre Aktionen hatten. Ich erinnere mich gut, wie es mich frustriert hat, dass ich als Turnerin die Kippe am Stufenbarren mal hinbekam und mal nicht. Das nervte – vor allem, weil ich keine Idee hatte, woher der Unterschied kommen könnte. Bis mich in einem Trainingslager ein Coach darauf aufmerksam machte, was eher zum Gelingen führte und was eher zur Landung auf der Matte. Als wir dann noch ein paar Tage lang die hilfreichen Bewegungsmuster geübt hatten, konnte ich das Teil nahezu sicher.

Sie merken schon: Das Ergebnis war auch hier nicht unwichtig, aber eben nur ein Aspekt. Bei sysTelios waren sie auch froh, als der neue Therapieplan nach einiger Arbeit und so mancher »Schleife« stand. Doch die dabei gemachten Erfahrungen waren ihnen eben fast noch wichtiger. Denn diese verstärken die Sicherheit, auch zukünftigen Herausforderungen begegnen zu können. Diese Erfahrungen ermöglichen, sich auch in unsicheren Umfeldern sicher zu fühlen. Sie können sich darauf verlassen, dass ihnen etwas einfällt und dass sie miteinander Wege finden werden.

Doch allen Erfahrungen und aller erworbener Systemkompetenz zum Trotz: Um in einer klassischen Organisation anschlussfähig zu sein, ist es häufig gut, auch erhoffte Ergebnisse der Experimente gut beschreiben zu können – auch wenn es dann anders kommt und die Ergebnisse gar nicht mehr so wichtig sind.

Sie fragen sich jetzt möglicherweise, wie Unternehmen überhaupt wissen können, ob ein Experiment erfolgreich war, ob sie das Richtige getan haben, wenn sie das nicht an den Ergebnissen ablesen können. Meine – für manche unbefriedigende – Antwort lautet in Kurzform: gar nicht. Die etwas längere klingt ungefähr so: In einem komplexen System wissen die Beteiligten nie, ob etwas richtig oder die beste Lösung ist. Mit Erfahrung und Intuition können sie erspüren, ob Entwicklungen eher günstig oder ungünstig sind. Wichtig ist dabei, dass sie genügend oft hinschauen, um dem System seine Entwicklungen ablauschen zu können. Vielleicht entdecken sie auch ganz konkret messbare Ergebnisse. Es gibt sogar ein Verfahren, das dieses »Ablauschen« ein wenig systematisieren kann, dazu im nächsten Kapitel mehr.

Alle Ergebnisse und Beobachtungen werden aber immer nur ein Teil dessen sein, was gerade wirklich in Ihrer Organisation geschieht. Diese Unschärfen sind aber zugleich Teil des Lebens und für Experimente eher günstig – Perfektion hindert auf dem Weg zu einer lebendigen Organisation.

Nun gut, könnten Sie sagen, aber mir schwirrt der Kopf und mir ist angesichts all dieser Unwägbarkeiten nicht klar: Womit soll ich denn bloß anfangen? Die Antwort ist etwas länger, lassen Sie uns das einmal im nächsten Abschnitt genauer betrachten.

## Den Leitstern im Blick

Ich ernte nicht selten verblüffte Blicke meiner Gesprächspartner, wenn ich auf die Frage »Womit soll ich denn bloß anfangen?« antworte, dass es egal ist, womit sie beginnen. Ich meine das aber durchaus ernst: Wenn ohnehin alles zu erproben ist und es keine Gewissheiten gibt, dann spielt die Reihenfolge kaum eine Rolle. Ob Sie beim Radfahren zuerst Treten oder zuerst Lenken lernen, ist egal. Fahren können Sie ohnehin erst, wenn Sie beides in Kombination können, Sie werden sich an beides herantasten, üben, probieren, fluchen, frustriert sein – und schließlich Rad fahren. Nicht der Startpunkt ist wichtig, sondern die Beobachtung der Auswirkungen im System und die stetige Anpassung des Vorgehens – und dieses immer wieder auszutarieren. Das ist trotz aller Agilität und New Work immer noch ein deutlicher Gegensatz zu dem, was wir in Organisationen kennen. Dort werden Konzepte entwickelt, Pläne gemacht und Umsetzungen kontrolliert. Loszugehen, ohne zu wissen, wo Sie ankommen werden, das könnte von einigen Menschen in Ihrem Umfeld als »unprofessionell« angesehen werden. Dabei ist es nichts anderes als eine Anerkennung der Dynamik komplexer Systeme.

Also alles wurscht, Hauptsache, Unternehmen machen was? Ja, ein wenig, aber selbstverständlich passiert nichts im luftleeren Raum, sie werden nicht »irgendwas« machen. Wo immer ich gerade unterwegs bin, ob in einem großen Konzern, einer Behörde, im Mittelstand oder bei einem kleinen Start-up, es ist deutlich spürbar, dass es eine größere Vision gibt. Manchmal ist die ein wenig verschüttet und muss erst einmal ausgegraben werden, aber gefunden haben wir bisher immer etwas. Immer wieder erlebe ich, wie Unternehmen mit diesem Leitstern im Blick ihre Vorhaben und Experimente entwickeln, indem sie überlegen, was dafür günstig wäre, wie das Experiment dazu beitragen könnte.

> **Loszugehen, ohne zu wissen, wo Sie ankommen werden, bedeutet nicht, sich ständig zu neuen Experimenten einladen zu lassen.**

Das Gute daran: Gleichzeitig dient diese Vision immer wieder als Referenzpunkt, um abzugleichen, ob die Entwicklungen in gewünschte Richtungen gehen. Falls nicht, können Sie den Kurs ändern – wenn auch nicht zu schnell, denn Sie könnten es mit »Totzeiten« zu tun haben. Der Begriff kommt aus der Regelungstechnik und bezeichnet – technisch gesprochen – die Zeitspanne zwischen dem Signaleingang und der Signalantwort. Sie kennen das Phänomen vom Wasserhahn: Sie drehen auf »warm«, doch das Wasser bleibt zunächst kalt. Das ist eine Totzeit des Warmwassersystems.

Dieses Phänomen der Totzeit gibt es auch in komplexen Systemen wie Organisationen, keineswegs nur in technischen. Neulich erzählte gerade ein Geschäftsführer wieder ein schönes Beispiel dafür: Er hatte mit seinem Team eine Marketinginitiative gestartet. Die Kunden reagierten zunächst gar nicht, es passierte einfach nichts, nicht ein Kunde mehr und die vorhandenen kauften auch nicht mehr als sonst. Doch dann plötzlich, als die Marketingkampagne längst vorbei war, gab es einen großen Sprung bei den Kundenzahlen und bei den Umsätzen. Bei einer Kurskorrektur gilt es daher immer, auch mit Totzeiten zu rechnen. Wenn Sie diese ignorieren, verbrühen Sie sich an heißem Wasser – im übertragenen Sinne passiert das auch bei zu schnellem Nachsteuern in Organisationen.

Ein Missverständnis taucht übrigens sehr oft auf: Loszugehen, ohne zu wissen, wo Sie ankommen werden, bedeutet nicht, sich ständig zu neuen Experimenten einladen zu lassen. Die Versuchung war für einige Menschen, mit denen wir gesprochen haben, riesig, gerade wenn es in einem Experiment nicht weiterzugehen schien, sie es möglicherweise mit einer Totzeit zu tun hatten oder sie auf Widerstände stießen. Schwupp, tauchte ein neues Problem auf, mit dem sie sich hätten beschäftigen können. Die Betonung liegt aber auf »können«, nicht auf »sollen«. Dietrich Dörner, der sich mit typischen Fehlern in komplexen Systemen beschäftigt hat – wir sprachen im Kapitel »Autopoiese respektieren« bereits über seine Erkenntnisse – hat herausgefunden, dass schnelle Wechsel der Aktionsfelder nahezu immer zu schlechteren, weniger hilfreichen Handlungen in komplexen Systemen führen.

## Eine Ansage bleibt eine Ansage

Für alle die, denen nun mulmig geworden ist angesichts all dessen, was zu tun ist, habe ich eine gute Nachricht: Sie müssen oft gar nichts Neues erfinden, sondern sehr wirkungsvolle Experimente können auch darin bestehen, etwas zu lassen. Es hat spürbare Wirkungen, dass bei der Sparda-Bank die individuellen Bonuszahlungen abgeschafft wurden und keine formalen Beurteilungsgespräche mehr geführt werden, bei der DB Systel nach und nach die klassischen Führungsrollen verschwinden und bei allsafe, einem mittelständischen Maschinenbauer im Badischen, Arbeitszeitkontrollen abgeschafft wurden. Dabei sollte aber klar sein: Die Abschaffung etablierter Praktiken ist auch nicht immer ganz einfach. Gewohnte Prozesse werden von den Beteiligten oft als einzige Möglichkeit angesehen, ein bestimmtes Problem zu lösen oder Bedürfnisse zu erfüllen. Dazu kommt, dass die Abschaffung von Gewohntem immer auch einen Preis hat. Gibt es keine Boni mehr, verzichten sie auf die damit immer auch verbundene Anerkennung, zumindest vordergründig. Je höher der – gefühlte – Preis ist, desto schwieriger wird es, eine Praktik, einen gewohnten Prozess abzuschaffen.

Ob Sie dazu beitragen möchten, etwas abzuschaffen oder neu zu etablieren: Wenn Sie weit »oben« in der Organisation sitzen oder gar Chefin des Ganzen sind, könnten Sie an dieser Stelle leicht auf den Gedanken kommen, Sie könnten solche Veränderungen mit einer »Ansage« herbeiführen – und das wird auch von manchen Beratern empfohlen. Ganz falsch ist das nicht. Als Chef oder (hohe) Führungskraft haben Sie eine gehörige Menge formaler Macht in der Organisation, und die können Sie selbstverständlich einsetzen, um von Ihnen gewünschte Impulse zu setzen. Doch gleichzeitig tun Sie mit so einer Ansage das, was in eine lebendige Organisation nicht so recht passt: Sie entwickeln eine Idee und sagen allen anderen, dass sie der nun folgen müssen. Klar kommt es auch noch ein wenig darauf an, wie Sie so eine Ansage machen, aber im Kern bleibt es, was es ist: eine Ansage – mit all ihren Nebenwirkungen. Es soll Menschen geben, die allein auf die Tatsache einer Ansage mit Widerstand reagieren, egal, wie sinnvoll die enthaltene Veränderung ihnen erscheint. Das ist auch nicht verwunderlich, denn Autonomie gehört zu unseren menschlichen Grundbedürfnissen.

Ich beobachte immer wieder, dass es hilfreicher ist, das Rad des Wandels langsam ins Rollen zu bringen und an verschiedenen Stellen im Unternehmen über Veränderungsideen zu sprechen, immer wieder zum Diskurs einzuladen und sehr viel nachzufragen. Damit überprüfen Sie Ihre Hypothesen und Lösungsideen und bereiten quasi den Boden für die von Ihnen gewünschte Veränderung und können Einwände direkt in Ihre Ideen und Vorschläge einarbeiten.

Neulich fragte mich ein Geschäftsführer, ob er sich mit seinen Gedanken und Ideen eher zurückhalten müsste, um nicht zu viel vorzugeben und letztlich doch eine Ansage zu machen. Meine Antwort ging etwa so: Es ist unvermeidbar, dass die Stimme des Chefs anders gehört wird, und wir sind schon noch sehr darauf konditioniert, dieser Stimme mehr Gewicht zu verleihen. Dadurch kann sehr leicht der Eindruck entstehen, es würde sich um Ansagen handeln, wenn der Chef sein Bild, seine Meinung kundtut. Ob dieser Gefahr nun aber gar nichts zu sagen, ist auch nicht die Lösung, denn dann würden wichtige Gesichtspunkte fehlen. Das gilt besonders dann, wenn der Chef gleichzeitig der Gründer ist und seine Vorstellungen und Werte dadurch eine besonders gewichtige Rolle im Unternehmen spielen.

Dieses Dilemma kennen auch sehr viele der Führungspersonen, denen wir im Rahmen der Dreharbeiten zu unseren Filmen sowie in unseren Veranstaltungen begegnen. Einen sehr klugen Umgang damit hat Mechthild Reinhard von sysTelios gefunden: Sie markiert sehr klar den Unterschied zwischen einer Ansage und ihrem eigenen »Parteiisch-Sein«. Wie sie das macht? Sie sagt immer und immer wieder, dass sie parteiisch ist, aber eben bewusst keine Ansage macht. Nun, könnten Sie einwenden, sagen kann sie ja viel. Doch die Mitarbeiter erleben bei Mechthild auch immer wieder, dass sie das auch so meint. Sie kann schon sehr klar für ihre Position kämpfen und gleichzeitig lässt sie sich überzeugen. Das Vorgehen ermöglicht Mechthild, Position zu beziehen, ohne dass dies als Ansage gehört wird. Das war auch nicht von heute auf morgen so – es hat eher Jahre gebraucht, bis diese Unterscheidung angekommen ist. Dieses Vorgehen sagt übrigens viel über Mechthilds Haltung aus: Da ist sie wieder, die Demut. Das leise Wirken ist kraftvoller als das lautstarke Verkünden von Veränderungen.

## Von U-Booten und Segelschiffen

In den letzten Jahren beobachte ich neben offiziellen Veränderungsinitiativen zunehmend eine andere Form, Wandel in Organisationen zu gestalten: die U-Boote, wie ich sie nenne. Das sind Initiativen, die an der Oberfläche zunächst nicht zu sehen sind. Manche von ihnen bleiben sehr bewusst lange »abgetaucht«, andere werden vom Rest des Unternehmens schlicht ignoriert. Innerhalb der U-Boote gibt es Vorgehensweisen und Prozesse, die sich mehr oder weniger deutlich von dem unterscheiden, was offiziell in der Organisation vorgegeben ist.

In einem großen IT-Unternehmen, das ich gut kenne, etwa arbeitet eine Abteilung mit 25 Menschen ohne die übliche Struktur aus Teamleitern und Teams, ohne die üblichen Kommunikationskaskaden und ohne einen fachlichen Chef. Auch dieses U-Boot blieb lange abgetaucht, weil es gefährlich gewesen wäre, sich zu zeigen. Inzwischen liegt es sichtbar für alle im Hafen, es zeigt sich, und Kollegen beginnen, sich für das zu interessieren, was auf diesem U-Boot geschieht. Der übergeordnete Chef dieser Abteilung findet aber vieles immer noch seltsam, zum Beispiel wenn der Abteilungsleiter (den es formal gibt) bei Fragen auf seine Mitarbeiter verweist – und die gar nicht »meine Mitarbeiter«, sondern »meine Kollegen« nennt. Noch ein Unterschied, der wirkt. Auch der Blick in den überraschend leeren Kalender des Abteilungsleiters löst bisweilen Irritationen aus. Wie es zu diesem leeren Kalender kommt? Der Abteilungsleiter hält sich fachlich raus und konzentriert sich auf seine Rolle, gute Arbeit zu ermöglichen. Dieser Umgang ermöglicht ihm auch, weitere Rollen im Unternehmen wahrzunehmen, sich zum Beispiel in der Fortbildung von Kollegen zu engagieren.

Wer so agiert wie dieser Abteilungsleiter, muss sich darüber im Klaren sein, dass es in der Regel weiterhin nötig sein wird, nach außen so zu tun, als sei alles wie immer. Da werden Reports und Vorstandsvorlagen erstellt, Budgets geplant und Ziele ausgegeben – wie überall im Haus. Lars Vollmer nennt auch so etwas – neben einer ganzen Reihe weiterer

Aspekte – »Businesstheater«. Er hat absolut recht, wenn er darauf hinweist, dass so etwas viel Energie verbraucht und letztlich Verschwendung ist. Ich denke aber, es lohnt sich dennoch, eine Weile das Theater mitzuspielen, denn in dessen Schatten können wichtige Veränderungen entstehen, die in der üblichen Hierarchie nur schwer möglich sind.

Eine kleine Warnung: Die Besatzung solcher »Organisations-U-Boote« braucht eine gehörige Portion subversiver Energie, ganz ohne ein Guerilla-Gen geht es nicht. Sie bewegt sich gegen den Organisations-Mainstream – und das hält sie nur dann länger durch, wenn in den Besatzungsmitgliedern ein kleiner oder großer Revoluzzer steckt. Und das Ganze ist auch nicht ohne Risiko: Wird so ein U-Boot aufgebracht, kann es sehr ungemütlich werden für die Besatzung.

So ein Risiko ist Ihnen zu hoch? Das ist mehr als verständlich und geht nicht nur Ihnen so. Ich glaube, auch deswegen gibt es neben den U-Booten, die zunächst unsichtbar bleiben, noch eine weitere Bootsklasse: die Segelschiffe. Dort haben sich Mannschaften zusammengefunden, die ganz offen mit neuen Vorgehensweisen experimentieren. Damit meine ich nicht die ganzen Innovations-Labs, die fernab des restlichen Unternehmens wild rumexperimentieren. Das bringt oft wenig – wie soll es auch? Wenn so weit weg vom Heimathafen – um im maritimen Bild zu bleiben – ein Boot auf fernen Meeren kreuzt,

> Die Besatzung von »Organisations-U-Booten« braucht eine gehörige Portion subversiver Energie und ein Guerilla-Gen.

hat das, was dort an Bord geschieht, wenig Wirkung auf die Besatzungen, die im Heimathafen agieren.

Ich meine mit Segelschiffen viel eher solche Initiativen wie »1492« bei der EnBW oder »Zeus« beim DB Personalservice. Beide Vorhaben sind deutlich sichtbar, sind aber nicht »von oben« als offizielle Veränderungsinitiativen im Rahmen großer Change-Programme in die Organisation gekippt worden, sondern eine Gruppe von Menschen hat die Initiative von sich aus ergriffen.

Beide Prozesse haben einiges gemeinsam: Es arbeiten in den Teams dort ausschließlich Freiwillige, die sich für die Lösung einer bestimmten Problemstellung interessieren – was allerdings nicht heißen muss, dass nicht alle – auch die Nichtfreiwilligen – von den Arbeitsergebnissen betroffen sind. Es gibt weder in Karlsruhe noch in Frankfurt »Command-

and-Control«-Strukturen im Sinne klassischer Projektansätze, sondern Zusammenarbeit auf Augenhöhe. Viele Konzernprozesse gelten innerhalb der Initiativen nicht bzw. werden anders gelebt als üblich und beide Initiativen sind eng mit dem »normalen Geschäft« verbunden.

Auf diese Weise entstehen besondere Räume, in denen die Mitarbeiter regelrecht aufblühen, kreative Lösungen für anstehende Herausforderungen finden und eine besondere Kraft entwickeln. Diesen Effekt stellten Jessica Wigant und Catrin Martin, die ursprünglichen Zeus-Initiatorinnen beim DB Personalservice, erstaunt fest. Da stand plötzlich ein Kollege, der sonst Betriebsrenten abrechnet, und moderierte eine Veranstaltung mit 500 Leuten. »Wir haben vorher schon immer sehr auf die Stellenbeschreibungen geschaut und haben damit unseren Blick ganz schön verengt«, sagte Jessica in unserem Gespräch. Jetzt waren die Kollegen viel mehr als ganze Menschen da, mit all ihren Facetten und Begabungen. »Das«, so Jessica, »war eine der erstaunlichsten und berührendsten Erfahrungen der letzten vier Jahre.«

Und das, obwohl »Zeus« ganz zu Anfang noch ein ganz normales Projekt zu werden schien, lediglich auf Freiwilligkeit wollten Jessica und Catrin von Anfang an setzen. Ansonsten: Pläne, Meilensteine, Lenkungskreis. Und dass im Laufe der Zeit eine agile Organisation wachsen würde, beruhend auf Selbstorganisation, Augenhöhe und Eigenverantwortung, daran war zunächst nicht zu denken.

Doch allein die Tatsache, dass alle Kollegen, die im Projekt arbeiteten, das freiwillig taten, hatte schon etwas verändert. Das Gefühl, freier denken und handeln zu können und sich selbst außerhalb bestehender Prozess- und Richtliniengrenzen als wirksam zu erleben, führte dazu, dass in den Zeus-Arbeitsgruppen Themen gelöst wurden, an denen sich das Management vorher jahrelang die Zähne ausgebissen hatte. Es war sogar so, dass sich schon Dinge veränderten, zum Beispiel Effizienzgewinne auszumachen waren, lange bevor irgendein Prozess oder eine Struktur formal angepasst worden war. Mitarbeiter begannen, anders auf ihre Arbeit zu schauen, und das reichte schon für erste Veränderungen aus. Eingefleischte Systemiker wird das nicht wundern, gehen sie doch immer davon aus, dass eine Beobachtung das Beobachtete bereits verändert. Sie kennen das vielleicht aus der Situation, in denen Ihnen jemand bei Ihrer Arbeit zuschaut. Das verändert schon, was und wie Sie etwas tun – auch ohne dass der Zuschauer interveniert.

Solche Segelschiffe wie »Zeus« bei der Bahn oder »1492« bei EnBW brauchen oftmals Schutz, sonst werden sie möglicherweise – offen oder subtil – unter Beschuss genommen. Dazu bedienen sie sich in der Regel der bekannten Mechanismen: Sie suchen sich jemanden, der in der offiziellen Hierarchie die Macht hat, so eine Initiative zu beschützen und qua Position zu legitimieren. Das ist für die Beschützer auch nicht immer ein Spaziergang, ich sehe immer mal wieder, dass der Rest der Organisation eher kritisch als wohlwollend verfolgt, was passiert. Doch mit einer entsprechenden Position im Unternehmen lässt sich dann doch einiges bewirken.

So wie in einer großen deutschen Landesbehörde: Dort beschützt und promotet ein Staatsrat eine Initiative, die neue Wege erprobt. Dagegen stellen sich Amtsleitungen und andere höhere Führungskräfte dann nicht mehr ganz so leicht. Dieses Beschützen ist meiner Erfahrung nach besonders wirksam, wenn es eher im Sinne des Räume-Öffnens geschieht, wie ich es im Kapitel »Leise wirken« beschrieben habe. Das bestätigen auch Jessica und Catrin – für sie fühlt sich das, was sie tun, sogar überhaupt nicht nach aktivem Beschützen an. Und doch tun sie viel dafür, dass Entwicklungen überhaupt erst möglich werden.

Sie fragen sich jetzt vielleicht, ob solche Initiativen Wirkungen über ihre unmittelbare Umgebung hinaus entfalten, wie viele dieser Erfahrungen in die »normale« Struktur, das tägliche Tun überschwappen. Das kommt sehr darauf an, welche Wirkung Sie meinen. Nach meinen Beobachtungen sind die informellen Wirkungen um ein Vielfaches schneller und tiefer gehend als die formellen. Wenn Menschen auf U-Booten oder Segelschiffen zum Beispiel Erfahrungen mit verschiedenen alternativen Entscheidungsverfahren machen, werden sie diese vermutlich auch in ihrem »normalen« Umfeld vorschlagen – auch ohne eine offizielle Veränderung des Prozesses. Da entscheidet dann vielleicht ein Team etwas im sogenannten Konsent (das heißt kurz gesagt, keiner ist dagegen, im Gegensatz zum Konsens, wo alle dafür sein müssen) und der Chef kommuniziert diese Entscheidung, ohne zu kennzeichnen, wie sie zustande gekommen ist. Formal alles beim Alten – und doch hat sich viel verändert. Entscheidende Veränderungen in Unternehmen – besonders in großen und sehr großen – fangen oft mit genau diesen »Untergrundbewegungen« an.

Klingt ganz schön anspruchsvoll? Ja, anspruchsvoll in jedem Fall. Aber keineswegs unmöglich und in jedem Fall lohnend. Doch wie kann ein Experiment gelingen? Sie ahnen vielleicht schon, dass es auf diese

Frage – mal wieder – keine allgemeingültige Antwort gibt. Es gibt keine fertige Experimentieranleitung, nur Zutaten für gelingende Experimente. Ob es für Sie die richtigen Zutaten sind: Das weiß ich nicht, probieren Sie es aus!

## Zutaten für gelingende Experimente

Im Laufe der Jahre habe ich aus all den Geschichten der Pioniere – inklusive unserer und meiner eigenen bei AUGENHÖHE – fünf Zutaten zusammengetragen, die gelingende Experimente wahrscheinlicher machen. Ich will Sie als Leser und alle Menschen in Unternehmen ermutigen, mit diesen oder anderen Zutaten eigene, individuelle Experimentieranordnungen zu erproben – damit es mehr Experimente und mehr Entwicklung gibt!

Es geht selten ohne die erste Zutat, ein »Wofür«. Wo immer ich erfolgreiche Experimente sehe – ob bei der DB Systel, EnBW, sysTelios oder in der Behörde – überall ist sehr klar, wofür experimentiert wird und wie die Erforschungen auf das »Wofür« der Organisation einzahlen. Wir sprachen im Kapitel »Sinn entfalten« bereits darüber, wie zentral das »Wofür« ist – das ist bei Experimenten nicht anders als bei ganzen Organisationen.

So auch neulich in der oben schon angesprochenen Landesbehörde, deren Transformationsprozess ich als Coach der Hauptinitiatorin begleite. Dort arbeiten ca. 30 Menschen in einem Thinktank freiwillig daran, die Behörde weiterhin als Arbeitsplatz attraktiv zu halten und die Leistungen für die Bürger weiter zu verbessern. Gar nicht so einfach, war doch ihr Selbstbild eher eines von »verstaubt, bürokratisch, Vorgaben befolgend«. Die Schwere dieses Selbstbildes war bei einem der Workshops an einem Montagabend bei schwül-heißen 30 Grad sehr spürbar. Wie um Himmels willen sollte es gelingen, diesen Laden attraktiv zu machen für Neueinsteiger, für junge Menschen? Woher sollte die Motivation derer kommen, die jeden Tag für die Bürger da sind? Wer hat denn auf so was Lust?

Gerade als die Stimmung endgültig zu »Lass uns ein Eis essen gehen und das alles hier vergessen« zu kippen drohte, stand eine Polizistin auf und sagte: »Mir reicht es. Glauben wir das selbst, dass wir so sind? Wofür sind wir da? Für die Sicherheit der Bürgerinnen und Bürger in unserem Land. Das ist es, wofür ich jeden Tag aufstehe und wofür ich in diesem Thinktank arbeite.« Es war nahezu magisch, was dann passierte: Es tauchte so etwas wie Stolz auf unter den Anwesenden – ein Gefühl, das es lange nicht mehr gab. Kein Wunder, bei dem Selbstbild und bei den nicht immer freundlichen Rückmeldungen aus Politik und Bevölkerung.

An dem Abend war dann aber spürbar: Das »Wofür« ist stärker, und wenn ich darüber schreibe, spüre ich immer noch die – nicht nur vor Hitze – flirrende Energie. Es war längst nach 20 Uhr geworden, als noch immer einzelne Gruppen zusammenstanden und weiterdiskutierten. Den Thinktank gibt es bis heute, er ist noch immer ein Ort innovativer Arbeitsweisen und kreativer Lösungen innerhalb einer sehr großen Landesbehörde. Einen schönen Beweis für das »Wofür« gab es an dem Abend übrigens auch noch: Nach der Pause kamen zwei der Kollegen mit gehöriger Verspätung zurück. Ihre Entschuldigung? »Sorry, wir mussten gerade noch jemanden festnehmen.« Eine Frau hatte direkt vor dem Behördengebäude versucht, gestohlene Handys zu verkaufen. Einen schlechteren Platz hätte sie sich nicht aussuchen können.

> **Wer Experimente wagen will, braucht Menschen, die bereit sind, unbekanntes Terrain zu erkunden.**

Diese Geschichte zeigt, wie zentral das »Wofür« für das Erforschen neuer Wege ist, denn wer sich verändert – oder verändern soll –, tut das wesentlich leichter, wenn klar ist, wofür.

Eine weitere wichtige Zutat klang gerade schon an, die Freiwilligkeit. Wer Experimente wagen will, braucht einfach Menschen, die Bock haben, Neues zu wagen, und die bereit sind, mit anderen unbekanntes Terrain zu erkunden. Die Menschen müssen zur Herausforderung kommen, sich förmlich von ihr angezogen fühlen – nicht umgekehrt, wie es so häufig in unseren Organisationen geschieht, wenn Projektteams von Vorständen, Direktoren oder Abteilungsleitern zusammengestellt werden. In der Initiative »1492@EnBW« etwa schlagen zwar meistens Führungs- oder Fachkräfte Themen vor, an denen aus ihrer Sicht gearbeitet werden sollte. So weit, so normal. Doch sie können sich dann ihre Mitarbeiter nicht aussuchen, sondern müssen in einem unternehmensöffentlichen »Pitch« um Mitarbeit werben. Ist das Team gefunden, liegt das Thema ab sofort in dessen Händen, und der Auftraggeber hält sich sehr weitgehend raus. Noch weiter geht die eben schon angesprochene Landesbehörde: Dort werden auch die zu bearbeitenden Themen überwiegend von den Beteiligten selbst identifiziert und entwickelt.

Um zwei Aspekte drehen sich Diskussionen sehr oft, wenn es um diese Freiwilligkeit geht. Erster Aspekt: »Was ist, wenn keiner kommt?« Erste Antwort: Ich habe nur selten gesehen, dass das passiert. Wann immer solche Räume entstehen, in denen Menschen eigenständig und selbstverantwortlich an Themen arbeiten können, die ihnen wichtig sind, hat das eine große Anziehungskraft. Autonomie ist für die allermeisten sexy.

Gesetzt den Fall, es käme wirklich niemand, gilt meine zweite Antwort: keine Freiwilligen, keine Initiative. Ganz einfach. Wenn es keine Freiwilligen gibt, ist das Vorhaben gerade nicht dran. Oder es braucht eine Veränderung, damit die Menschen sich eher angezogen fühlen. Ich beobachte sehr oft den Reflex, dass bei ausbleibender Resonanz die Frage »Warum machen die denn jetzt nicht mit?« gestellt wird. Sie hören die Vorwürfe, die in dieser Frage mitschwingen, vielleicht sogar durch die Buchzeilen. Meiner Erfahrung nach sind zwei andere Fragen viel hilfreicher: »Was müsste anders sein, damit deine Lust, dabei zu sein, steigt?« und »Was brauchst du, um dich zu engagieren?« Klingt ein bisschen nach »Wünsch dir was«? Bleiben da nicht die Aufgaben liegen, die niemand machen will? Das ist erstaunlich selten der Fall. Meine These ist, dass das wiederum viel mit dem gerade angesprochenen Sinn der Aktivitäten zu tun hat: Wenn der klar ist, bringt auch jemand den Müll raus.

Zweiter Aspekt der Diskussionen: Was mache ich, wenn die nicht kommen, die aber unbedingt dabei sein sollten? Erste Antwort: Wenn Sie eine Kollegin oder einen Kollegen unbedingt dabeihaben möchten, der aber nicht kommt, können Sie maximal um Beteiligung werben – aber: »Verdonnern is' nich'!« Zweite Antwort: Ich bin eine große Freundin des einen Leitprinzips in Open-Space-Veranstaltungen, das da lautet: »Die, die da sind, sind die Richtigen.« Ich bin fest davon überzeugt, dass dieses Prinzip nicht nur in Veranstaltungen immer wieder zu einer erstaunlichen Energie beiträgt, sondern dass dies auch für ganze Organisationen gilt. Denen, die da sind, ist es offenbar ein Anliegen, sich um ein bestimmtes Thema zu kümmern, das identifizierte Problem zu lösen und so ihren Beitrag zu leisten.

Veränderungen und Entwicklungen brauchen immer auch die Gunst des richtigen Augenblicks, das ist die dritte Zutat für gelingende Experimente. Das mit dem Augenblick wussten schon die alten Griechen, die den günstigen Zeitpunkt als Gottheit personifizierten, den Kairos, einen Begriff, auf den wir schon einmal an anderen Stellen gestoßen sind. Das ist in unserer Welt, die so sehr in Terminen und Deadlines organisiert ist, durchaus ungewohnt. »Wie weiß ich denn, ob der Augenblick nun da ist?«, werde ich daher oft gefragt.

Nun, so einfach wie der Blick auf den Kalender, der mir sagt, ob heute ein Projekt beginnt, das in acht Wochen abgeschlossen sein wird, ist es nicht. Das mit dem Kairos ist ein bisschen wie die Entwicklung des Feelings für die Welle beim Surfen. Das Gefühl für den richtigen Moment haben die Akteure, mit denen ich gesprochen habe, im Tun entwickelt, durch das Ausprobieren und Studieren der Wirkung. Wann dieser Moment da ist, dafür gab es keine eindeutigen Kriterien, eher Hinweise. Wenn etwas leicht ging, was vorher zäh war, schwerwiegende Einwände ausblieben und sich Menschen fanden, die es tun wollten, dann waren das Hinweise darauf, dass sie die Welle jetzt reiten könnten. Ob es aber klappt, wussten alle immer erst, wenn sie aufs Brett gestiegen waren und es ausprobiert hatten. Sie merken schon: Sie werden nie wissen, ob der Augenblick da ist. Sie werden es eher spüren.

Es ist weniger ein kognitiver als ein intuitiver Prozess, und je häufiger Menschen in unseren Unternehmen auf das Surfbrett steigen, desto mehr schulen sie ihre Intuition und entwickeln so immer ein Stück mehr Systemkompetenz – und werden auch spüren, wenn die Zeit noch nicht reif ist für einen bestimmten Schritt. Das ist mindestens ebenso wichtig und wird in unseren Organisationen besonders gerne missachtet. Es wird viel zu viel erzwungen. Aber wenn etwas schwer geht, ist eben nicht Kairos. Dann gilt: Hände weg von der Veränderung und etwas dafür tun, den Boden für sie zu bereiten, sie infrage stellen und so weiterentwickeln, dass es passt.

Helmut Lind, der Vorstandsvorsitzende der Sparda-Bank, verwendet dafür ein Bild, über das wir im Kapitel »Autopoiese respektieren« schon gesprochen haben. Er sagt dazu, dass er die Bank immer mehr als Organismus erlebt, weniger als programmierbare Maschine. Pausen im Transformationsprozess stellten sich eher automatisch ein, dann haben alle Beteiligten gemerkt, dass etwas mehr Zeit braucht. Der Bankchef sagte, es sei dann schon ungewohnt gewesen, »nicht daran zu ziehen«.

Er hat dabei gelernt, dass selbst wenn etwas als Stillstand erschien, sogar als Niederlage, oder sich als Fehler anfühlte, viel passiert war, was nur noch nicht wahrnehmbar war – wie bei einer Pflanze, die schon lange unter der Erde wächst.

Eine weitere, die vierte Zutat: Rückkopplungsmöglichkeiten. Ich wundere mich ehrlich gesagt, dass die vielen Organisationspioniere, die ich kennengelernt habe, noch so schlank sind. Weshalb? Weil die alle gefühlt dreimal am Tag zum Mittagessen gegangen sind, um dem Flurfunk zu lauschen, und anschließend am Kuchenbuffet standen, um mitzubekommen, was gerade in der Organisation geschieht, was bei den Menschen ankommt und was sie aktuell brauchen. So konnten sie ein immer besseres Gespür dafür entwickeln, ob der Boden für die Experimente sicher und fruchtbar ist. Um das erspüren zu können, brauchten sie möglichst viele Rückkopplungen, damit sie mitbekamen, welche Auswirkungen ihre Aktionen hatten und wann die Zeit reif war für einen nächsten Schritt. Und das geht informell tausendfach besser als durch offizielle Befragungen.

> **Bei Menschen auf neuen Wegen herrscht eine große Toleranz dafür, dass alle etwas erproben und Ungewohntes tun.**

Im Siemens-Gasturbinenwerk in Berlin etwa gab es den »durstigen Donnerstag«, von dem ich schon erzählt habe, das wöchentliche informelle Feierabendbier. Der bei dieser Gelegenheit stattfindende Austausch trug maßgeblich zur informellen Vernetzung, zum Lernen und schließlich zum Erfolg der Transformation in dem Werk im Herzen Moabits bei.

Was mir außerdem immer wieder sehr deutlich auffällt, wenn ich mit Menschen auf neuen Wegen spreche, ist die fünfte Zutat: Es herrscht in diesen Gruppen eine große Toleranz dafür, dass alle etwas erproben und Ungewohntes tun. Das bedeutet auch, dass alle üben – Mitarbeiter wie Führungskräfte. Niemand wird sofort alles können – auch die Chefs nicht. Ich habe manchmal den Eindruck, besonders von denen wird erwartet, dass sie neue Wege aus dem Stand gehen können. Gelingt das nicht, wird gemeckert und Vorwürfe werden laut. Doch die Chefs brauchen wie alle anderen Beteiligten Ermutigung und Verständnis, Vorwürfe helfen nicht weiter. Zu dieser Toleranz gehört für mich auch, dass Unsicherheit, Unruhe und Konflikte, die unweigerlich auf dem Weg auftauchen werden, angesprochen werden dürfen, dass es dafür Räume gibt, in denen das passieren kann.

Bei der DB Systel haben die Bahner eigens Rollen und Rituale dafür geschaffen, damit diese Regungen nicht unter dem Teppich bleiben. So sorgen 40 Agility-Instruktoren und fünf Senior-Coaches für die unmittelbare Unterstützung der Teams und helfen ausgebildete Mediatoren bei Konfliktklärungen. Einstiegsrunden in Meetings, in denen Raum ist für Befindlichkeiten, Gefühlslagen und Stimmungen, sind inzwischen genauso ritualisiert wie regelmäßige Retrospektiven, in denen die Teams ihre Zusammenarbeit reflektieren.

Solche Vorgehensweisen sind extrem klug, denn nur allzu oft geschieht genau das: Unsicherheit, Unruhe und Konflikte sind nicht erwünscht, deswegen werden sie nicht angesprochen. Manchmal fühlt es sich dann in Organisationen an, als säße eine Schlange unter dem Teppich. Es sieht jeder, dass sie da ist, aber der Teppich wird nicht zurückgeschlagen und alle tun so, als wäre die Schlange nicht da.

Mir liegen neue Wege in unseren Unternehmen sehr am Herzen, das haben Sie vermutlich längst gemerkt. Deswegen habe ich außer den fünf Zutaten auch noch drei Wünsche an alle, die in ihren Organisationen Neues wagen wollen – an Sie.

Bitte würdigen Sie, was bereits alles da ist. In der Euphorie des Neuen passiert es leicht und meistens völlig unabsichtlich, dass das Bestehende abgewertet wird. Doch es ist aus gutem Grund da, hat oft schon lange funktioniert und ist keineswegs »blöd«.

Bitte versuchen Sie nicht, Ihre Experimente und Ergebnisse sofort in Geld zu messen. Damit können Sie jede Initiative abwürgen. Oft braucht es Investitionen in das Bilden von Netzwerken, in Beziehungen, Zugehörigkeit, in das Lernen, Fallen und Aufstehen. Diese Investitionen zahlen sich nicht immer sofort aus – und schon gar nicht immer direkt monetär.

Bitte bleiben Sie vorsichtig, wenn Sie den Tipp hören, Sie sollten das System irritieren, um Veränderungen auszulösen. Wir sprachen bereits im Kapitel »Autopoiese respektieren« darüber. Es ist zwar richtig, dass es ohne Irritation keine Veränderung gibt, aber wenn Sie übertreiben, ernten Sie die typischen Reaktionen auf zu viel Irritation: Angst und Stress, die typischerweise zu Kampf, Flucht oder Totstellen führen. Können Sie alles nicht gebrauchen, wenn Sie sich Veränderung wünschen. Es ist einfach ein Irrtum, dass Irritation zwangsläufig zu günstigen Veränderungen in einem System führt: zu Veränderungen oft schon, aber eben selten zu günstigen, das klang bereits an.

Wo wir gerade bei Irrtümern sind, da gibt es noch einen großen Irrtum im Zusammenhang mit neuen Wegen – und einige weitere, kleinere und größere.

## Du kommst um dich selbst nicht herum

Über einen der größten Irrtümer im Zusammenhang mit Veränderungen in Organisationen haben wir bereits mehrfach gesprochen. Ich wundere mich wirklich immer sehr über die Aussage, Unternehmer oder Führungskräfte müssten sich halt einfach für eine andere Struktur entscheiden, dann würden die beabsichtigten Veränderungen schon entstehen. Eine andere Struktur führt zu anderem Verhalten der Organisationsmitglieder, so der Glaube. Das klingt immer so einfach. Doch dabei wird gleich auf mehreren Ebenen etwas übersehen: Zum einen gerät aus dem Blick, was für die Akteure alles dazugehört, solche Entscheidungen zu treffen, die so einfach und schlank daherkommen. Zum anderen fehlt vollständig der Blick auf alle unwillkürlichen Prozesse, die jede Stunde, jede Minute in uns Menschen ablaufen.

Aber eins nach dem anderen. Was verlangt es von Menschen – häufig Führungskräften –, Experimente in ihren Organisationen zu wagen? Ich nenne Ihnen vier Aspekte, die mir immer wieder aufgefallen sind.

Erstens: Leidenschaft ausstrahlen. Jemand, der sein »Wofür« klar hat, ist ziemlich unwiderstehlich. Leidenschaft steckt an. Das ist bei Helmut Lind in München genauso spürbar wie bei Pia Brüntrup in Hamburg, Mechthild Reinhard in Siedelsbrunn, Thomas Ditzer in Frankfurt und vielen anderen Pionieren in unseren Organisationen. Sie brennen für etwas und sorgen damit auch dafür, dass die Veränderungen und Entwicklungen in ihren Unternehmen immer wieder neue Energie bekommen. Etwas Neues in einer Organisation entsteht in den allermeisten Fällen, weil zuerst ein Einzelner oder eine kleine Gruppe Leidenschaft für etwas hat.

Zweitens: Angst eingestehen. Gerade gestern sagte mir eine durchaus hohe Führungskraft im Öffentlichen Dienst:»Glauben Sie mir, Frau Luinstra, ich frage mich jeden Tag, ob das hier wohl alles gutgeht.« Erfrischend ehrlich, denn diese Führungskraft gesteht etwas ein, was sonst in unserem (Unternehmens-)Alltag häufig tabuisiert wird: Angst. Und wenn sie doch mal auftaucht, hat sie meistens gleich einen weiteren Irrtum im Gepäck, nämlich den, dass diese Angst wegmüsste, damit ein Experiment erfolgreich werden kann. Doch das geht gar nicht. Gunther Schmidt, der Kollege von Mechthild Reinhard, brachte es in einem unserer Gespräche auf den Punkt: »Mit Angst, nicht ohne sie gehen wir unseren Weg.« Diese Haltung macht Gunther und einige der anderen Pioniere so inspirierend und handlungsfähig: Sie sind sich ihrer Angst bewusst und gehen ihren Weg mit ihr.

Drittens: Narzissmus integrieren. Einen noch schlechteren Ruf als die Angst hat Narzissmus. Der muss nun aber wirklich weg, oder? Narzissten nerven, sind in ihrem Geltungsdrang unerträglich. Ich glaube aber, ohne einen gesunden Narzissmus würden viele neue Wege in unseren Unternehmen unbeschritten bleiben. Problematisch wird es nur dann, wenn der Narzissmus überhandnimmt – oder, um es mit den Worten von Ronny Großjohann von Siemens zu sagen: »Wenn das Ego größer wird als die Idee, ist das Projekt in Gefahr.«

Neulich in unserem Programm AUGENHÖHEwegbegleiter sagte einer unserer Teilnehmer, Michael, Führungskraft in einem Konzern, er wünschte sich schon immer mal wieder Applaus, und der Held in diesen Transformationsprozessen wäre er schon auch gerne irgendwie. Der innere Narzisst hatte sich gemeldet, so beschrieb er es. Gleichzeitig war Michael klar, dass so eine Form der Anerkennung nicht zu den neuen Wegen passt, die seine Organisation geht. Deswegen wollte er diese Impulse in sich gern loswerden.

Doch auch hier gilt: Den Wunsch nach Anerkennung »wegmachen« zu wollen, ist weder förderlich noch möglich. Es geht lediglich um die passende Form der Anerkennung, da ist einiges an persönlichem Austarieren gefragt. Der Teilnehmer hat für sich übrigens ganz interessante Wege gefunden: Zum einen hat er sich selbst Anerkennung für das ausgesprochen, was er in der Organisation mit in Bewegung gebracht hat. Zum anderen hat er begonnen, sich klarzumachen – und auszusprechen – was andere beigetragen haben. Die Konsequenz: Es war sehr deutlich, dass das Erreichte eine Mannschaftsleistung war, und gleichzeitig bekam unser Teilnehmer einige sehr schöne Rückmeldungen dazu, worin die Kollegen seinen Beitrag zu dem Ganzen sahen. Damit hatte er die Anerkennung, die er sich wünschte, und der innere Narzisst war zufrieden, ohne dass eine Heldenverehrung nötig war.

Viertens: Mit sich selbst gnädig sein. Im vorherigen Abschnitt habe ich geschrieben, dass Toleranz beim Umgang damit hilfreich ist, dass das Neue nicht immer sofort klappt. Wissen Sie, wem gegenüber wir diese Toleranz häufig am allerwenigsten aufbringen? Gegenüber uns selbst. Verrückt, oder? Neulich begegnete mir dieses Phänomen gerade wieder, im Gespräch mit Sabine, Teamleiterin in einem großen Unternehmen. Was war passiert? Sie hatte eine Entscheidung getroffen, für die zuvor vereinbart worden war, dass diese vom Team getroffen wird. In der Gruppe war es aber zu keiner Lösung gekommen – und dann hatte Sabine eben entschieden. Wir haben im weiteren Verlauf des Gesprächs herausgearbeitet, dass

**Ohne Narzissmus würden viele neue Wege in Unternehmen unbeschritten bleiben. Problematisch wird es, wenn er überhandnimmt.**

sie ihre Aufgabe, Entscheidungen zu treffen, sehr verinnerlicht hat. Alles andere wäre auch komisch, nach mehreren Jahren als Führungskraft. Das jetzt anders leben zu müssen – oder zu wollen –, ist anstrengend. Zweifel und »Ehrenrunden« sind dabei normal, sie gehören zu solchen Entwicklungsprozessen.

Ehrenrunde ist ein Begriff, den Gunther Schmidt an dieser Stelle gerne verwendet, statt von Rückfällen zu sprechen. Rückfall klingt eher so, es würde sich nichts bewegt haben. Aber das stimmt nicht, auf der Ehrenrunde passiert viel. Wenn Sie ein verändertes Verhalten erproben, üben Sie sich darin. Dabei kommt es hin und wieder vor, dass auch andere, gewohnte Verhaltensmuster mit auftauchen. Entscheidend ist nicht, dass das passiert – und es wird passieren – sondern vielmehr, wie Sie damit umgehen. Sie können sich dafür zur Schnecke machen oder aber mit sich selbst gnädig sein und sich Ehrenrunden erlauben. Sabine war nach dem Gespräch etwas versöhnt mit ihrem »Fauxpas« und hat am nächsten Tag ihrem Team berichtet, was ihr passiert war und wie sie damit umgeht. Damit war im gesamten Team klar: Vorwürfe helfen nicht – weder an sich selbst, noch an andere – und wenn ich etwas nicht hinbekommen habe, bitte ich um Verzeihung – mich selbst und andere.

Allein diese vier Aspekte machen deutlich, wie sehr die Persönlichkeit und die Art und Weise des Handelns (zentraler) Akteure den Verlauf von Experimenten beeinflussen – und ob diese überhaupt stattfinden.

In den letzten Jahren durfte ich einige Pioniere begleiten, die neue Wege erforscht haben, und miterleben, wie sie sich auf ihrem persönlichen Weg entwickelt haben und wie dies die Transformationen in ihren Unternehmen beeinflusst hat. Besonders deutlich wurde mir das, als ich Iris wiedertraf. Sie war Teilnehmerin unseres allerersten AUGEN-HÖHEwegbegleiters, 2016 war das. Am Anfang der Ausbildung saß die Geschäftsführerin eines mittelständischen Beratungsunternehmens stets auf der Stuhlkante, war schnell in allem, was sie tat, und sagte Sätze wie: »Ich bin die Chefin, alle hören auf meinen Pfiff.« In ihrem Unternehmen lief es zäh, berichtete sie, Mitarbeiter – allesamt kompetente Berater – übernahmen in ihrer Wahrnehmung nicht so recht die Verantwortung für die Kundenbeziehungen, fühlten sich nicht für die Neuakquise zuständig – und Iris hatte das Gefühl, alles würde auf ihrem Tisch landen.

Wie anders war das im Laufe des Ausbildungsjahres geworden. Es war für Iris einfacher geworden, sich zurückzunehmen, wenn Kollegen mit Fragen und Entscheidungswünschen auf sie zukamen. Mit ihrem Muster, auf alles zu antworten, hatte sie – unabsichtlich – die Möglichkeiten für ihre Kollegen begrenzt, eigene Ideen einzubringen und eigenverantwortlich zu handeln. Mit dem Bewusstsein für dieses Muster nimmt Iris die »Verführungen« heute viel stärker wahr. Denn natürlich funktioniert ihr Umfeld weiter wie vorher: Alle waren gewohnt, dass Iris antwortet und alles regelt, so wird sie auch heute noch angefragt. »Und manchmal schnappt die Falle auch noch zu«, sagte sie in unserem Gespräch drei Jahre nach ihrer Ausbildung – und ergänzte: »Aber viel seltener als früher.« Und sie merkt jetzt, wenn das Muster anspringt, und kann im Nachhinein noch gegensteuern.

Iris war auf ihrem Weg eines sehr klar geworden: Sie steckt selbst immer mit drin in allen Entwicklungen ihres Unternehmens. Ihre Muster, Glaubenssätze und Gewohnheiten haben Wirkung in der Organisation – und deren Veränderung eben auch. Bei sysTelios gibt es für dieses Phänomen einen wunderbaren Satz, dort heißt es schlicht: »Du kommst um dich selbst nicht herum.« Ob Sie wollen oder nicht: Eine Transformation, ein Experiment hat immer auch mit Ihnen zu tun. Sie können niemals etwas nur »mit einem System« tun, sondern sind immer Teil dessen – selbst dann, wenn Sie eine Organisation lediglich beobachten und sogar wenn Sie formal »Externer« sind, zum Beispiel als Berater. Sie können immer nur vor dem Hintergrund Ihrer

Erfahrungen, Ihrer Entwicklung, Ihres Wissens, Ihrer Glaubensätze ein System beobachten – und Ihre Art der Beobachtung wird das System bereits beeinflussen.

Das zeigt: Persönliche Entwicklung ist ein entscheidendes Element auf dem Weg zu mehr Lebendigkeit in Organisationen.

# Entwicklung neu denken

Nicht nur im letzten Kapitel klang immer wieder an, welche Rolle persönliche Entwicklung der Akteure in lebendigen Transformationsprozessen spielt. Bisher gingen wir in unseren Organisationen jedoch weitgehend davon aus, dass es möglich wäre, etwas »mit dem System« tun, »das Personal« oder »die Organisation« entwickeln und verändern zu können, als sei das etwas Entferntes, weit weg Liegendes, das keine Auswirkungen auf uns selbst hat oder nicht bestimmter Voraussetzungen unserseits bedarf. Doch das ist ein Irrtum. Es hat sehr viel mit uns zu tun.

»Du kommst um dich selbst nicht herum« – dieser bei sysTelios häufig vorkommende Satz hat sich bei mir festgesetzt, weil er etwas in Worte fasst, was ich immer wieder erlebt habe: Bei aller Bedeutung, die kluge Strukturen in Unternehmen haben, kommt es doch immer wieder entscheidend auf Menschen, ihre Handlungen und Haltungen an.

Wenn jemand – so wie unser Teilnehmer Michael, von dem im letzten Kapitel die Rede war – mit seinem inneren Narzissten konfrontiert wird, dann ist er gefordert, mit ihm umzugehen. Erinnern Sie noch, was er gemacht hatte? Statt sich selbst auf die Bühne zu stellen und den Applaus zu genießen, hatte er zunächst anderen seine Anerkennung für deren Beiträge ausgesprochen. Damit wurde deutlich, was jeder geleistet hatte, und fast im Vorbeigehen bekam auch Michael Würdigung für seine Beiträge. Wie anders ist das als das übliche »Schaulaufen«? Hätte Michael diesem Drang nachgegeben, wären in seiner Organisation, Teil eines großen Konzerns, viele der Entwicklungen hin zu mehr Lebendigkeit unmöglich gewesen. Das ist ein Grund, weshalb persönliche Entwicklung in Transformationsprozessen so wesentlich ist: Bleibt sie aus, werden viele Entwicklungen gebremst, weil Menschen in ihren alten Mustern weiter agieren.

Das wird mir auch immer wieder klar, wenn ich an meine Erfahrungen in verschiedenen Banken denke – vor über 30 Jahren als Mitarbeiterin, aber auch später in der Rolle der Beraterin. Ich erinnere mich dabei vor allem an eine Genossenschaftsbank im Westen des Landes. Ähnlich wie bei der Sparda-Bank in München war dort die Entscheidung gefallen, individuelle Boni abzuschaffen. Ich kam mit dem Kreditinstitut in Kontakt, als ich eine der Führungskräfte bei unserem AUGENHÖHEcamp in Düsseldorf kennenlernte. Sie war irritiert, denn es war deutlich geworden: Die Vertriebler wollten mehrheitlich die Boni zurück – obwohl es rein monetär Ausgleichzahlungen gegeben hatte. Hier zeigt sich das Phänomen, dass persönliche Entwicklung untrennbar mit organisationalen Veränderungen verwoben ist, ebenso: Die Verkäufer sind in einem System sozialisiert worden, in dem der Wettbewerb durch individuelle Prämien gefördert wurde. Die Wahrscheinlichkeit, dass ein Großteil der Vertriebler sich angesichts des Anreizsystems, das Einzelleistung belohnt, sehr kompetitiv verhält, ist groß. Das muss nicht so kommen, aber es ist doch recht wahrscheinlich. Nun kommt vom Vorstand die Entscheidung, die individuellen Boni abzuschaffen. Die Vertriebler aber sind weiter im »Wettkampfmodus« – und fordern ihre Boni zurück. Damit sprechen sie ihrerseits, wenn wir ganz nüchtern darauf schauen, nichts anderes als eine Art von Einladung an die Organisation aus: nämlich die möge doch bitte die völlig bescheuerte Idee, keine Boni mehr zu zahlen, sofort fallenlassen. Oder anders gesagt: Das Verhalten der Vertriebler löst bei denjenigen, die die Abschaffung initiiert hatten, wiederum ein Nachdenken darüber aus, ob dieser Schritt wirklich so klug war. So gehen diese Einladungen an die Art und Weise, sich zu verhalten, munter zwischen den einzelnen Akteuren hin und her.

Den Begriff der »Einladungen« in diesem Kontext – den ich bis hierher auch schon einige Male genutzt habe – habe ich von Gunther Schmidt gelernt und empfinde ihn als sehr zutreffend: Einladungen kann ich annehmen oder ablehnen. Das fällt leichter oder schwerer, je nachdem, von wem die Einladung kommt und um welchen Anlass es sich handelt. Die Hochzeit der besten Freundin? Sehr gerne! Der 80. Geburtstag der schrulligen Tante? Muss nicht sein. Manchmal fühlt es sich vielleicht so an, als hätte ich keine Wahl, als müsste ich dahin. Doch unausweichlich ist es nicht, es gilt: »Ich muss gar nichts.« Es bleibt immer noch viel Raum für eine ganz eigene, autonome Antwort.

So wie Sie mit der Einladung im Briefkasten auf Ihre ganz eigene Weise umgehen können, so geht das auch mit Einladungen, die von Kolleginnen, Freunden, ihrem Partner oder ihrer Partnerin, ihren Kindern kommen oder die von Strukturen und Prozessen im Unternehmen ausgehen. Und dieser Umgang wird wiederum eine Einladung an Ihr Umfeld sein: Jedes Verhalten ist gleichzeitig Ursache und Wirkung des Verhaltens anderer, und gemeinsam stricken wir die Muster. Das kann einer allein nicht. Das ist der zweite Grund, weshalb die Entwicklung der Akteure so wichtig ist: Ihr Verhalten, ihre Haltungen, Muster und Gewohnheiten sind Teil des Strickmusters der Organisation, und damit sich dies wirklich ändert, braucht es neben den strukturellen Änderungen das persönliche Wachstum, die Auseinandersetzung mit sich selbst.

Das galt auch für alle Akteure in der westdeutschen Genossenschaftsbank: Die Vertriebler kamen nicht umhin, sich mit ihrem inneren Wettbewerbsmodus auseinanderzusetzen und sich zu fragen, wofür ihnen »besser sein« so wichtig ist. Die Antworten waren schnell gefunden: Es ging um Anerkennung und Würdigung ihrer Leistung. Die Initiatoren der Abschaffung waren ihrerseits ebenso gefordert, ihr »Wofür« zu schärfen. Wofür wollten sie die Boni abschaffen? Worum ging es ihnen? Die Antwort: um mehr Kooperation in der Bank, die diese zugleich wirtschaftlich erfolgreicher, gemeinwohlorientierter und zu einem besseren Ort für die Arbeit jedes Einzelnen machen würde. Es war klar: Eine tragfähige Lösung kann nur entstehen, wenn die Bedürfnisse aller Beteiligten Berücksichtigung fanden.

> Damit sich das Strickmuster der Organisation wirklich ändert, braucht es auch persönliches Wachstum und Auseinandersetzung.

Heraus gekommen ist schließlich ein sehr differenziertes System: Die Genossenschaftsbanker haben Produktprovisionen abgeschafft, lange bevor diese gesetzlich verboten wurden. Honoriert werden nur noch besondere Teamleistungen – und wer die bekommt, wird gemeinsam und nicht mehr von einem Vorstandsmitglied entschieden. Anerkennung findet jetzt viel mehr als vorher auch zwischen Kollegen statt. Ich persönlich glaube übrigens, dass der jetzige Prozess eine Zwischenlösung ist. Früher oder später wird es auch die nicht mehr brauchen. Doch solche Entwicklung braucht ihre Zeit.

## Gefaltete Tischdecken

Zeit braucht sie vor allem deswegen, weil innere Bewegungen notwendig sind – und die gehen nicht immer so schnell, wie es manch ein Personal- oder Organisationsentwickler gerne hätte. In vielen unserer Organisationen wird immer noch so getan, als seien wir Menschen triviale Maschinen. Da wird viel gesteuert und wenig gestaltet – erinnern Sie sich an den Unterschied, über den wir im Kapitel »Autopoiese respektieren« bereits sprachen? Personaler legen Entwicklungsprogramme auf, konzipieren Kompetenzraster und schleusen die Mitarbeiter durch Führungsseminare, Lehrerinnen entwickeln ausgefeilte didaktische Konzepte, um Kindern bestimmtes Wissen beizubringen. Das sind alles Steuerungsversuche.

Auch uns selbst gegenüber tauchen immer wieder Steuerungsideen wie zum Beispiel bei Kinderwunsch oder Ernährungsfragen auf. Wir tun das vor allem, um Sicherheit zu gewinnen. Aber Menschen sind keine Maschinen – große nicht und kleine erst recht nicht. Eigentlich ist das ja jedem klar, aber es ist frappierend, wie oft wir dennoch implizit von dieser Maschinenannahme ausgehen, nicht nur Organisationen, sondern auch Menschen – uns selbst eingeschlossen – gegenüber.

Dabei gilt für persönliche Entwicklung noch mehr als für die Entwicklung einer Organisation: Die eigene Entwicklung können Sie gestalten, aber nicht steuern. Sie können sich nicht »fein säuberlich zusammenlegen«, damit Sie gut funktionieren, wie es Mechthild Reinhard gerne beschreibt.

Ich kann gut nachvollziehen, was sie meint. Vor meinen Augen entsteht, wenn sie das mit dem Zusammenlegen sagt, das Bild des Wäscheschranks meiner Großmutter: ein Stapel weißer, gestärkter Tischdecken, alle in dasselbe Format gefaltet, Kante auf Kante gestapelt. Was aber, wenn Sie nun an so einer Tischdecke ziehen? Dann ist die Faltung dahin – vielleicht kippt sogar der gesamte Stapel um. Und das Leben zieht dauernd an den Tischdecken, durch kleine Veränderungen wie einen neuen Chef oder große Einschnitte wie Krankheiten oder den Verlust geliebter Menschen.

Der verständliche Reflex meiner Großmutter angesichts ungefalteter Tischdecken: sie möglichst schnell wieder zusammenzulegen in die gewohnte Form. Und so gehen wir Menschen vielfach auch mit uns selbst um. Manche von uns wenden sich in diesen Situationen an Coaches oder Therapeuten – und zwar meistens mit dem Auftrag, dass diese uns wieder so akkurat zusammenlegen mögen wie vorher: »Bitte machen Sie, dass ich wieder funktioniere.« Wir Menschen brauchen Sicherheit, und unsere gewohnte Form gibt uns Sicherheit. Es ist sogar so, dass manche sich mit der gefalteten Form verwechseln und meinen, es gebe sie nur so. Wer weiß, ob nicht auch die sonst immer fein im Wäscheschrank gefaltete Tischdecke insgeheim erschrickt, wenn sie plötzlich in voller Größe auf einer Tafel liegt. Gut möglich, dass auch sie sich zurückwünscht in die ordentlich gefaltete Form. Aber eine gefaltete Existenz im Schrank ist nun mal nicht der Daseinssinn einer Tischdecke.

Und so ist es auch weder sinnvoll noch wünschenswert, dass wir Menschen uns nach Krisen und Einschnitten wieder fein säuberlich zusammenlegen. Denn wir brauchen uns in der großen, aufgefalteten Form – überall da, wenn es um Lebendigkeit geht, also eben auch bei der Arbeit. Wir brauchen Menschen, die leuchtende Augen haben und Lust auf die Welt – auch und gerade angesichts der zunehmenden Komplexität. Und keine, die sich selbst immer wieder fein säuberlich zusammenlegen und sich Kontexten anpassen – egal, ob alten oder neuen.

Zumal das akkurate Zusammenlegen in die vorherige Faltung bei uns Menschen auch gar nicht möglich ist, weil wir Menschen eben autopoietische Wesen sind. Selbst bei der Tischdecke hat das seine Tücken: Wenn die einmal aus dem Schrank ist, bekommen Sie sie nur mühsam wieder ordentlich zurück in den Stapel. Fast, als wären Tischdecken auch autopoietische Wesen.

Doch welche Aspekte helfen, uns als Menschen und unsere Entwicklung eher von der großen Tischdecke ausgehend zu denken als von der gefalteten Version? Mir sind im Laufe der letzten Jahre vier Aspekte eines neuen Verständnisses persönlicher Entwicklung besonders wichtig geworden. Weshalb diese vier? Sie berücksichtigen besonders gut, dass wir autopoietische Wesen – und eben keine Maschinen – sind. Diese vier Aspekte stehen für mich für einen gestaltenden, nicht steuernden Umgang mit uns und unserer Entwicklung.

# Von Kopfschmerzen, Beobachtern und Leuchttürmen

Der erste wesentliche Aspekt eines neuen Verständnisses persönlicher Entwicklung klang im Laufe der letzten Kapitel bereits immer wieder an: sich selbst als ein inneres Team, mit ganz unterschiedlichen Anteilen, zu denken. Erinnern Sie sich an die Schulleiterin, die erst einmal innerlich einiges klären musste, bevor sie die Lehrerkonferenz aus der Hand gab? Oder an unseren Teilnehmer Michael, der seinen inneren Narzissten integriert hat? Beide – Pia und Michael – haben sich nicht als eine Person gedacht, sondern ihre innere Mannschaftsaufstellung betrachtet.

Sie werden das vermutlich auch kennen, dass sich angesichts einer Frage oder einer Gelegenheit viele Stimmen in Ihnen melden. Mir ging es neulich gerade wieder so, als ein Kunde mir anbot, in seine Organisation zu wechseln. Glauben Sie mir, nach der ersten Freude über dieses Angebot hob ein vielstimmiger Chor an: die Freiheitsliebende, die auf berufliche Selbstständigkeit besteht, die Visionärin, die unbedingt weiterhin ganz eigene Ideen verwirklichen möchte, die Rednerin, die die Bühne vermissen würde. Die drei hätten natürlich alle sofort »Nein« gesagt. Doch es tauchten noch andere Stimmen auf: die der Gestalterin, die auch große Lust hätte, noch einmal kontinuierlich einen Transformationsprozess mitzugestalten, die der Sicherheitsbewussten, die mahnte, ich würde nicht jünger und vielleicht sei es doch eine gute Idee, mit 50 in einen Konzern zu wechseln. Die beiden plädierten natürlich dafür, das Angebot anzunehmen. Und nun? Wie entscheiden angesichts dieses Durch- und Gegeneinanders?

Erst einmal: Identifizieren, wer da eigentlich alles redet in unserem inneren Team! Dann zuhören und herausfinden, worum es diesen Stimmen eigentlich geht! Dabei sollten wir davon ausgehen, dass alle unsere Stimmen etwas zu sagen haben. Wir sollten wirklich ergründen, worum es ihnen geht und das auch und gerade dann, wenn die nicht zu Ihren Lieblingsstimmen gehören. Und wir sollten neugierig und interessiert bleiben und nicht einzelne Mitspieler abwerten, weil diese nicht so willkommen sind.

Das ist nicht immer einfach. Nehmen wir als Beispiel noch einmal den inneren Narzissten. Der war auch unserem Teilnehmer Michael nicht wirklich recht, er schämte sich fast ein wenig für ihn. Kein Wunder, denn Narzissmus hat keinen wirklich guten Leumund in unserer Gesellschaft. Doch wofür sorgt dieser innere Narzisst? Dafür, dass Michael gesehen wird und Resonanz bekommt für das, was er tut. Das sehen und integrieren zu können, ist echte Entwicklung.

Wenn Sie dann besser verstehen, worum es den einzelnen Anteilen geht, können Sie beginnen, zu verhandeln und so eine Einigung herbeizuführen. Ich habe zum Beispiel meine innere Gestalterin gefragt, was sie bräuchte, um einem Nein zum Angebot unseres Kunden zuzustimmen. Wenig überraschend war ihre Antwort, dass sie sich Gelegenheit zum Gestalten wünscht, etwas Neues kreieren möchte. Hat sie bekommen, ich habe gerade mit Kollegen zwei neue Projekte begonnen, da kann sie sich austoben.

Sie merken schon: In all diesen Schritten stecken Entwicklungen. Da geht es darum, die innere Vielstimmigkeit zu entdecken – und dabei zu merken, dass die eigene Vielfalt viel größer ist als gedacht. Es geht darum, zuzuhören – und dabei zu realisieren, dass es auch Stimmen gibt, die uns gar nicht so willkommen sind. Es geht darum – und das ist vermutlich der größte Entwicklungsschritt – allen inneren Anteilen gute Absichten zu unterstellen. Niemand von denen will uns böse. Das ist oft wirklich schwer nachzuvollziehen und erst recht schwer zu akzeptieren, denken Sie nur noch einmal an Michaels inneren Narzissten.

> Es geht darum, allen inneren Anteilen gute Absichten zu unterstellen. Niemand von denen will uns Böses.

Für einige von Ihnen ist es vermutlich längst gewohnt, sich als inneres Team zu denken, für andere mag es zunächst befremdlich erscheinen. Vielleicht mögen Sie es ja dennoch einmal ausprobieren. Dazu hatte ich vor einigen Wochen auch Andreas, einen guten Freund von mir, eingeladen. Er haderte mit der Frage, ob er sich einen VW-Bulli kaufen sollte. Er wünschte sich das irgendwie schon lange und es gab gerade ein günstiges Angebot. Ich wollte ihn mithilfe des Bildes von einem inneren Team unterstützen, doch das half ihm zunächst ebenso wenig wie das Buch von Friedemann Schulz von Thun zu dem Thema, das ich Andreas ausgeliehen hatte. Einige Wochen später saßen Andreas und ich wieder bei einem Kaffee zusammen. »Ich muss Dir was zeigen«, sagte er und kramte sein Telefon raus, »Das ist Harry.« Er zeigte mir das Foto eines weißen Bulli, Baureihe T3. »Den hat mein innerer Hardy Krüger, mein innerer Abenteurer, gekauft.« Mit etwas Verzögerung hatte die Idee vom inneren Team doch noch geholfen.

Wenn wir uns und andere in dieser Weise mit den verschiedenen Anteilen wahrnehmen und denken, hat das weitreichende Konsequenzen: Es öffnen sich Visiere, und Menschen zeigen sich mehr und mehr mit ihren verschiedenen Facetten – statt mit der nur einen, professionell erwünschten Maske. So eine Maske bedeutet im Grunde immer, dass nur einer oder wenige der inneren Mannschaft am Start sind. Die anderen dürfen nicht mit auf den Platz und bleiben von außen in der Regel unsichtbar. Manchmal machen sie sich lediglich durch das komische Gefühl bemerkbar, dass irgendetwas nicht stimmt. Aber was wir dringend brauchen, wenn wir lebendige Organisationen wollen: alle, die gesamte Mannschaft auf dem Platz und einen Trainer, der allen zuhört und allen Spielern die Chance gibt, sich auf dem Platz zu zeigen. Sie erinnern sich: Wir brauchen das Tischtuch in voller Größe, nicht zusammengefaltet.

Nicht immer machen sich innere Teammitglieder allerdings so explizit bemerkbar, wie das bei mir oder bei Andreas der Fall war. Oft ist es eher ein ungutes Gefühl oder eine Regung im Körper. Mit solchen unwillkürlichen Regungen umzugehen ist der zweite Aspekt eines neuen Verständnisses persönlicher Entwicklung. Ich erinnere mich da zum Beispiel an ein Erlebnis mit einem meiner Chefs in Ludwigshafen. In seiner Gegenwart – vor allem in direkten Gesprächen – stellten sich bei mir immer wieder Kopfschmerzen ein. Mein Umgang damit? Ich habe versucht, die Schmerzen zu ignorieren, und für den Fall, dass das nicht mehr ging, hatte ich eine Packung Kopfschmerzmittel in der Schreibtischschublade. »Tablette einwerfen, weiter funktionieren«, das war dann mein Weg. Ich habe versucht, mich wieder zusammenzufalten. Ich weiß nicht, ob Sie das auch kennen, ich habe immer wieder solche Situationen erlebt, ob in Teamsitzungen, in denen sich Bauchschmerzen einstellten, oder sich verkrampfende Schultern während eines Einstellungsgesprächs.

Solche unwillkürlichen Regungen oder, wie es bei sysTelios so schön heißt, »Rückmeldungen aus dem Körper« waren mir lange Zeit suspekt und lästig. Die sollten weg! In meinem gesamten Leben hatte ich bis dahin gelernt, dass kognitive Prozesse wünschenswerter, professioneller, ja irgendwie besser wären. Unwillkürliches erschien mir eher dubios. Wie ich inzwischen weiß, bin ich mit diesen Erfahrungen und Einordnungen keineswegs allein. Im Gegenteil. Es ist ein gesellschaftliches Muster, eher auf Kognitives zu setzen denn auf Unwillkürliches. Somit ist gar nicht verwunderlich, dass Unwillkürliches auch in Organisationen so oft ignoriert wird. Dabei macht es 90 Prozent unseres Erlebens aus, und es läuft immer ab, ob wir wollen oder nicht! Da nicht hinzuschauen bedeutet, einen großen Teil der Wahrnehmungs- und Entscheidungsmöglichkeiten zu blockieren.

Ob wir wollen oder nicht: Unsere unwillkürlichen Regungen sind stärker, zahlreicher und schneller als alles, was unser Großhirn so produziert. Oder um mit meinem Kollegen Tom zu sprechen: »Der Körper ist halt mehr als das Stativ für das Großhirn.« Das können und sollten wir nutzen, statt dagegen zu kämpfen! Denn unwillkürliche Rückmeldungen vom Körper sind zwar manchmal lästig, aber vor allem sind sie eines: ein – sehr kluger – Versuch, ein erlebtes Problem zu lösen.

Wie bitte? Ständige Kopfschmerzen als Lösungsversuch, geht's noch? Ich verstehe Ihre Reaktion, ich habe auch erst mal ein wenig gebraucht, mich an den Gedanken zu gewöhnen, so etwas Nerviges wie Kopfschmerzen als einen Lösungsversuch zu sehen. Wofür hatte ich in Gesprächen mit meinem damaligen Chef dauernd Kopfschmerzen? Im Nachhinein betrachtet, würde ich sagen: Das war ein Signal, wie sehr ich mich immer wieder von ihm unter Druck gesetzt fühlte. Ziemlich klug von meinem Körper, mich darauf aufmerksam zu machen. Und ich hätte es sogar als Vorwand nutzen können, Gespräche zu beenden. Wirklich ziemlich schlau, dieses »Stativ des Großhirns«. So betrachtet, waren meine Kopfschmerzen kein Defizit, sondern Ausdruck eines Versuchs, mit einer schwierigen Situation umzugehen. Nun hatte dieser Lösungsversuch aber dummerweise den Preis, dauernd Kopfschmerzen zu haben. Auch nicht angenehm. Jetzt aber nur den Preis loswerden zu wollen, kann auch nicht klappen, denn das zugrundeliegende Problem braucht dann eine neue Lösung. Hätte ich das alles damals in Ludwigshafen klarer gehabt, hätte es vielleicht noch andere Lösungen gegeben, als erst die Kopfschmerzen auszuhalten und dann zu kündigen.

Statt die Kopfschmerzen loswerden zu wollen, hätte ich forschen können, was dieser Teil meines inneren Teams, der da die Kopfschmerzen macht, eigentlich will, für welches Bedürfnis der steht. Vermutlich hätte ich entdeckt, dass es um so etwas wie Selbstbestimmung ging, ich fühlte mich von dem Chef immer wieder bevormundet und eingeschränkt. Das anzusprechen und nach einer Lösung zu suchen, hätte das Projekt, um das ich mich damals kümmerte, um einiges einfacher gemacht und vor allem hätte ich es zu Ende bringen können. Danach hätte meine Freiheitsliebende ja immer noch kündigen können.

Natürlich schickt das Unwillkürliche nicht nur lästige Botschaften, auch so etwas wie Freude, Vertrauen oder Verliebtsein kommt aus dem Reich jenseits des rationalen Großhirns. Versuchen Sie mal, rational zu begründen, weshalb Sie sich in genau diesen Mann verguckt haben oder jene Frau attraktiv finden! Vergessen Sie es einfach! Ihr limbisches System kann das aber sehr gut, es wird Ihnen die Signale schicken, dieses »Kribbeln im Bauch, wie wenn man zu viel Brausestäbchen isst« … um einen Hit aus den 90ern zu zitieren. Dank moderner Hirnforschung können diese Prozesse inzwischen sogar gemessen und nachgewiesen werden – das freut doch alle Großhirne!

Wofür ich Ihnen das alles etwas ausführlicher erzählt habe? Weil der Umgang mit unwillkürlichen Prozessen gravierende Auswirkungen auf unser Handeln in Organisationen hat. Unwillkürliches aber zunächst einmal selbst wahrzunehmen und dann solche Regungen auch im Team oder im Gespräch zur Verfügung zu stellen ist ein echter Beitrag zu Lebendigkeit. Ohne dies gäbe es vielleicht sogar AUGENHÖHE gar nicht.

Weshalb? Es war im Frühjahr 2014, wir hatten in den ersten beiden Unternehmen bereits gedreht und die Crowdfunding-Kampagne zur Finanzierung unseres Filmprojekts war bestens vorbereitet. Wir hatten mit Experten auf diesem Gebiet gesprochen, uns Unterstützung für die Verbreitung in den sozialen Medien geholt, das Video für die Kampagne war im Kasten, die Dankeschöns entwickelt und die Texte geschrieben. Doch die Kampagne war immer noch nicht online, keiner von uns damals fünf Menschen im Team hatte den Button »live schalten« betätigt.

An den Moment, der das verändert hat, erinnere ich mich noch sehr gut, obwohl er ja schon einige Jahre zurückliegt: Wir hatten eine Telefonkonferenz, in der es darum ging, wie wir vorgehen wollten, um die Kampagne nun endlich live zu bekommen. Es ging hin und her, doch wirklich Bewegung kam nicht in die Sache. Hektische Betriebsamkeit, die in immer neuen To-dos auf unserer Liste mündete, wechselte sich mit Phasen ratloser Stille ab. In so einem ruhigen Moment sagte ich damals: »Kollegen, ich habe Angst. Ich habe Angst, dass das alles nichts wird. Im Moment können wir noch in der Illusion leben, dass es gelänge, wenn wir es täten. Aber wenn die Kampagne live geht und scheitert, dann platzt unser Traum. Davor habe ich Angst.« Noch mehr Stille. Dann ein zaghaftes »Ich auch« nach dem anderen. Nachdem wir das ausgesprochen hatten, brauchte es gar nicht mehr viel. Eine Woche später ging die Kampagne an den Start – und wurde ein ganz ansehnlicher Erfolg.

Jetzt haben wir mit dem »Inneren Team« und der Integration auch der unwillkürlichen Anteile bereits über zwei Aspekte eines neuen Entwicklungsverständnisses gesprochen. Wenn Sie so wollen, ist das mit dem inneren Team auch eine weitere Art, sich die eigene Wirklichkeit zu bauen, nämlich die im Innen. Denn es gilt nicht nur, die Art und Weise, auf Realität zu schauen, nach außen zu verändern, sondern eben auch nach innen. Zu lernen, diese Realitätskonstruktion zu gestalten – nicht zu steuern –, ist der dritte Aspekt eines neuen Verständnisses persönlicher Entwicklung. Das klingt vielleicht zunächst ein wenig abstrakt – so ging es mir zumindest, als ich vor über 20 Jahren erstmals mit diesem Konzept in Berührung kam. Wie soll das gehen, meine eigene innere Realität zu gestalten?

Was meine Realität ist, hängt entscheidend davon ab, wohin ich meine Aufmerksamkeit richte. Das ist so ein bisschen wie bei einem Leuchtturm: Nur das, was er gerade beleuchtet, ist sichtbar, alles andere bleibt im Schatten und ist damit schlecht bis gar nicht sichtbar. Ich bin zum Beispiel ziemlich gut darin, das zu sehen, was mir gerade nicht gelingt, was ich nicht hinbekomme. Dieses Muster ist mir auch beim Schreiben dieses Buches oft genug begegnet – und hat es mir nicht immer leicht gemacht. Vor allem dann nicht, wenn ich meine ganze Aufmerksamkeit darauf gerichtet habe, was nicht gelingt und was alles noch zu tun ist. Dann aber wieder auf die Zeile am unteren Rand des Bildschirms zu schauen und zu sehen, dass bereits fast 200 Seiten fertig sind – welch eine andere Realität! Und diese andere Art, meine Aufmerksamkeit zu fokussieren, hat Wirkung. Für mich, denn ich fühle mich natürlich anders, wenn ich darauf schaue, was schon geschafft ist. Aber auch für andere – fragen Sie mal meinen Mann oder meine Kollegen.

> **Was meine Realität ist, hängt entscheidend davon ab, wohin ich meine Aufmerksamkeit richte.**

Aber Vorsicht: Das ist nicht dasselbe wie: »Denk doch mal positiv!« Das geht gar nicht immer so einfach, denn unsere Art, unsere Aufmerksamkeit auszurichten, verläuft oft entlang gewohnter Muster. Unsere Erfahrungen, unsere Biografie haben diese Muster gebildet. Wer in seinem Leben gelernt hat, dass seine Leistungen zwar gut, aber selten gut genug waren, schaut eben leichter auf das, was noch nicht fertig ist oder noch besser geht. Doch auch wenn das nicht einfach zu verändern ist, ist es möglich – und nötig. Wir müssen Verantwortung dafür übernehmen, wie wir unsere Aufmerksamkeit ausrichten und welche Bedeutung wir Dingen geben – weil dies spürbare Auswirkungen für unser Umfeld hat.

Das gilt besonders für Menschen, die in formalen Führungsrollen sind: Sie sind gewohnt zu entscheiden, und die Erwartung an sie ist sehr häufig, dass sie doch bitte wissen mögen, was zu tun ist. Je mehr aber gerade Führungspersonen sich immer wieder in Erinnerung rufen, dass auch sie nicht »die Realität« kennen, sondern dass es ein Bild dieser sogenannten Realität ist, das auch von ihren eigenen Erfahrungen, Glaubenssätzen und Mustern geprägt ist, desto mehr wird echte Co-Kreation einer Veränderung möglich. Hätte ein Helmut Lind bei der Sparda-Bank in München darauf bestanden, dass sein Bild von der Situation immer das richtige ist, wären die beeindruckenden Entwicklungen, wäre die Lebendigkeit in diesem Haus nicht denkbar gewesen. Es war entscheidend, dass er immer wieder – und da ist sie wieder, die Demut – andere gehört und sein Bild laufend angepasst hat.

Der vierte Aspekt, wenn es um ein neues Verständnis persönlicher Entwicklung geht: nicht einzelnen Teilen die Bühne zu überlassen, sondern als Beobachter und Gestalter des Geschehens zu sprechen. Sich nicht nur nach innen als ein Team zu denken, sondern auch nach außen die damit verbundenen Ambivalenzen und Widersprüche zu kommunizieren, macht einen großen Unterschied. Es ist einfach etwas anderes, ob ich sage »Den Vorschlag lehne ich ab« oder »Ein Teil von mir stimmt zu, der sieht die Chancen und Potenziale. Ein anderer Teil jedoch hat große Zweifel, hat Angst, dass wir uns übernehmen«. Genau genommen hätte ich damals in der Telefonkonferenz auch zu meinen Kollegen sagen müssen: »Ein Teil von mir hat Angst.« Denn es gab auch andere Teile, die euphorisiert waren, die die Chancen sahen und an unser Projekt glaubten – und das zum Glück auch nicht nur bei mir, sondern auch bei meinen Kollegen. Ohne diese inneren Anteile gäbe es AUGEN-HÖHE vermutlich heute ebenso wenig wie ohne die ausgesprochene Angst.

## Menschen sind kein Organisationsschrott

Was ich auf den letzten Seiten geschrieben habe, macht deutlich, wie zentral persönliche Entfaltung ist und dass ohne sie viele Entwicklungen in Organisationen gar nicht denkbar sind, erst recht nicht solche hin zu mehr Lebendigkeit. Das bedeutet aber nicht, dass persönliche Entwicklung allein relevant ist. Manchmal habe ich den Eindruck, dass aber genau das die – unzulässige – Annahme ist, von der in vielen Organisationen ausgegangen wird. Ich bin daher immer vorsichtig, wenn ganze Belegschaften zu Achtsamkeitstrainings oder gleich ins Kloster »eingeladen« werden oder Seminare in Mindfulness in den Fortbildungskatalogen großer Unternehmen auftauchen.

Es sind natürlich für sich genommen hilfreiche Ansätze, um sich mit sich selbst zu beschäftigen und weiterzuentwickeln. Nur geht von ihnen – so, wie sie angeboten werden – oft die Botschaft aus: »Wenn ihr anders seid, reflektierter, ausgeglichener, dann wird hier alles gut.« Da wird schnell alles, was nicht gut läuft, individualisiert, ist halt ein Problem der Mitarbeiter, das wird mit Achtsamkeit schon besser werden. Tschuldigung, ich klinge vielleicht etwas zynisch, aber ich habe einfach zu viele solcher Vorgehensweisen gesehen, die den Menschen den »Organisationsschrott« aufbürden.

Das sind aber nichts anderes als Manipulationsversuche, und die sind naiv. Die können nicht einmal funktionieren, weil eben jeder Mensch ein autopoietisches Wesen ist. Und sie sind unbedingt zu unterlassen, das gebietet der Respekt vor den Menschen. An dieser Stelle stimme ich Managementdenkern wie dem bereits erwähnten Reinhard Sprenger unbedingt zu: Keine Manipulationen! Auch nicht subtil.

Doch es muss eben auch nicht alles über die Strukturen geregelt werden, und wir müssen die Menschen nicht »halt so nehmen, wie sie sind«. Es wäre sogar grob fahrlässig, Menschen so zu nehmen, wie sie sind. Weshalb? Jeder Wunsch, an jemandem »herumzuschrauben«, hat einen Anlass – sonst würde der Wunsch ja gar nicht entstehen. Ich hatte zum Beispiel vor einigen Jahren einen Kollegen, der seine Aufgaben gerne sehr lange aufschob. Sein Motto war: »Gäbe es die letzte Minute nicht, würde nie etwas fertig.« Irgendwie sympathisch und lässig – und doch auch nervig.

Mein Wunsch war, dass mein Kollege sein Verhalten ändert, zu teuer wurden Zwangsgelder des Finanzamtes wegen zu spät abgegebener

Steuererklärungen und zu anstrengend wurde mir es, mir Gedanken zu machen, ob wir Kunden gegenüber unsere Zusagen würden einhalten können. Ich war immer unsicher, ob ich mich auf meinen Kollegen würde verlassen können.

Und dann? Ich konnte ihn nicht ändern, so viel war klar. Also einfach den Mund halten und mit seinem Verhalten leben? Auch keine gute Idee, denn Bedürfnisse suchen sich immer Wege, werden leicht zu unzufriedenem Genörgel und untergraben positive Energie. Deswegen ist es in Gemeinschaften notwendig, eigene Bedürfnisse zu artikulieren und auf dieser Grundlage Wünsche an andere zu formulieren. Wohlgemerkt Wünsche, keine Forderungen, keine Kritik, kein Nörgeln. Es gibt keinen Anspruch darauf, dass andere den Wunsch erfüllen.

Aber selbst wenn die Wünsche nicht immer erfüllt werden, ändert es schon etwas, wenn Wünsche und Bedürfnisse ausgesprochen sind. Es braucht dann nicht mehr so viel Gemotze in der Kaffeeküche – das sonst gerne das Ventil ist für unerfüllte Bedürfnisse, aber selten zu Lösungen beiträgt. So verständlich Meckern und Polemisieren ist, weil es entlastet und Verbundenheit schafft: Es hemmt in aller Regel wünschenswerte Entwicklungen – in den Menschen und in der Organisation. Wer meckert, verhindert damit in aller Regel eine echte Auseinandersetzung mit dem Problem, und vor allem nimmt er sich aus der Verantwortung zu handeln. Das sind die Preise für das Meckern, die – wenn das Meckern denn mal unumgänglich ist – mitgedacht sein sollten.

**Wer nur meckert, nimmt sich aus der Verantwortung zu handeln.**

Der Paarberater Christian Thiel fordert übrigens sogar für Partnerschaften: Lassen Sie Ihren Partner, Ihre Partnerin um Himmels Willen nicht so, wie er oder sie ist. Wer schweigt, gefährdet seine Beziehung. Denn in einer Beziehung suchen sich Bedürfnisse erst recht andere Wege. Wer nicht bittet oder wünscht, fängt früher oder später an zu nörgeln – und das untergräbt die gemeinsame Basis und hat das Potenzial, eine Beziehung zu zerstören.

Thiel meint übrigens damit nicht, dass Sie ihren Lebensgefährten oder Ihre Lebensgefährtin nach Herzenslust manipulieren sollen. Das ginge ja nicht einmal, denn auch Ihr Mann oder Ihre Frau ist so ein autopoietisches Wesen, das Sie nicht verändern können. Aber selbst wenn es möglich wäre: Das »nicht lassen« meint, dass Sie Wünsche und Bedürfnisse immer wieder benennen.

Wir sind hier gerade sehr im persönlichen Bereich gelandet – und ja, den braucht es auch. Wenn wir ernst nehmen, dass Menschen und Organisationen in ständigen Wechselbeziehungen stehen, kommen wir da nicht drum herum. Das Gute ist aber: Es haben auch alle etwas davon – die Menschen und die Organisationen.

## Wofür das Ganze?

Jetzt ging es gerade einen ganzen Abschnitt lang um die persönliche Entwicklung von Menschen. Wir reden doch hier aber in erster Linie über Lebendigkeit in Organisationen – was haben diese davon, wenn die Menschen sich entwickeln? Es ist in der Regel so: Wenn sich Menschen entwickeln, entwickelt sich zunächst einmal »nur« die informelle Seite der Organisation, denn allein durch persönliche Entwicklung kommt es noch nicht sofort zu einer Veränderung von Strukturen, Prozessen und Praktiken.

Doch diese informelle Veränderung allein kann bereits mächtige Wirkung entfalten. Wie das? Nehmen wir noch einmal unseren Ausbildungsteilnehmer Michael, den ich schon mehrfach erwähnt habe. Er hatte einen anderen Umgang mit seinem »inneren Narzissten« gefunden und begonnen, Beiträge der anderen mehr zu sehen und zu würdigen. Damit hatte er etwas Entscheidendes getan: Er veränderte ein Muster im System, zuerst noch sehr lokal, doch es sollte Kreise ziehen. Wie das geschah? Kollegen beobachteten, was er tat, und fühlten sich eingeladen, sich ebenfalls anders zu verhalten – nicht alle, aber doch viele. Das passierte nicht mit einem lauten Knall und großen Ankündigungen, sondern eher leise, das Muster veränderte sich Schritt für Schritt. Das zeigt, dass ein Einzelner mit seinen inneren Veränderungen genauso zu Entwicklungen in einer Organisation beiträgt wie neue Strukturen und Prozesse. Die hatten sich übrigens zu dem Zeitpunkt, als unser Teilnehmer anfing, sich anders zu verhalten, noch gar nicht geändert. Und doch war bereits etwas anders.

Doch persönliche Entwicklung kann sogar noch mehr bewirken als informelle Veränderungen, da hört es keineswegs auf! Menschen, die sich entwickeln, neue Haltungen annehmen und mutiger werden, erleben so manches in ihren Unternehmen als unstimmig, was vorher noch selbstverständlich war. So war es auch bei Helmut Lind. Da wollte unter anderem das in der Sparda-Bank München etablierte Anreizsystem so gar nicht mehr zu Herrn Linds Menschenbild passen: Wenn Menschen grundsätzlich beitragen und etwas leisten wollen, weshalb sollte er ihnen dann eine Karotte vor die Nase halten? Außerdem stand das Bonussystem diametral einer Kultur von Kooperation gegenüber, die Helmut Lind gerne fördern wollte.

Fällt so eine Diskrepanz erst einmal auf, gibt es verschiedene Wege, mit dem erlebten Widerspruch umzugehen. Sehr häufig denken Menschen dann, sie wären komisch und auf einem Irrweg. Schließlich sind die Vorgehensweisen, an denen sie sich stören, doch so weit verbreitet und gelten als völlig normal. Den Satz »Jetzt weiß ich endlich, dass ich nicht spinne – oder wenigstens nicht allein«, den ein Teilnehmer bei einer unserer Premieren gesagt hatte, haben wir so oder so ähnlich noch unzählige Male gehört, nicht selten gepaart mit spürbaren Emotionen.

Ich erinnere mich zum Beispiel noch gut an einen Mittfünfziger, der an einem unserer Filmabende mit Tränen in den Augen vor mir stand. Ihm war durch den Film klar geworden, dass er 30 Jahre lang seine Ideen, wie Organisationen auch funktionieren könnten, als Blödsinn abgetan hatte, weil niemand anderes sie teilte und er immer als der Verrückte galt. Nun, da war er dann jetzt in guter Gesellschaft – was für ihn zugleich entlastend und energetisierend war. Er hat mir einige Monate später übrigens eine Nachricht über LinkedIn geschrieben: Er hatte meine Idee, viel Mittagessen zu gehen und Gespräche zu führen, aufgegriffen und auf diesem Weg Verbündete gefunden. Auch mit seiner Chefin war er in einen Austausch gegangen und es zeichneten sich erste Veränderungen in der Organisation ab.

Wenn Menschen, denen in ihren Organisationen etwas auffällt, Kraft schöpfen und Verbündete finden, setzen sie oft genau die Impulse, die letztlich auch die formale Struktur verändern und tiefgreifende Weiterentwicklungen auslösen können. Je weiter oben in der Organisation so ein Mensch sitzt, desto schneller geht das vermutlich, wie wir es auch in München bei der Sparda-Bank erlebt haben. Das hat mit drei Faktoren zu tun: Vorstandsvorsitzende, Geschäftsführerinnen und Unternehmer haben in den herrschenden Strukturen mehr formale Macht, Veränderungen herbeizuführen. Sie sind außerdem deutlich sichtbarer und ihr Verhalten wird von den Mitarbeitern viel stärker wahrgenommen als das von Kollegen auf den niedrigeren Hierarchiestufen. Es ist zudem nicht ganz selten, dass Führungskräfte mehr Zutrauen in ihre eigenen Potenziale haben, auch das trägt zu ihrer stärkeren Wirksamkeit bei. Doch es muss kein Privileg der – oberen – Führungskräfte bleiben. Wer sich entsprechende Verbündete sucht und seine Kräfte entwickelt, kann von vielen Positionen aus wirksame Impulse in eine Organisation setzen.

Eine kleine Warnung möchte ich im Zusammenhang mit den Impulsen aussprechen. Egal, von welcher Stelle aus: Wer für etwas brennt und andere einladen möchte, sich diesem Brennen anzuschließen, wird merken, wie das Feuer einladend und abstoßend zugleich ist. Das haben Schulleiterinnen genauso erfahren wie Unternehmer. Einerseits wärmt so ein Feuer und es ist anziehend, sich ihm zu nähern und mit einigen anderen Mutigen zusammen um das Feuer sitzend neue Ideen zu entwickeln. Das Leuchten in den Augen solcher Pioniergruppen haben wir immer wieder gesehen, ob in München bei der Sparda-Bank, in Frankfurt bei der Bahn oder in Berlin bei Siemens. Sie können in solchen Momenten förmlich sehen, wie sich das Feuer in den Augen der Menschen spiegelt.

Gleichzeitig kann so ein Feuer aber Menschen auch überfordern. »Werde ich den Anforderungen gerecht werden können, die mit der Veränderung einhergehen?«, »Was bedeutet das für meinen Arbeitsplatz?«, »Wofür werde ich noch wichtig sein?« sind nur einige der Fragen, die dabei leicht auftauchen. Einige werden darauf wahrscheinlich zunächst einmal mit Rückzug reagieren, andere die gewünschten Veränderungen boykottieren oder aktiv bekämpfen. Das sind erst einmal verständliche Reflexe, doch hilfreich sind sie auf Dauer nicht, denn es wird sich dann insgesamt nur wenig bewegen können. Deswegen ist auch hier Entwicklung gefragt, eine Auseinandersetzung mit sich selbst, mit dem, was hinter diesen Fragen liegt, dem Umgang damit und den Möglichkeiten, die daraus erwachsen können.

Dieser Prozess wird bei der einen eher schnell gehen, bei dem anderen langsamer. Menschen haben unterschiedliche Geschwindigkeiten, dafür muss in Organisationsentwicklungsprozessen Platz sein, sonst kippt der ganze Laden in eine Überforderungsstarre. Und was ist mit denen, die sich so gar nicht bewegen (wollen), mögen Sie nun einwenden. Eine Frage, die ich oft höre, wenn ich mit engagierten Pionieren spreche. Als Erstes sensibilisiere ich dann oft dafür, dass wir nie wissen, was in einem anderen Menschen vorgeht. Ob der gerade große innere Bewegungen macht, können wir nur ahnen. Deswegen ist Vorsicht geboten bei der Aussage »Die bewegen sich nicht«. Vielleicht sehen Sie es bloß nicht.

Als Zweites frage ich oft, welche guten Gründe jemand dafür haben könnte, sich nicht zu bewegen. Ja, die wird es vermutlich geben, denn sonst würde derjenige sich wahrscheinlich bewegen. Danach zu forschen, ist oft sehr erhellend. Neulich erzählte eine Teilnehmerin unserer Ausbildung AUGENHÖHEwegbegleiter, Jana, dass Kollegen noch zwei Jahre nach Beginn sehr sichtbarer Veränderungen – der Abschaffung formaler Führungspositionen – erstaunt waren, was sich da gerade alles tut. Sie hatten es nicht mitbekommen. Jana wunderte sich sehr darüber und ja, sie war auch etwas ärgerlich. Wie konnten die Kollegen nur so ignorant sein? Bei genauerem Hinsehen ging es ihnen unter anderem darum, dass gewürdigt wird, was alles vorher geschaffen worden war, und dass nicht alles schlecht war.

Und es ging noch um etwas anderes: Die Mitarbeiter hatten Angst, ihren Arbeitsplatz zu verlieren. Das ist existenziell, da ist Verdrängung erst einmal eine sehr gute Strategie, mit der Bedrohung umzugehen. Es ist auf eine Art auch eine Meisterleistung, zwei Jahre etwas für viele Offensichtliches nicht zu sehen. Was jetzt klingt wie Ironie, meine ich ganz ernst. So eine Verdrängung ist auch ein Versuch, ein erlebtes Problem zu lösen. Die Strategie taugt langfristig nicht – womit wir wieder bei einer Entwicklungsaufgabe sind. Und die wird nur gelingen, wenn das erlebte Problem verstanden ist und neue Lösungen dafür gefunden werden.

So eine Art von Entwicklung ist dabei ein Wert an sich – selbst, wenn kein einziger formaler Prozess anders, schlanker oder effizienter ist und kein Euro mehr verdient wird.

> Wenn unsere Unternehmen zu Orten werden, an denen Entwicklung große Bedeutung hat, dann ist das ein wesentlicher Beitrag zu unserer Gesellschaft.

Sogar, wenn auch die informellen Wirkungen begrenzt bleiben, ist viel gewonnen, nämlich Raum für Entwicklung. Für mich gehört die Möglichkeit, dass Mitarbeiter sich entwickeln, unbedingt in den Zielkanon eines Unternehmens. Ganz allein bin ich mit dieser Ansicht nicht, dm-Gründer Götz Werner etwa beantwortet in seiner Autobiografie, wie bereits schon einmal zitiert, die Frage, wofür es dm gibt, so: »Um Rahmenbedingungen dafür zu schaffen, dass Menschen sich entwickeln können.« Da ist Entwicklung sogar nicht nur ein Ziel unter mehreren, sondern ein zentrales »Wofür« des Unternehmens.

Wenn unsere Unternehmen noch mehr zu Orten werden, an denen Entwicklung eine große Bedeutung hat und es dort immer wieder Möglichkeiten gibt, sein eigenes Tun und seine Haltungen zu reflektieren und zu wachsen, dann ist das ein wesentlicher Beitrag zu dem, was in unserer Gesellschaft geschieht. Entwicklung zu ermöglichen, selbst wenn sie sich nicht unmittelbar in Euro und Cent auszahlt, das ist für mich echte Corporate Social Responsibility.

Ich bin überzeugt davon, dass Erfahrungen, die eher von Kooperation, Wachstum und Fülle geprägt sind, zu einem anderen gesellschaftlichen Klima führen als die gegenwärtigen Erlebnisse, die eher durch Konkurrenz, Druck und Mangel gekennzeichnet sind. Auch während der Arbeit an AUGENHÖHE ist immer deutlicher geworden: Arbeit ist eben nicht nur Arbeit für andere, einen Job erledigen und erfolgreich sein am Markt. Arbeit ist auch das Erleben von Selbstwirksamkeit, Potenzialentfaltung, das Lernen über sich selbst und das Beitragen zu einem größeren »Wofür«. Wir sprechen über das, was Lebendigkeit bewirken kann, noch ausführlich im Kapitel »Was Lebendigkeit verändert«.

Alle genannten Aspekte gehören berücksichtigt, wenn es um die Gestaltung von Organisationen geht. Dazu müssen sich Organisations- und vor allem Personalentwicklung ein Stück neu erfinden.

## Wir brauchen eine neue »Personalentwicklung«

»Personalentwicklung« oder kurz PE – schon das Wort macht mich immer nachdenklich. Es ist von »dem Personal« die Rede, nicht etwa von Menschen oder Individuen. Deswegen gibt es dann oft für ganze Personengruppen dieselben Entwicklungsprogramme. Personalentwicklung klingt außerdem so, als würden immer nur die anderen entwickelt. Doch das ist gar nicht möglich! Entwickeln kann sich immer nur jeder Mensch selbst, von außen sind lediglich Impulse möglich. Was mit diesen Impulsen geschieht, darüber haben wir von außen keine Kontrolle. Ich erlebe, dass diese These zwar inzwischen von einigen geteilt wird, es aber dennoch haufenweise Kontexte gibt, in denen das so gar nicht vorkommt:

Unternehmen, in denen immer andere (die PE oder der Chef) wissen, was für einen Mitarbeiter gut ist, Schulen, in denen Stundentaktung und Fächerkanon vorgeben, was gerade zu lernen ist, und Behörden, die »Leistungsempfängern« sehr genaue Vorschriften machen, was sie tun und zu lassen haben – bis hin zum Aufenthaltsort. Das ist übergriffig und absurd!

Ich wäre so froh, wenn ich nie wieder solche Aussagen hören müsste wie neulich von einem Personalleiter. »Ich glaube, dieses Seminar ist für Mitarbeiter xy in seiner heutigen Rolle nicht passend«, sagte er im Telefonat, »deswegen werde ich seine Teilnahme nicht genehmigen.« Dieser Satz kam sogar vom Personalleiter eines Unternehmens, das ich sonst als eines der lebendigeren empfinde und auf dessen Website so etwas steht wie: »Wir wollen die Entwicklung aller Mitarbeiter zu selbstverantwortlichem Handeln fördern.« Weshalb entscheidet der Mitarbeiter dann nicht »selbstverantwortlich«, welche Fortbildung er im jetzigen Stadium seiner Karriere besucht? Der braucht doch niemanden, der für ihn denkt oder handelt – oder eben eine Seminarteilnahme »genehmigt«! Aber diese Denke ist in unseren Unternehmen offenbar immer noch sehr tief verankert.

Ebenso wie der Glaubenssatz, dass Entwicklung über Jahre hinweg planbar ist und mit Blick auf bestimmte Positionen erfolgen sollte. Für diese Positionen werden die notwendigen Kompetenzen und die Schritte, wie diese »zu erwerben« seien, beschrieben. Mit solchem Vorgehen sind wir wieder im Maschinendenken: Ich entwickle einen anderen Menschen mithilfe definierter Schritte auf eine bestimmte Position. Vorne Sachbearbeiter rein, Maschine Führungskräfteentwicklung anwerfen, hinten kommt ein neuer Chef, eine neue Chefin raus.

Überhaupt Führungskräfteentwicklung, auch da gibt es so einen Glaubenssatz: Dass die PE in Menschen, die eine bestimmte Führungsaufgabe übernehmen sollen, einfach auch bestimmte Kompetenzen dafür entwickeln könnte. Doch auch hier gilt natürlich, dass jeder Mensch sich immer nur selbst entwickeln kann. Wer immer Führung übernimmt – und das müssen nicht immer nur definierte Führungskräfte sein –, sollte also sich selbst kennen, innere Bewegungen zur Verfügung stellen können, sich für die Weltsicht anderer interessieren, immer wieder Angebote zu einer anderen als der gewohnten Aufmerksamkeitsfokussierung machen und Kolleginnen und Kollegen in die gerade genannten Perspektiven auf Entwicklung hineinwerben. Das Thema der

Führung klang in diesem Buch immer wieder an und es ist zentral für Lebendigkeit in Organisationen. Es würde sich fast lohnen, darüber ein weiteres Buch zu schreiben. Die Folgen dieser »PE-Glaubenssätze« sind alles andere als harmlos. Diese prägen den Kontext, in dem sich Mitarbeiter jeden Tag bewegen, und es ist ziemlich wahrscheinlich, dass diese in so einem Umfeld die Verantwortung für ihre eigene Entwicklung abgeben und eher nicht selbst in die Hände nehmen. Das wäre aber möglich und wünschenswert!

»Das können unsere Mitarbeiter nicht«, wird mir sehr häufig entgegnet, wenn ich das behaupte. »Glaube ich nicht«, sage ich dann. Ich glaube, Menschen sind zu eigener Entwicklung fähig, sogar mehr noch, sie sehnen sich danach. Das war mir selten klarer als in einem Gespräch im Anschluss an eine Vorführung unseres Films AUGENHÖHEwege. Ich sprach mit Thorsten, Ende 30 und Teamleiter in einem großen Unternehmen. Kein Konzern, aber schon ein ziemlich großer Laden. Die meisten anderen Zuschauer waren bereits gegangen, wir standen noch immer da, in einem Foyer an der Universität Heidelberg. Thorsten war beeindruckt von der »menschlichen Reife«, wie er es nannte, der Menschen, die er im Film gesehen hatte, nicht nur bei Geschäftsführern, sondern gerade auch bei »ganz normalen« Mitarbeitern. »Wie machen die das?«, lautete seine Frage.

Eine Antwort konnte ich ihm geben: Bei aller Unterschiedlichkeit haben alle faszinierenden, lebendigen Unternehmen etwas gemeinsam: Es gibt dort regelmäßig Zeit für Reflexion, einige Beispiele dafür sind auf den letzten Seiten bereits aufgetaucht. Und es gibt noch einige mehr: Bei sysTelios etwa finden in den therapeutischen Teams jede Woche Prozessreflexionen statt, sogar unter Beteiligung der Klienten. In etwas größeren Abständen treffen sich alle zur »Prozessreflexion der Gesamtorganisation«, zu der die Klienten ebenfalls eingeladen sind. Nun mag es nicht so sehr überraschen, dass die »Psychos« auf so eine Idee kommen, Reflexion gehört ja schließlich zu deren Kerngeschäft. Gunther Schmidt hat ja sogar noch einen draufgesetzt, indem er sagte: »Selbstorganisation ist immer auch Selbsterfahrung, und zwar permanenter Art.« Ich hatte diesen Satz bereits zitiert – es ist einfach kaum besser auf den Punkt zu bringen.

Doch Sie finden solche Reflexionsräume auch bei den IT-Trainern von it-agile, die das aus dem Scrum stammende Ritual der regelmäßigen

Retrospektive auch in ihren eigenen Teams nutzen, oder bei den Brandschützern von hhpberlin. Dort haben sich immer mehr Reflexionsräume entwickelt, so haben zum Beispiel zwei Kollegen inzwischen offiziell die Rolle von Coaches und werden von Teams für Reflexionsprozesse angefragt. Doch wenn Sie in Berlin oder an anderen Standorten über die Flure gehen, merken Sie schnell: Reflexion ist in dieser Organisation eigentlich überall, sie findet in vielen Gesprächen statt.

Dieses Nachdenken über das, was war und ist, ist wesentlich für Entwicklung – der Menschen und der Organisation. Dietrich Dörners Ergebnisse, die er aus der Beobachtung von Menschen gewonnen hat, die in komplexen Systemen agieren, unterstreichen das eindrucksvoll: Er hat festgestellt, dass die erfolgreichen sich von den weniger erfolgreichen vor allem durch ihre Fähigkeit zur Reflexion und ihre Bereitschaft, eigene Hypothesen zu überprüfen, unterscheiden. Ich möchte dem etwas hinzufügen: Es kommt nicht nur darauf an, dass wir unser Denken und Handeln reflektieren, sondern auch darauf, wie wir das machen. Denn einmal mehr gilt: Die Art und Weise, wie wir etwas beobachten, verändert den Gegenstand der Beobachtung bereits.

**Die Art und Weise, wie wir etwas beobachten, verändert bereits den Gegenstand der Beobachtung.**

Diesen Mechanismus können wir uns für unsere eigene Entwicklung und die unserer Organisationen zunutze machen, indem wir Beobachtung und Gestaltung miteinander verbinden. In unserer Ausbildung AUGENHÖHEwegbegleiter nutzen wir für diese gestaltende Beobachtung ein fundiertes Modellierungsverfahren, mit dessen Hilfe wir für unsere Teilnehmer das System ihrer Gedanken über sich selbst – bezogen auf ein Ziel – ordnen. Wenn Sie mich jetzt fragen, was das genau bedeutet: Das kann ich so allgemein gar nicht so leicht beantworten, weil es ein sehr individualisiertes Verfahren ist, das am besten über das eigene Erleben zu verstehen ist. Wenn Sie darauf neugierig sind, freue ich mich, wenn Sie sich bei mir melden.

Eine grobe – und notgedrungen etwas abstrakte – Beschreibung möchte ich Ihnen aber jenseits des eigenen Erlebens nicht vorenthalten: Wir beginnen die Modellierung auf Basis eines Ziels, das jemand verfolgen möchte und das wir herausarbeiten. Dieses Ziel kann sich auf die Person selbst oder die Organisation, in der jemand tätig ist, fokussieren. Dann zeichnen wir sowohl die einzelnen Elemente als auch deren Bezüge zueinander auf, sodass quasi eine komplexe Landkarte der eigenen Gedanken entsteht. Aus dem Modell entwickeln wir ein individualisiertes Set von Fragen, die sich unsere Teilnehmer – mithilfe einer App – jeden Tag stellen. Bei der Formulierung der Fragen – und das ist ein wesentlicher Clou – achten wir darauf, dass sie so gestellt sind, dass sie einerseits Neues zutage fördern, auch konfrontierend sind und andererseits die Beschäftigung mit eigenen Ressourcen und gewünschten Entwicklungen fördern. Und, um noch einen draufzusetzen, das, was bisher nur zu nerven schien, nutzen zu lernen. Kopfschmerzen sind eben nicht immer nur doof – wenn ich verstehe, sie als Hinweis auf etwas zu nutzen.

Durch dieses Verfahren wächst ein prozesshaftes Problem- und Lösungsverständnis, was der Dynamik viel mehr angemessen ist als der Versuch, lineare Lösungen zu finden. Klassische Fehler im Umgang mit komplexen Systemen – auch sich selbst gegenüber – werden dabei immer bewusster – und damit vermeidbarer.

So eine dynamische Art Entwicklung zu unterstützen und anzuregen und Räume für hilfreiche Reflexionen zu schaffen, das ist die Aufgabe der neuen Personalentwicklung, wie ich sie denke. Dafür braucht es nicht zwangsläufig ganze Abteilungen, aber die Funktion ist und bleibt wichtig.

Persönliche Entwicklung ist gleichzeitig auch eine Anforderung – was Lebendigkeit bisweilen zu einer Zumutung werden lässt.

# Lebendigkeit ist (auch) eine Zumutung

Ist von New Work die Rede, klingt es oft nach schöner, bunter, neuer Welt. Auch in den letzten Kapiteln könnte bei Ihnen der Eindruck entstanden sein, dass Lebendigkeit in unseren Organisationen ein einziges Paradies sei. Doch ich gehöre nicht zu denen, die dies behaupten, denn mir ist im Laufe der letzten Jahre deutlich geworden, dass mit der Lebendigkeit so manche Zumutung einhergeht. Lebendigkeit fordert uns alle.

In diesem Zusammenhang hallt bei mir immer sehr die Frage nach, die bei sysTelios und bei hhpberlin oft fällt:»Was brauchst du jetzt, Kollege?«

In anderen Organisationen habe ich diese Frage in anderen Formen gehört, in der ein oder anderen Gestalt taucht sie in lebendigen Organisationen sehr häufig auf. Sie kommt auf den ersten Blick so freundlich, fast serviceorientiert daher. Ich darf sagen, was ich brauche, wie toll! Manchmal schwingt auch noch der heimliche Wunsch mit, die anderen mögen mir das, was ich da brauche, servieren. Womit wir wieder bei der Verwechslungsgefahr von Wünschen und Bestellungen wären.

## Geschenk und Zumutung

Doch die Frage »Was brauchst du?« ist Geschenk und Zumutung zugleich – das hatte ich bereits angedeutet. Die erste Zumutung darin: um sie zu beantworten, müsste ich zunächst einmal wissen, was ich brauche. Das klingt viel einfacher, als es ist! Doch auch wenn ich für mich weiß, was ich brauche, heißt das noch lange nicht, dass ich dazu auch stehen und es aussprechen kann. Manche Bedürfnisse haben einfach einen schlechten Leumund, zum Beispiel das nach Bestätigung – wir sprachen bereits darüber, als es darum ging, den Wunsch nach Anerkennung nicht zu ignorieren, sondern zu integrieren. Sich solche Bedürfnisse selbst einzugestehen und dann auch noch auszusprechen, darin liegt auch eine

Zumutung. Daran wird noch einmal deutlich: Lebendigkeit und Selbstorganisation bedeuten auch Selbsterfahrung. Diese Selbsterfahrung ist nicht immer nur angenehm, denn es wird unweigerlich auch zur Begegnung mit Seiten kommen, die einem selbst nicht so lieb sind.

Doch die Frage »Was brauchst du?« erfordert nicht nur Selbstklärung, sondern auch – und das ist die zweite Zumutung – eine Auseinandersetzung mit den Bedürfnissen der anderen, denn die werden auch auf den Tisch kommen. Ich sehe schon förmlich das Rollen in Ihren Augen: »Oh je, bloß nicht, wenn alle mit ihren Wünschen kommen, werden wir ja nie fertig.« Den Reflex verstehe ich sehr gut und da ist was dran: In jeder lebendigen Organisation, die ich bisher erlebt habe, wird mehr kommuniziert, mehr diskutiert und ja, bisweilen auch gestritten. Viel mehr. Und glauben Sie mir, für meinen inneren »Mach-fertig«-Anteil war und ist das auch immer wieder eine große Zumutung. Es geht eben oft langsamer, als wenn einer entscheidet, wo es langgeht. Das Ding ist bloß: Wenn die Bedürfnisse nicht ausgesprochen werden, sind sie ja noch lange nicht weg, sie suchen sich bloß andere Wege, um offenbar zu werden. Da wird dann eben eine Entscheidung des Managements nicht oder nur halbherzig umgesetzt, oder Projekte verlaufen im Sande. Ja, das Miteinanderringen ist manchmal saumäßig anstrengend, aber ich habe inzwischen viele Male erlebt, wie Entscheidungen, die dann fallen, eine ganz andere Kraft haben und die Beteiligten mit Engagement dran arbeiten. Doch der Weg dahin ist auch steinig.

Und in der »Was brauchst du?«-Frage steckt gleich noch eine dritte Zumutung: Sie dürfen Ihre Bedürfnisse nicht nur benennen, sie müssen es auch. Oder wie ich es gern formuliere: Es ist eine Zumutung – und zugleich unerlässlich – sich anderen zuzumuten. Damit wird klar: Mit der Einladung, Bedürfnisse auszusprechen, ist auch eine Forderung verbunden. Nämlich die, sich klar zu werden, worum es einem wirklich geht, und das zu formulieren.

Gewohnt ist eher etwas anderes, wie ich nicht ganz selten beobachte. Gerade letzte Woche stieß ich in einem Coaching mit einer Konzern-Führungskraft wieder auf den einen gut geölten Mechanismus, der Zumutung des Bedürfnisse-Benennens auszuweichen: argumentieren statt – eigene – Bedürfnisse wahrzunehmen und auszusprechen. Ein Beispiel aus dem Gespräch: Dem Bereichsleiter war wichtig, dass ein Projekt schnell vorangeht, schneller als das Team das für möglich erachtete. Vielleicht kennen Sie dieses Phänomen und können sich die Auseinandersetzung, die dann entstand, ebenso vorstellen. Wir erforschten während unseres Gesprächs immer mehr, wofür das Tempo eigentlich wichtig war. Heraus kam, dass es darum ging, Entspannung zu fühlen. Das schien für diesen Chef bisher nur dann möglich zu sein, wenn etwas fertig wurde – frei nach dem Motto:»Erst die Arbeit, dann das Vergnügen.« Als wir das Bedürfnis nach Ruhe und Entspannung entdeckt hatten, entwickelten wir alternative Strategien, diese in den Arbeitsalltag einzubauen, ohne dass immer erst etwas fertig werden müsste. Dazu haben wir übrigens das Modellierungsverfahren genutzt, über das ich im letzten Kapitel schrieb.

Ein anderer beliebter Mechanismus, der Zumutung, eigene Bedürfnisse zu artikulieren, auszuweichen: anderen die Verantwortung zuschieben. Ich erlebe das sogar hin und wieder in einem Rahmen, der explizit auf Selbstorganisation und Eigenverantwortung angelegt ist, nämlich in Open-Space-Veranstaltungen. Sie kennen dieses Veranstaltungsformat vielleicht oder erinnern sich an das, was ich im Kapitel »Leise Wirken« dazu schrieb. Open Space verzichtet auf eine feste Agenda oder vorher bestimmte Aufgaben, es gibt weder gesetzte Redner noch eine durchgängige Leitung der Veranstaltung. Die Teilnehmer sind eingeladen, Verantwortung zu übernehmen, Themen vorzuschlagen und in sich spontan bildenden Gruppen zu bearbeiten. Manche überraschen mich dann immer wieder. Deren Rückmeldung klingt dann ungefähr so:»Großartige Veranstaltung, sehr produktiv, viel erarbeitet, viele Möglichkeiten der Vernetzung.« Das »Aber« folgt: Sie hätten sich Pausen gewünscht oder mehr Moderation oder kleinere Gruppen. Dabei hätten sie jederzeit eine Pause machen, die Initiative zur Moderation oder zur Teilung einer Gruppe ergreifen können. Stattdessen nehmen sie hin, was geschieht, und beklagen sich anschließend – etwas verkürzt und überspitzt gesagt. Daran wird auch deutlich, wie ungewohnt es an vielen Stellen ist, Verantwortung zu übernehmen.

Das stellte auch Julian Vester, Gründer und Geschäftsführer der Agentur Elbdudler in Hamburg immer wieder fest. Er illustrierte das in unserem Gespräch, in dem er von einer Begegnung mit einem damals noch recht neuen Mitarbeiter erzählte. Der Projektmanager kam eines

> Es ist eine Zumutung – und zugleich unerlässlich –, sich anderen zuzumuten.

Tages mit hochrotem Kopf zu Julian und sagte, es sei ja wohl doch nicht so, dass er bei Elbdudler alles ändern könne, so wie es im Bewerbungsgespräch versprochen worden sei. Als Julian ihn fragte, was er denn versucht hatte, fragte der Mitarbeiter verwundert: »Ja, hätte ich denn etwas versuchen dürfen?« Julian verstand die Welt nicht mehr. Hatte nicht der Mitarbeiter gesagt, dass er zu Elbdudler gekommen war, weil er dort eigenverantwortlich arbeiten könnte. Und jetzt fragte derselbe Mitarbeiter, ob er dies denn gedurft hätte.

Selbstverständlich, so Julian, hätte er die Initiative ergreifen dürfen, es wäre sogar ausgesprochen willkommen gewesen. »Nur reicht es eben nicht aus, nur zu sagen, man wolle die Verantwortung. Sie auch zu nehmen, ist anstrengend«, fuhr Julian in unserem Gespräch fort. Er führte diese Anstrengung vor allem auf unsere Sozialisation zurück, die uns auf dem Bildungsweg und auch in sehr vielen Organisationen immer noch darauf konditioniert, zu tun, was uns gesagt wird. »Verantwortung zu übernehmen«, sagt Julian, »ist nicht an sich anstrengend, sondern es ist anstrengend, weil es ein anderes Wertesystem erfordert. Das ist manchmal richtig hart zu merken, dass Wertesysteme, die von Familie und Schule vermittelt wurden, so nicht mehr gültig sind.«

Ich kann Julian nur zustimmen. Das Arbeiten in lebendigen Umfeldern bedeutet sehr oft, Gewohnheiten loszulassen und Muster zu unterbrechen, die lange Zeit wichtig waren.

### Keine Kontrolle mehr

Nach den Zumutungen, die aus der Frage »Was brauchst du?« entstehen, ergeben sich noch weitere Zumutungen. Denn nicht nur Gewohnheiten, sondern ganze Weltbilder können ins Wanken geraten. Erinnern Sie sich an Iris, die Geschäftsführerin, deren Credo lautete: »Alle hören auf meinen Pfiff«? Darin stecken gleich mehrere Überzeugungen: Die Chefin weiß, wo es langgeht. Sie bestimmt. Die anderen folgen. Um nur drei der Annahmen zu nennen, die in diesem kurzen Satz stecken. Auch ein Blick in die Zeitungen unterstreicht das Weltbild des wissenden, bestimmenden und lenkenden Chefs. Da stehen Überschriften wie »DAX-Vorstand führt Unternehmen zurück in die Erfolgsspur«. Nein, hat er nicht. Er hat Impulse gesetzt, das bestimmt, aber gemacht hat er den Erfolg nicht.

Wer sich als Führungskraft auf Lebendigkeit in Organisationen einlässt, ist mit dieser weiteren Zumutung konfrontiert: Er gibt – zumindest vordergründig – Einflussmöglichkeiten und Kontrolle auf. Plötzlich reden andere mit und haben auch gute Ideen. »Es läuft oder es läuft nicht, ich wusste es nicht, hatte keine Kontrolle mehr«, sagt Robert Harms, der frühere Fertigungsleiter von Siemens. Er gibt zu, dass ihm dieses Loslassen anfangs enorm schwergefallen ist: »Ich war es völlig anders gewohnt, hatte es in der Uni und im Geschäftsleben anders gelernt.« Was es leichter gemacht hat: Dass er und sein Kollege Ronny Großjohann einander immer wieder Mut zugesprochen haben. Und sie haben sich gegenseitig darauf aufmerksam gemacht, wenn einer von beiden Gefahr lief, doch nicht loszulassen. So landete zum Beispiel die Entscheidung über die Beschaffung einer Maschine doch wieder bei Robert und Ronny, weil das Team sich zunächst nicht traute, die Verantwortung für eine so große Ausgabe zu übernehmen. Doch die beiden entschieden nicht, machten keine Ansage. »War total schwierig«, fasst Ronny den Prozess kurz zusammen, aber dann haben sie den Kollegen gesagt, sie sollten überlegen, was für die Fabrik das Beste ist. Ein paar Hinweise auf hilfreiche Rechenmodelle gaben sie ihren Kollegen mit auf den Weg.

Solche Fälle gibt es zuhauf in Transformationsgeschichten, und sie fordern die Gewohnheiten aller Beteiligten heraus: Die Mitarbeiter kennen es nicht anders, als dass ihre Chefs die Entscheidungen treffen. Das nun selbst zu tun, ist ein Lern- und Entwicklungsprozess. Detlef Lohmann, der Geschäftsführer von allsafe, dem mittelständischen Maschinenbauer in Baden, von dem bereits die Rede war, hat es in unserem Gespräch sehr eingängig beschrieben. Er schilderte, wie er in den ersten Wochen und Monaten in seiner neuen Rolle als Unternehmer immer wieder gefragt wurde: »Chef, was sollen wir jetzt machen?« Nun ist Detlef jemand, der anderen sehr ungern sagt, was sie zu tun haben und das im Unternehmen auch gar nicht für hilfreich hält. Deswegen hat er einige Zeit und Energie darauf verwendet, seine Kolleginnen und Kollegen immer wieder einzuladen, eigene Entscheidungen zu treffen. Das hat eine Weile gedauert, doch inzwischen ist es bei allsafe schon seit vielen Jahren selbstverständlich, dass Mitarbeiter Verantwortung übernehmen und nicht den Chef um Erlaubnis fragen oder Vorgaben erbitten.

Bei Führungskräften kommt neben der Gewohnheit oft noch hinzu, dass ihre Rolle und die damit verbundenen Einflussmöglichkeiten ein

Beitrag zu dem Gefühl leisten, wer sie sind und was sie ausmacht. Handeln, entscheiden, sich durchsetzen – all das gehört zu ihrem Selbstverständnis. Und andere erwarten ja oft auch genau das von ihnen. Umso schwieriger ist es für viele Menschen in Führungspositionen, ihre gewohnten Handlungsmuster loszulassen. Detlef hat die wiederholten Einladungen, doch die Entscheidung zu treffen, ebenso wie Ronny und Robert durchaus bemerkt – und genau wie die beiden diese Einladungen sehr bewusst nicht angenommen.

## Wie ein Hippie-Haufen

Womit wir bei der nächsten Zumutung wären: In lebendigen Organisationen geht oft die Klarheit verloren, die es in klassischen Organisationen durch Jobtitel, Stellenbeschreibungen, Projektvereinbarungen und Organigramme gibt. Da wird plötzlich der Maschinenbediener auch zum Controller, die Servicekraft zum »therapeutischen Bodenpersonal« oder der Hausmeister zum Fitnesstrainer. Damit entstehen neue Herausforderungen. Was soll auf der Visitenkarte stehen? Wie verklickern wir dem Kunden, dass nicht mindestens ein Prokurist die Gespräche führt? Karsten Foth von hhpberlin berichtete, dass seine Kollegen es nach Abschaffung der Jobtitel vor allem im privaten Umfeld schwierig fanden, zu beschreiben, was ihre berufliche Rolle ist. Auf die berühmte Partyfrage »Und was machst du so?« konnten sie nicht mehr einfach mit ihrem Jobtitel antworten.

Was antworten Sie auf die Partyfrage »Und was machst du so?« – außer Ihrem Jobtitel?

Von ähnlichen Herausforderungen erzählte auch Julian Vester von Elbdudler. Diese Art zu arbeiten ist von der Realität vieler Freunde oder Familienmitglieder oft weit entfernt und sehr schwierig zu vermitteln. »Es fühlt sich komisch an, dadurch von den Menschen, die mir am nächsten sind, so weit entfernt zu sein«, fasste Julian sein Empfinden zusammen. Auch seine Kollegen sagten, dass sie es herausfordernd finden, die Seriosität des Unternehmens deutlich zu machen. »Was wir tun, wirkt auf manche wie ein Hippie-Haufen«, brachten sie es auf den Punkt.

Als besonders herausfordernd haben die Menschen bei Elbdudler den Umgang mit dem Gehaltssystem erlebt. In der Hamburger Agentur bestimmt nicht etwa der Chef, wer wie viel verdient, sondern jeder Mitarbeiter, jede Mitarbeiterin – auf Basis eines groben Orientierungsrasters – selbst. Wie bitte, mögen Sie jetzt denken, ist das dann nicht ein Selbstbedienungsladen? Nein, die Mitarbeiter gehen sehr verantwortlich mit dem Prozess um. Dieser erfordert, dass sie sich selbst einschätzen, andere um deren Einschätzung bitten, wissen, wie hoch ihre Tätigkeiten am Markt dotiert sind und abwägen, welches Gehalt sich das Unternehmen leisten kann. Vor allem die Transparenz ist zunächst ungewohnt, auch, sich zu zeigen und andere um Rückmeldung zu bitten, ist für die wenigsten eine lange geübte Gewohnheit. Aber diese Rückmeldung klar zu geben und auch einmal einen Erhöhungswunsch abzulehnen, erfordert viel Auseinandersetzung mit sich selbst. »Hier zu arbeiten, ist manchmal sehr anstrengend«, sagt Julian. Jeder ist gefordert, an sich zu arbeiten, und ihm wird der Spiegel vorgehalten – das ist meistens jenseits der persönlichen Komfortzone.

## Verzicht auf Privilegien

Jenseits der Komfortzone sind mit Sicherheit auch die Entscheidungen, die Ernst Schütz (Waschbär), Christian Kroll (Ecosia) oder Michael Hetzer (Elobau) getroffen haben. Mit ihrem Schritt, ihre Unternehmen in Verantwortungseigentum zu überführen, verzichteten sie alle auf viel Geld, das sie beim Verkauf oder einem Börsengang ihres Unternehmens verdient hätten. Und wir sprechen hier nicht von fünf- oder sechsstelligen Beträgen, sondern von Millionen. Ich weiß nicht, wie es Ihnen geht, aber mir nötigt so ein Verzicht auf persönlichen Reichtum großen Respekt ab. Schon der Schritt an sich ist alles andere als einfach in einer Welt, die monetärem Reichtum immer noch so großen Wert beimisst. Ich freue mich bei jeder Begegnung mit Verantwortungseigentümern darüber, dass es solche Menschen gibt.

Es ist einfach gesellschaftlich kein Standard, so zu handeln. Stellen Sie sich einmal in traditionellen Unternehmen vor, dass der Senior auf die Idee kommt, dass vielleicht schon seit Generationen in Familienbesitz befindliche Unternehmen in Verantwortungseigentum zu überführen. Der wird sein Vorgehen vermutlich immer wieder verteidigen müssen, zuallererst in der eigenen Familie. Denn Verantwortungseigentum bedeutet ja auch, dass Unternehmen nicht mehr automatisch vererbt werden. Das erklären Sie mal ihrer Brut, leicht ist das sicher nicht. Der Verzicht auf das Eigentum am Unternehmen ist sicher einer der eindrücklichsten. Doch auch darüber hinaus bedeutet Lebendigkeit nicht selten Verzicht, nämlich Verzicht auf Privilegien. Bei Siemens in der Huttenstraße zum Beispiel suchen Sie heute in der Fertigung Chefbüros vergeblich, ja die gesamte »Teppichetage« ist so gut wie nicht mehr vorhanden. Wer zusammen an einem Produkt arbeitet, sitzt auch zusammen – unten, in der Werkhalle. Andernorts werden individuelle Dienstwagen durch Poolfahrzeuge ersetzt und persönliche Sekretärinnen arbeiten fortan für gesamte Teams, nicht mehr ausschließlich für die Chefin.

Verzicht, hoher Grad an Selbstorganisation, Bereitschaft zur Verantwortungsübernahme, Loslassen, sich ganz zeigen und einbringen, mit eigenen Gewohnheiten, Mustern und Ängsten umgehen und Entscheidungsfähigkeit – so könnte ich die Zumutungen der Lebendigkeit zusammenfassen. Kurz gesagt: Wir brauchen mehr innere Souveränität.

Puh, ganz schön heftig, was Sie sich da mit der Lebendigkeit einhandeln? Ja, sie verlangt einiges, auch lebendige Organisationen haben ihre Preise, das dürfte auf den letzten Seiten deutlich geworden sein.

# TEIL III

# LEBENDIG

# Was Lebendigkeit verändert

Bis hierher haben wir viel über Unternehmen und Organisationen gesprochen, haben Prinzipien der Lebendigkeit diskutiert und Beispiele erörtert. Und es stimmt: Ich finde es immer wieder ermutigend und inspirierend, wenn ich Unternehmen erlebe, in denen es lebendig zugeht. Doch das hier ist kein reines Organisationsbuch, es geht mir auch nicht in erster Linie um die Optimierung einzelner Unternehmen. Mein »Wofür« geht weit darüber hinaus. Mir geht es um die Weiterentwicklung der Wirtschaft insgesamt und mit ihr unserer Gesellschaft, denn wir brauchen nicht nur lebendige Unternehmen, sondern eine lebendige und solidarische Gesellschaft, die wir aktuell zu wenig haben.

Gelingt uns das nicht, steht einiges auf dem Spiel. Ohne Lebendigkeit werden Unternehmen auf die immer größer werdende Dynamik nicht dauerhaft antworten können. Da sie, das klang schon an, eine gewichtige Rolle in unserer Gesellschaft spielen und ohne sie ein intaktes Gemeinwesen undenkbar ist, wäre das fatal. Mindestens ebenso wichtig ist, dass Menschen andere Erfahrungen am Arbeitsplatz machen, sich als selbstwirksam erleben. Auch das hat Auswirkungen auf unsere Gesellschaft, in der jeder Einzelne seine Verantwortung wieder stärker wahrnehmen und sich einbringen wird. Nicht zu vergessen, dass Lebendigkeit für uns selbst und für die Beziehungen zu anderen Menschen einiges zum Besseren wenden wird.

Diese möglichen Folgen machen Lebendigkeit zu einer entscheidenden Zukunftsfrage. Ich erlebe immer mal wieder, dass diese Gedanken als »naiv« oder »romantisch« bezeichnet werden. Das nehme ich in Kauf, denn das ist nun mal das Schicksal der Pioniere und Visionäre, sie werden eben von einigen ausgelacht. Doch gleichzeitig geht es nicht ohne eine gesunde Portion Blauäugigkeit, denn sie bereitet oft erst den Weg für bahnbrechende Entdeckungen und Erfindungen – ohne die Beschränkungen dessen, was bisher ist und möglich erscheint, allzu ernst zu nehmen. Beginnen wir mit dem, was sich mit mehr Lebendigkeit in unserer gesamten Wirtschaft verändern kann.

# Veränderung in der Wirtschaft

Im März 2019 stürzte eine Boeing 737 Max ab, die zweite Maschine dieses Typs innerhalb von fünf Monaten. Zwischen den beiden Abstürzen mit insgesamt 346 Toten gab es einen Zusammenhang, wie sich später herausstellte: Der Anstellwinkelsensor lieferte falsche Daten. Außerdem waren die Flugzeuge mit einem sogenannten MCAS-System ausgestattet, das in kritischen Situationen die Steuerung übernehmen sollte, dies aber in fehlerhafter Weise tat. Trotzdem hatte Boeing, so las ich es später in einem Zeitungsartikel, die Existenz des MCAS-Systems – und dessen mögliche Fehlfunktionen – wohl bewusst verschwiegen, um die Umschulung von Piloten auf das neue Flugzeugmodell zu vereinfachen, was ein wichtiges Verkaufsargument gegenüber den Airlines ist.

Doch das war nicht Boeings einziges Problem, auch das Tankflugzeug KC-46 wurde zunächst von der US-Luftwaffe nicht abgenommen. Deren Inspektoren hatten im Flugzeug Werkzeuge gefunden, die Arbeiter dort vergessen hatten – ein großes Sicherheitsrisiko. »Sind das zwei Spitzen desselben Eisbergs?«, fragte die New York Times, die sich eingehend mit dem Fall Boeing befasst hat. Waren diese Nachlässigkeiten durch den unaufhörlichen Druck auf Gewinnmaximierung mindestens begünstigt, wenn nicht ausgelöst worden? Nicht unwahrscheinlich. So hatte Boeing unter anderem die Produktion ins günstigere Charleston verlagert – dort aber fehlen Fachkräfte und Expertise für den Flugzeugbau.

Boeing ist nur ein Exempel für fatale Folgen der immer stärkeren Gewinnmaximierung, ein besonders trauriges, weil es Menschen das Leben gekostet hat. Weniger spektakulär, aber doch folgenreich, ist zum Beispiel die geplante Obsoleszenz, die besonders bei elektronischen Geräten vermutet wird: Hersteller bauen ihre Geräte so, dass diese lange vor Ende ihrer Lebensdauer von uns Verbrauchern ersetzt werden (müssen). Nach zwei Jahren schwächelt der Akku vom Handy, und die verfügbaren Updates werden auch flott weniger. Im Auto werden im Zuge der Inspektion Teile ersetzt, die noch lange nicht durch sind, im Fernseher (und fast allen anderen Elektrogeräten) sind häufig minderwertige Elektrolyt-Kondensatoren mit einer Haltbarkeit von maximal fünf Jahren eingebaut, obwohl doppelt so lange funktionierende Kondensatoren kaum teurer sind.

Neu ist das Phänomen übrigens nicht: Schon 1925 verständigten sich im Phoebuskartell die weltweit führenden Glühlampenhersteller darauf, die Lebensdauer von Glühlampen künstlich auf maximal 1000 Stunden zu begrenzen, vorher brannten sie im Schnitt 2500 Stunden. Ein Schelm, wer Böses dabei denkt. Immer mehr, immer schneller Neues, das kann auf Dauer nicht gutgehen. Die junge Generation macht uns mit ihrer Fridays-for-Future-Bewegung darauf eindringlich aufmerksam. Es ist verrückt, was wir der Gewinnmaximierung alles unterordnen!

Ich bin überzeugt, dass mit mehr Lebendigkeit die Fixierung auf Gewinne und Geld zurückgeht, weil auch andere Aspekte des Wirtschaftens wieder mehr in den Blick genommen werden. Unternehmen sind dann hoffentlich wieder das, was sie einmal waren: eine Gemeinschaft von Menschen, die sich zusammengetan haben, um etwas zu schaffen, was ein Einzelner nicht vermag.

**Es ist verrückt, was wir der Gewinnmaximierung alles unterordnen!**

Verstehen Sie mich nicht falsch: Ich möchte das Geld nicht abschaffen und hänge keinen marxistischen Fantasien nach. Nur taugen Geld und Gewinn nicht als alleinige Messgrößen, sondern sind eben vielmehr das, was die Luft zum Atmen für uns Menschen ist: notwendige Bedingung für das (Über-)Leben, aber sicher nicht dessen Sinn. Diese Luft wird übrigens in lebendigen Unternehmen nicht selten besser. Besonders eindrücklich haben wir das bei St. Gobain, am Standort in Bristol, gesehen. Der damalige Geschäftsführer dort, Alexander Maier, ist auch einer der leisen Pioniere, der einige Veränderungen angestoßen hat. Die Mitarbeiter erzählten uns, es hätte früher eine Atmosphäre von »fear and attack« geherrscht, sie hätten sich als Kollegen eher bekämpft denn als Team zusammengearbeitet, Meetings seien schrecklich gewesen, das volle Programm. Susan, in Bristol zuständig für Sortierung, brachte es auf den Punkt: »Es gab hier Leute, die fuhren morgens auf den Parkplatz und kehrten direkt wieder um, weil sie einfach nicht hineingehen konnten.« Obwohl sich im äußeren System von Stellen, Boni und Managementberichten rein gar nichts geändert hatte, gelang es Alexander und seinen Kollegen, Räume für höhere Selbstorganisation zu schaffen.

Wenn diese Selbstorganisation auf eine Belegschaft trifft, die ihren Job wirklich beherrscht, dann bleiben spürbare Effekte nicht lange aus. »Das hatten wir anfangs nicht so sehr im Blick«, sagte Alexander später rückblickend. »Mastery« – der Begriff lässt sich kaum treffend übersetzen – spielte eine große Rolle, sie war quasi die Voraussetzung dafür, dass die Selbstorganisation sich auch entfalten konnte. Als sie in Bristol auch den Aspekt von Kenntnis und Können einbezogen hatten, waren unter anderem die Auswirkungen auf geforderte Kennzahlen frappierend, unter anderem halbierte sich die kumulierte Laufzeit von Reklamationen innerhalb von vier Monaten bei gleichzeitig sinkender Anzahl wiederholter Reklamationen. Die Sparziele für den Standort wurden ganz nebenbei auch noch übertroffen. Lebendigkeit kann sich also auch ganz konkret monetär auszahlen – aber eben nicht nur. In Bristol jedenfalls machten nun nicht mehr so viele Mitarbeiter auf dem Parkplatz kehrt.

Je mehr Lebendigkeit wieder Einzug hält in unsere Unternehmen, desto mehr wird die Frage, was Erfolg eigentlich ist, wieder gestellt – und Erfolg nicht nur als ein monetäres Ergebnis betrachtet. Das soll kein Aufruf zur Verschwendung sein und doch dem Geld seinen Platz als Mittel zum Zweck zurückgeben. Besonders eindrücklich hat dieses Konzept die Triaz Group verwirklicht. Sie kennen dieses Unternehmen bereits aus dem Kapitel »Sinn entfalten«. Mitte 2018 wurde bei der Triaz Group eine Marke des Unternehmens, der Vivanda-Versand für fair produzierte Mode, eingestellt. Damit waren auf einen Schlag 50 der rund 350 Mitarbeiter zu viel an Bord. Eine hohe Quote. Entlassen wurde dennoch niemand. Einige der Kollegen besetzten ohnehin frei werdende Stellen, aber auch alle anderen blieben dabei. Jeder Finanzinvestor würde ein Management, das ihm derart die Rendite verhagelt, ordentlich ins Gebet nehmen und darauf drängen, den überzähligen Leuten baldmöglichst zu kündigen.

Diese Episode von Triaz weist darauf hin, dass dem Thema Eigentum eine besondere Bedeutung zukommt, wenn es um Auswirkungen der Lebendigkeit auf unsere Wirtschaft geht. Bisher sind sich selbst gehörende Unternehmen wie die Triaz Group die Ausnahme, wenngleich nicht die einzigen. Bosch, wir sprachen schon darüber, aber auch Zeiss, Playmobil oder wie schon kurz erwähnt Novo-Nordisk gehören sich ebenfalls selbst. Untersuchungen der Copenhagen Business School zeigen, dass eine große Mehrzahl solcher Unternehmen langfristig profitabler arbeiten, und das gilt besonders, wenn es sich um große Unternehmen handelt. Sie haben eben auch die Zeit für eine solche Entwicklung.

Diese Zeit fehlt aber, wenn Investoren Unternehmen kaufen und dann den Kaufpreis möglichst flott wieder reinholen müssen und noch dazu eine Rendite verlangen. Bei jedem Verkauf beginnt diese Spirale von Neuem. Die Geschäftsführer solcher Unternehmen haben dann oft wenig Wahl: Sie tun alles im Namen der Rendite, wir sprachen im Kapitel »Sinn entfalten« schon darüber. Das geht auf Kosten der Mitarbeiter, Lieferanten und Kunden – und der Lebendigkeit.

Nicht jedes Unternehmen überlebt diese Spiralen. Unternehmen, die sich selbst gehören, haben nach 40 Jahren eine um ein Vielfaches höhere Überlebenswahrscheinlichkeit, auch weil der finanzielle Erfolg sich nicht in maximal möglicher Höhe und schon gar nicht sofort einstellen muss.

Auf den ersten Blick mag es unvernünftig klingen, zugunsten einer größeren Lebendigkeit auf ökonomischen Gewinn zu verzichten – und sei es nur vorläufig. Aber ist es nicht so, dass wir uns (zu) sehr daran gewöhnt haben, alles Handeln mit ökonomischen Maßstäben zu messen? Mir scheint, dass uns die Gradmesser fehlen, die keine wirtschaftlichen sind. Fragen nach dem Sinn, nach persönlichen Entwicklungsmöglichkeiten oder ökologischen Aspekten haben sich der Marktlogik unterzuordnen. Verstehen Sie mich nicht falsch, ich möchte weder dem Sozialismus das Wort reden noch zurück in die Zeit, in der alle Telefone grau waren, eine Schnur hatten und bei der Post beantragt wurden. Doch die Frage, welches Wirtschaftskonzept den Herausforderungen der Gegenwart und Zukunft gerecht werden kann, wird immer drängender. Wir brauchen eine lebendige Marktwirtschaft – die weder (neo-)liberal noch sozialistisch ist, sondern etwas Neues schafft.

Akteure wie der Getränkeproduzent Premium Cola zeigen, was möglich ist. Mitten in einem Markt, in dem mit harten Bandagen gekämpft wird, stellt dieses Unternehmen so einige betriebswirtschaftliche Grundsätze auf den Kopf. So verzichtet Premium Cola bewusst auf Werbung, weil die Kosten an die Konsumenten weitergegeben werden müssten und die Getränke dadurch teurer würden. Mengenrabatte gibt es für die kleinen Abnehmer, weil die es viel mehr brauchen als die großen – es ist also quasi ein Anti-Mengenrabatt. Es gibt keine schriftlichen Verträge und keine Kredite. Letzteres ist im Getränkebusiness besonders bemerkenswert, denn das Leergut muss vorfinanziert werden. Das macht Premium Cola aus eigener Kraft. Und wenn das gerade nicht geht, werden Kunden gebeten zu warten. Kann das wirklich funktionieren? Offenbar, Premium Cola gibt es schon seit über 20 Jahren und das Unternehmen wächst stetig.

Eine lebendige Marktwirtschaft ist »enkeltauglich«. Diesen Begriff habe ich von Uwe Lübbermann gelernt, dem Gründer von Premium Cola. Der Ausdruck fasst meine Vision wunderbar zusammen: In den Unternehmen ist Arbeit wieder mehr als Maloche, Menschen können dort ihre Potenziale entfalten und wachsen, Verschwendung durch allerlei Managementpraktiken schwindet und Zusammenarbeit dient einem guten Angebot für die Kunden. Kurz gesagt: Unternehmen sind ökonomisch erfolgreich und menschlich zugleich. Es wird dabei zunehmend peinlich, dicke individuelle Gewinne einzufahren und Ressourcen zu verschwenden.

Das Beste ist: Solche Unternehmen gibt es bereits, Sie haben einige in diesem Buch kennengelernt und sehen mehr in unseren AUGEN-HÖHE-Filmen – quer durch verschiedenste Branchen und Unternehmensgrößen. Es war uns wichtig, genau diese Breite zu zeigen: Es geht auch im Gesundheitswesen, im Finanzsektor, in staatlichen Schulen, im mittelständischen Maschinenbau oder in Teilen großer Konzerne – egal, ob die Organisationen engen staatlichen Regularien unterliegen oder nicht, ob sie klein sind oder groß, inhabergeführt oder börsennotiert. Die Wege

**Lebendige Unternehmen und eine lebendige Wirtschaft dienen den Menschen – nicht andersherum.**

sind unglaublich verschieden und in jeder Organisation gibt es andere Restriktionen. Doch es fällt immer wieder auf: Innerhalb dieser Rahmenbedingungen geht viel mehr als zunächst gedacht, und nicht jede Restriktion ist unveränderbar.

Ich bin sicher, dass die Organisationen, die in unseren Filmen vorkommen und die wir darüber hinaus kennen, bei Weitem noch nicht alle sind, in denen es im Sinne dieses Buches bereits ausgesprochen lebendig zugeht. Wenn Sie ebenfalls eines – oder mehrere – kennen, freue ich mich, wenn Sie mir davon erzählen. Die Geschichten faszinierender Organisationen und der Menschen, die zu diesen Geschichten beitragen, sind meine Leidenschaft, und der nächste Film, das nächste Buch kommen bestimmt. Wir brauchen unbedingt die Sichtbarkeit all der kleinen und großen Geschichten von mehr Lebendigkeit. Wenn all diese Beispiele noch viel evidenter werden, halten immer weniger Menschen sie für Randerscheinungen, für Träumerei oder die spinnerte Idee einiger Romantiker. Damit steigt die Wahrscheinlichkeit, dass aus einzelnen lebendigen Unternehmen eine lebendige Wirtschaft wird, die den Menschen dient – und nicht andersherum. Genau darum geht es mir: Was in einzelnen Organisationen schon möglich ist, möge sich in der gesamten Wirtschaft durchsetzen. Dazu fällt mir gerade ein Satz wieder ein, der mich begleitet, seit ich ihn vor über 25 Jahren in einem Kabarett hörte: »Manchmal ist der Einzige bloß der Erste.«

Mir ist bewusst, dass es nicht einfach ist, der Einzige oder der Erste zu sein. Als Organisation nicht und als Mensch erst recht nicht. Wir erleben das Zweifeln und Ringen der Pioniere nahezu jede Woche, wenn wir nach Filmvorführungen oder Vorträgen mit Menschen sprechen, in unseren Veranstaltungen und ganz besonders in unserem Ausbildungsprogramm AUGENHÖHEwegbegleiter. Dort kommen Menschen zusammen, die nicht nur in ihrer Organisation wirksame Impulse setzen möchten, sondern auch zu einer anderen, lebendigen Wirtschaft beitragen möchten – ob in einem Start-up mit gerade einmal sechs Kollegen oder in einem Konzern mit mehreren Hunderttausend Mitarbeitern.

Glauben Sie mir, das geht nicht immer ohne Ärger, Frust und Angst. Wer vorausgeht, irritiert nun mal sein Umfeld und das löst nicht immer Begeisterung aus. Diese Emotionen gehören genauso zu dem Weg wie die Freude, der Mut und das Engagement der Pioniere. Bisweilen kann es ganz schön herausfordernd werden, mit all diesen unterschiedlichen Gefühlen umzugehen. Auch deswegen sind persönliche Entwicklung und Selbstführung neben Denkwerkzeugen für neue Organisationen wesentliche Bestandteile unseres Programms.

Auch wenn es nicht immer einfach ist, vorauszugehen und Gewohntes infrage zu stellen: Wenn wir eine lebendige Wirtschaft wollen, sind wir auf die Pioniere angewiesen. Deswegen freue ich mich über jeden, der in seiner Organisation bleibt und immer wieder neue Wege findet, Impulse zu setzen. Bitte, liebe Pioniere, überlegen Sie sich das mit der Kündigung noch mal! Wir brauchen Sie! Sie sind diejenigen, die spüren, dass etwas nicht stimmt, und oft auch diejenigen, die Ideen haben, wie es anders gehen könnte. Sie könnten mir jetzt vorwerfen, ich hätte gut reden, ich müsste es ja nicht tun. Stimmt, ich habe es nicht geschafft zu bleiben, sondern habe schon vor fast 20 Jahren den Weg in die Selbstständigkeit gewählt. Inzwischen bekomme ich allerdings zunehmend Lust, im letzten Drittel meines beruflichen Weges noch einmal

»Pionierin im Haus« zu sein. Noch haben Teile meines Inneren Teams gravierende Einwände (wie Sie wissen), aber mal sehen, was kommt. Selbstverständlich soll das jetzt auch nicht heißen, dass alle auf Gedeih und Verderb bleiben müssen. Manchmal ist der Preis dafür einfach zu hoch. Ich erinnere mich noch gut an die Worte eines Ex-Bankers: Ihm war klar geworden, dass »der Kontext meines Engagements nicht mehr würdig war«, wie er sagte. Schöne Beschreibung.

Und damit wir noch mehr Pioniere in unsere Unternehmen bekommen, müssten wir schon viel früher anfangen, auch in Schule und Hochschule – aber wie kann das gehen?

## Veränderung in der Bildung

»Mama, was hat das alles mit meiner Schule zu tun?« Diese Frage, gestellt von meiner Tochter – damals in der 5. Klasse – war ein wesentlicher Beitrag dazu, dass ich begann, Lebendigkeit nicht nur in Bezug auf Unternehmen und Organisationen zu denken, sondern eben auch auf Schulen. Wenn Unternehmen und Wirtschaft immer lebendiger werden, Selbstorganisation und Eigenverantwortung zu einem immer höheren Grad gefragt sind, was bedeutet das für (Hoch-)Schulen? Und es ist ja nicht nur die Wirtschaft, die sich stark verändert, die Dynamik steigt in allen Lebensbereichen. Schulen sollten aber nicht nur der Lebendigkeit anderer Lebensbereiche hinterherlaufen, sondern immer mehr zu Treibern der Lebendigkeit werden. Sie haben das Zeug dazu, und das gilt gleichermaßen für Universitäten.

Das steht allerdings in einem Widerspruch dazu, dass offenbar immer noch diejenigen am besten durch unsere Bildungsinstitutionen kommen, die sich gut anpassen und sich konform verhalten. Das Erlebnis mit den Studierenden, die mehrheitlich sagten, sie hätten lieber Ansagen als selbst zu denken, hat mich wirklich schockiert und nachhaltig geprägt, ich habe davon erzählt. Wie zum Teufel kommen so junge Menschen darauf, sie wären zu Eigenverantwortung weder fähig noch willens? Das ist dramatisch!

Woher kommt das? Wir haben darüber schon im Kapitel »Fesseln in Schulen« gesprochen: In unserem Schulsystem – und beinah noch mehr in den Hochschulen – erleben sich die Schüler oder Studentinnen eher als Objekt von Belehrung denn als Gestalter ihrer eigenen Lernprozesse. Sie werden zu Leistungserfüllern, die im Gleichschritt lernen und standardisierte Prüfungen ablegen. Natürlich gilt auch hier: Niemand muss darauf zwangsweise mit Anpassung reagieren, es ist viel Platz für autonome Antworten. Leider bestehen die dann oft in Verweigerung, Ausprägung von »Lernschwächen« und schlechten Noten – den hohen Preis für diese Antworten bezahlen die Schüler und ihre Familien. Doch es geht auch ganz anderes, davon war ich nach unseren Erfahrungen in Unternehmen überzeugt. Als ich meinen Kollegen von meinen Gedanken erzählte, war schnell klar: Sie sahen das sehr ähnlich. Aber einen Film über Schulen? Das brauchte noch etwas Überzeugungsarbeit und Reifenlassen. 2018 war es dann so weit: Wir besuchten acht Schulen – staatliche und solche in privater Trägerschaft – und sprachen mit Schülerinnen, Eltern, Lehrern, Schulleiterinnen und weiteren Mitarbeitern. Das Ergebnis können Sie in unserem Film AUGENHÖHEmachtSchule sehen. Wie schon bei den Unternehmen haben wir Geschichten über lebendige Schulen erzählt – denn gute Ansätze sollten Schule machen.

Eben habe ich das Schreiben dieses Abschnitts für das Abendessen mit meiner Familie unterbrochen und meine Kinder gefragt, was ihnen aus dem Film am meisten in Erinnerung geblieben ist. »Die Kinder und Jugendlichen waren alle sehr selbstbewusst«, sagten sie einstimmig, und sie hatten das Gefühl, dass die jungen Menschen, egal ob Erstklässler oder Abiturient, von den Erwachsenen sehr wertgeschätzt wurden und ja, die Begegnungen auf Augenhöhe stattfanden. »Die haben den Kindern wirklich was zugetraut«, ergänzte mein Sohn noch. Stichwort »Zutrauen«: In unserem Gespräch mit Eltern am Gymnasium Hoheluft in Hamburg ging es genau um die Frage »Trauen die Erwachsenen, wir Eltern, den Kindern zu, eigenverantwortlich zu arbeiten und sich selbst zu organisieren?« »Mein Sohn ist inzwischen in der 9. Klasse, so langsam beginne ich zu glauben, dass sie es können«, sagte ein Vater. Sie können, und wie!

Und sie können noch etwas: kooperieren. »Hauptsache ich, das gibt es hier nicht«, sagt Lilli, Zwölftklässlerin an der Jenaplan-Schule in Jena. Sie lernen vielmehr, ihr Umfeld einzubeziehen, zu unterstützen und Hilfe anzunehmen. Mike Bruhn, Oberstufenleiter in Jena, sagte im Interview, er würde gerne Schüler entlassen, die wissen, was sie wollen, die aber auch nicht rücksichtslos mit anderen umgehen. Ich bin überzeugt davon, dass ihm das gelungen ist. Die jungen Menschen dort haben mich wirklich sehr beeindruckt. Sie konnten ihre eigenen Wünsche und Bedürfnisse wahrnehmen, sie ausdrücken und für sie einstehen und gleichzeitig im Blick behalten, was andere brauchen. Helm Stierlin, Arzt und Begründer der systemischen Familientherapie in Deutschland, nennt diese Fähigkeit »bezogene Individuation«. Sie ist eine wichtige, wenn nicht die Basis für gelingende Beziehungen – egal ob im Privatleben oder im Job. Gut, wenn das neben lesen, schreiben und rechnen in der Schule gelernt wird.

Beide Pole sind dabei gleichermaßen wichtig, die Individuation und die Bezogenheit. Heute ist häufig der Vorwurf zu hören, junge Menschen seien extrem anspruchsvoll, nahezu nicht mehr integrierbar in Gemeinschaften und egozentrisch. Stimmt schon, manche kreisen verdammt viel um sich selbst, das ist besonders auf Instagram, YouTube und ähnlichen Plattformen zu beobachten. Es ist ein interessanter Widerspruch, dass es vielen gleichzeitig schwerzufallen scheint, Verantwortung für sich und ihr Handeln zu übernehmen – eine Wahrnehmung, die ich öfter mal in Unternehmen höre, wenn über die jungen Mitarbeiter gesprochen wird. Vermutlich leistet das aktuelle Schulsystem, das Eigenverantwortung in der Regel nicht sehr befördert, dazu einen nicht unerheblichen Beitrag.

**Die Individuation und die Bezogenheit sind gleichermaßen wichtig.**

Machen Schüler aber in ihrer Schule andere Erfahrungen, wird das durchaus auch von der Außenwelt wahrgenommen. Aus den Unternehmen, in denen zum Beispiel die Schülerinnen und Schüler des Gymnasiums Hoheluft Praktika absolviert hatten, kamen ausgesprochen positive Rückmeldungen. Es wurde besonders bemerkt, dass sie die Initiative ergreifen und eigene Akzente setzen und sich gleichzeitig in betriebliche Abläufe einfügen konnten.

Nicht schlecht gestaunt habe ich, als uns Schüler, das war ebenfalls in Jena, erzählten, dass sie ihre Klassenreisen komplett selbst organisieren. Sie wählen in der Gruppe das Ziel aus, was schon allein eine anspruchsvolle Aufgabe ist. Machen Sie das mal, sich mit über 20 Menschen auf ein Reiseziel einigen, das ist alles andere als einfach! Doch die Schüler tun noch weit mehr in Eigenregie: Sie recherchieren Unterkünfte und Verkehrsmittel, planen Ausflüge und berechnen die Kostenbeiträge.

Und das nicht erst in der Oberstufe, sondern bereits in jüngeren Jahrgängen. Wow, dachte ich, toll, da wird nicht nur über Demokratie und Partizipation geredet, es wird gemacht.

Dabei erproben die Schülerinnen auch noch unterschiedliche Entscheidungsverfahren und werden damit in der Lage sein, in Teams auf vielfältigen Wegen zu Ergebnissen zu kommen. Das ist mehr als ein Nebeneffekt: In unserer komplexen Welt wird es immer mehr darum gehen, Wissen, Können, Sichtweisen und Ideen in kleinen wie großen Gruppen zu integrieren. Bisher nutzen wir dafür oft Mehrheitsentscheidungen. Doch das ist nur ein Weg – und oft nicht der beste, da die Minderheit überstimmt wird, ohne dass ihre Beiträge, Bedenken und Ideen in die Lösung eingebaut sind.

Fast noch wichtiger ist, dass in diesen lebendigen Schulen junge Menschen ferner die Erfahrung machen können, dass sie sich trotz der hohen Dynamik des Lebens – das weder vorhersagbar noch berechenbar oder trivial ist – sicher fühlen können. Sicherheit ist ein Grundbedürfnis von uns Menschen, wir brauchen alle ein Mindestmaß davon, um leben zu können. Wir haben eingeübt, Sicherheit aus geplanten Prozessen, festen Abläufen und Vorhersagbarkeit zu beziehen, doch das wird der Dynamik des Lebens immer weniger gerecht. Es gilt vielmehr, durch Erprobung und Erfahrung immer mehr Sicherheit darin zu gewinnen, mit dem Ungewissen umzugehen. »Sicherheit aus Unsicherheit beziehen« nennt das Mechthild Reinhard. Mechthild ist außerdem leidenschaftliche (systemische) Pädagogin und fordert in dieser Rolle Schulen auf, der Entwicklung der Kompetenz im Umgang mit Ungewissem mehr Raum zu geben.

Diesen Abschnitt über Bildung möchte ich nicht schließen, ohne in den Blick zu nehmen, dass auch Schulen Organisationen sind und welche Auswirkungen die Art und Weise hat, wie sie als solche funktionieren. Lebendigkeit ist hier ja noch viel wichtiger als in anderen Organisationen und Unternehmen, weil die »Kunden« junge Menschen sind, die die Zukunft prägen werden. Schule vermittelt durch ihre Strukturen, ihre Arbeitsweisen sowie ihre Regeln Werte und Normen, die oft viel stärker auf alle Beteiligten wirken als der Unterricht – und sei er noch so gut. Denken Sie nur an das Beispiel mit der Strafarbeit meiner Tochter im Kapitel »Fesseln in Schulen«. Dort war auch bereits die Rede von den Auswirkungen des heimlichen Lehrplans – und die sind bisweilen unheimlich.

Strukturen und Arbeitsweisen können aber natürlich auch in die eher gewünschte Richtung wirken. Bei den Dreharbeiten für AUGEN-HÖHEmachtSchule fiel uns auf, wie sehr die Lehrer untereinander kooperierten und in Teams zusammenarbeiteten. So haben sie zum Beispiel gemeinsam Unterricht konzipiert und immer wieder überlegt, wie sie sich gegenseitig unterstützen können. Viele Lehrer kannten das von anderen Schulen, an denen sie tätig waren, nicht. Diese intensive Zusammenarbeit trägt aber vermutlich entscheidend dazu bei, was Schüler an der jeweiligen Schule über Zusammenarbeit lernen, denn sie beobachten sehr genau, was die Erwachsenen tun, und die Eindrücke, die die jungen Menschen dabei gewinnen, sind mit Sicherheit stärker als alle Aufrufe zur Kooperation in der Klasse. Und: Den Lehrern macht ihr Job so viel mehr Spaß.

Viele sagten uns außerdem, dass sie in ihren lebendigen Schulen deutlich stärker als ganze Persönlichkeit gefragt und gefordert sind. Das sei manchmal anstrengend, aber eben auch sehr gut, es trägt wie die Zusammenarbeit dazu bei, dass ihnen ihr Job (wieder) Freude macht. Überhaupt habe ich noch nie so viele strahlende Lehrer an einem Ort gesehen wie in den Schulen, die wir besucht haben. Die lieben, was sie tun, und haben sich Rahmenbedingungen geschaffen, unter denen sie das auch so tun können. Das alles wohlgemerkt im Rahmen der Schulgesetze und Verordnungen der betreffenden Bundesländer. Da ist viel mehr möglich, als es den Anschein hat.

Was Schülerinnen, Lehrer und Eltern in Schule erleben und was Menschen in ihrer Arbeitsumgebung erfahren, prägt ihre Sicht auf die Welt. Mehr Lebendigkeit hat gesellschaftliche Konsequenzen. Lassen Sie uns die im nächsten Abschnitt einmal genauer beleuchten.

## Veränderung in der Gesellschaft

Auch wenn der von mir sehr geschätzte Helmut Schmidt mich jetzt zum Arzt geschickt hätte: Ich habe eine Vision für unsere Gesellschaft. Genau genommen sogar nicht nur eine. Aber der Reihe nach: Mal angenommen, Menschen machen immer mehr Erfahrungen von Lebendigkeit in ihren Organisationen, in den Unternehmen und Schulen. Mal angenommen, jede und jeder von uns hätte in seinem Unternehmen, in seiner Behörde oder Schule viel mehr Gelegenheiten, Verantwortung zu übernehmen, Handlungsmut zu entwickeln, sich zu vernetzen, quer zu denken, seine Intuition zu nutzen, Selbstorganisation zu spüren, Selbstführung zu praktizieren, zu gestalten, zu kooperieren und mit Komplexität und Unsicherheit wirklich umzugehen (statt sie ausmerzen zu wollen). Mal angenommen, wir könnten uns selbst als wirklich lebendig erleben? Was würde dann in unserer Gesellschaft passieren? Wer Tag für Tag die Kraft der Lebendigkeit spürt, wird sich auch als Bürger anders verhalten. So jemand wird mit einiger Wahrscheinlichkeit zu einem mündigeren, eigenverantwortlicheren Bürger. Sonst würde eine Spannung entstehen, die auf Dauer kaum auszuhalten wäre. Wir Bürger merken vor dem Hintergrund lebendiger Erlebnisse, dass unsere demokratische Mitwirkung nicht auf Wahlen beschränkt bleiben muss, sondern wir beteiligen uns aktiv an der Weiterentwicklung von Entscheidungen und Lösungen und übernehmen Verantwortung. Anfangs war dieser Effekt offen gestanden nur eine Ahnung, vielleicht sogar nur eine Hoffnung von mir.

Doch inzwischen kenne ich nicht nur viele Beispiele von Menschen, die ihre »Lebendigkeitserfahrungen« in die Gesellschaft tragen, sondern habe im Rahmen meiner Recherchen herausgefunden, dass Studien diesen Mechanismus seit vielen Jahren bestätigen. Schon 1980 schrieb der amerikanische Forscher Maxwell Elden darüber, in den 1990er-Jahren sein Landsmann Edward Greenberg und 2007 der Deutsche Wolfgang Weber. Alle sind sich einig: Zivilgesellschaftliches, kulturelles und politisches Engagement steigt, wenn Menschen in ihren Organisationen an Entscheidungen partizipieren und Verantwortung übernehmen. Wolfgang Weber und sein Team betonen die stärker gemeinwesenbezogene Werteorientierung. Vor allem humanistische Werthaltungen und die Bereitschaft zu kosmopolitischem und demokratischem Engagement fielen den Forschern dabei auf. Sie sprechen mir aus der Seele. Ich habe die Hoffnung, dass unsere Organisationen Orte sein können und sein werden – es zum Teil schon sind –, die zur Wahrung unserer demokratischen und pluralistischen Gesellschaft beitragen.

Und genau dies ist eine der wesentlichen Aufgaben der nächsten Jahrzehnte. Für mich als im Westen Deutschlands Aufgewachsene war Demokratie immer so selbstverständlich wie das Wasser für den Fisch, sie war einfach da und ich habe mir nicht vorstellen können, dass einer den Stöpsel zieht. Heute erlebe ich unsere Demokratie keineswegs mehr als so selbstverständlich, sondern als etwas, das wir aktiv verteidigen und gestalten müssen. Gut, wenn dann Unternehmen Orte sind, an denen eben diese Demokratie ebenso praktiziert wird. Aus diesen Erfahrungen heraus werden wir auch eine ganz andere Kraft entwickeln, die bekannten gesellschaftlichen Probleme wie die Wahrung der Demokratie oder den Klimaschutz zu bewältigen. Die Vereinten Nationen haben bereits 2016 noch 15 weitere globale Entwicklungsziele benannt, und ich bin überzeugt davon, dass wir jedes einzelne von ihnen leichter erreichen werden, wenn wir im beruflichen und privaten Umfeld Erfahrungen von Lebendigkeit machen.

Und diese Erfahrungen von Lebendigkeit machen noch etwas wahrscheinlicher, was ich für ausgesprochen wertvoll halte: die Entwicklung echter Solidarität. Mir fällt auf, dass in unserer Gesellschaft eine große Unzufriedenheit herrscht, obwohl wir in einem reichen und sehr sicheren Land leben. Was fehlt, wenn alles da ist? Der Wohlstand scheint in den Herzen nicht anzukommen. Ich glaube, das liegt an fehlender Solidarität. Gewiss, wir haben ein funktionierendes Sozialsystem, das die ärgste materielle Not zu lindern vermag (oft erst nach langen, entwürdigenden Prozeduren, aber das ist ein anderes Thema). Ich wünsche mir eine wahrhaft solidarische Gesellschaft, weg von einer Gesellschaft von »Ichlingen«, die sich selbst optimieren. Für den Kapitalismus mag Konkurrenz die Antwort auf alle Fragen sein, für eine funktionierende Gesellschaft ist es Solidarität. Genau diese Antwort ist es, die offenbar wahrscheinlicher wird, wenn Menschen in ihrem Unternehmen Lebendigkeit erleben.

> Für den Kapitalismus mag Konkurrenz die Antwort auf alle Fragen sein, für eine funktionierende Gesellschaft ist es Solidarität.

Das war mir selten so klar wie in einem Gespräch mit Robert Harms von Siemens in Berlin. Als ich Robert fragte, was sich jenseits des Arbeitslebens für ihn gewandelt hat, sagte er, dass sich sein gesamtes Werteverständnis verändert hat. Er ist unter anderem viel stärker ökologisch orientiert und ist zu einem Befürworter des bedingungslosen Grundeinkommens geworden. Das hatte er sich zuvor nicht vorstellen können, zu wenig kam ihm der Leistungsaspekt darin vor. Durch die Erfahrungen in der Huttenstraße aber hat sich seine Sicht gewandelt und er kann inzwischen diesem solidarischen Ansatz viel abgewinnen.

Das geht mir übrigens genauso. Als gelernte Ökonomin stand ich der Idee eines Grundeinkommens lange Zeit ebenso skeptisch gegenüber wie Robert, doch die Argumente und vor allem die realen Auswirkungen haben mich überzeugt. Wissen Sie, was Menschen, die bereits für ein Jahr ein Grundeinkommen erhalten (per Los über die Initiative »Mein Grundeinkommen«), als ihre wichtigste Erfahrung nennen? Die Bedingungslosigkeit. Nicht etwa die 1000 Euro pro Monat machten den größten Unterschied, sondern die Tatsache, dass sie dieses Geld bedingungslos erhielten, unabhängig von einer Leistung, nur dafür, dass sie da sind. Unglaublich, was mehr Solidarität und weniger Leistungsmaxime Menschen geben können.

Und Lebendigkeit kann noch mehr: Wer Experimente als gewohntes Vorgehen erlebt, wer sich und andere ebenso wie unsere Organisationen als autopoietische Wesen respektiert und gestaltet, ist wahrlich erprobt im Umgang mit Unsicherheit. Das hat auf der gesellschaftlichen Ebene für mich vor allem eine wichtige Konsequenz: Jemand mit diesen Erfahrungen hat die Zuversicht entwickelt, handlungsfähig und (selbst-)wirksam zu sein, auch wenn es mal »dicke« kommt. Das schützt vor dem Gefühl, ohnmächtig zu sein und nichts tun zu können. Und genau dieses Gefühl ist, was Menschen anfällig macht für – vermeintlich – einfache Lösungen, wie so mancher Populist sie in dieser Zeit verspricht. Andersherum ausgedrückt und auf den Punkt gebracht: Lebendigkeit schützt vor Populismus, belebt Demokratie und fördert Solidarität.

Doch nicht nur für unsere Gesellschaft, für Schulen oder Unternehmen und die Wirtschaft hat Lebendigkeit positive Auswirkungen, sondern auch für jeden Einzelnen von uns – was mindestens ebenso wichtig ist.

## Veränderung für jeden – für alle

Es gibt einen großen Unterschied, der mir immer wieder auffällt, wenn ich mit Menschen spreche, die in lebendigen Organisationen arbeiten oder dort lernen: Sie haben so ein Strahlen um die Augen. Klar haben die auch mal richtig viel zu tun, sind mitunter genervt und angestrengt und doch: Das Leuchten scheint immer durch. Was ist für diese Menschen, für jeden, der Lebendigkeit (er-)lebt, anders?

In jedem Fall eine Menge, wie eindrucksvoll die Geschichte einer

Mitarbeiterin bei hhpberlin illustriert. Nennen wir sie Barbara, denn sie möchte ihren richtigen Namen nicht in einem Buch lesen. Barbara beschreibt ihren Wechsel zu dem Brandschutzunternehmen als »Erlösung«. Die erste Festanstellung ihres Berufslebens hatte zuvor exakt drei Tage gedauert, berichtete sie: Am ersten Tag hatte sie abends geheult, am zweiten wuchs die Verzweiflung, am dritten musste sie sich übergeben. Es war klar: Es geht nicht, die Rückmeldungen aus ihrem Organismus waren mehr als eindeutig. Barbara schnappte sich ihre Tasche, zog ihre Jacke an und ging – für immer, was ihr ein »unbeschreibliches Freiheitsgefühl« bescherte. Und dieses Gefühl wurde zum Seismografen bei der Auswahl ihrer Arbeitsplätze, und der schlug bei hhpberlin in besonderer Weise aus.

Barbara erlebt bei den Brandschützern Autonomie und Selbstwirksamkeit. Es gibt keine Stellenbeschreibung, sondern Vertrauen in sie, dass sie Sinnvolles macht. Sie bestimmt, was sie tut und lässt – im Gegensatz zu der Fremdbestimmung, die sie vorher erfahren hatte. Das, so Barbara, ist ein großer Beitrag dazu, ihr eigenes Leben als gestaltbar zu empfinden. Das Gefühl der Selbstwirksamkeit kommt vor allem daher, dass ihr immer klar ist, welchen Beitrag sie zu dem gemeinsamen Ziel leistet, dem sich hhpberlin verschrieben hat: den nach aktuellen Maßstäben besten Brandschutz zu entwickeln.

Barbara spricht zwei wesentliche Grundbedürfnisse von uns Menschen an: Wir möchten autonom sein und wir wollen unser Handeln als bedeutsam erleben. Dazu brauchen wir auch das Gefühl, zu etwas Größerem beizutragen: Der Sinn unserer Tätigkeiten muss sich uns erschließen.

Außerdem wollen wir gerne immer besser werden, wir wollen unsere Arbeit und unser Leben im wahrsten Sinne des Wortes meistern. In lebendigen Unternehmen ist genau dafür Raum, es ist ein zentrales Prinzip. Die von Barbara angesprochene Freiheit, ihre Aufgaben zu gestalten, haben wir während unserer Dreharbeiten an vielen Stellen gefunden. Nicht nur bei sogenannten Hochqualifizierten, sondern auch da, wo – vermeintlich – einfache Tätigkeiten verrichtet werden. Bei hhpberlin etwa ist der Hausmeister schon lange nicht mehr nur Hausmeister, sondern Thomas ist auch Archivar und Flottenmanager – ein Spagat zwischen Klo und Kfz-Versicherung, wie er sagte. Der Mann organisiert sämtliche Dokumente im Archiv, kauft Fahrzeuge und sorgt für deren Versicherung und Wartung. Gefragt, wer er ist und was er bei hhpberlin tut, sagte er übrigens, das seien Fragen, die er sich auch jeden Tag stellt. Und er hat das Gefühl, dass die Antworten bei hhpberlin andere interessieren: Er wird nicht nur in seiner Rolle, sondern als Mensch gesehen und in all seinen Facetten geschätzt. Thomas sagte, das macht ihn »innerlich frei« und kreativ im Kopf, er ist mit ganz anderer Energie da, als er das aus früheren Tätigkeiten kennt. Und er hat aus sich heraus ein Gespür für den Wert seiner Arbeit, unabhängig von der Anerkennung anderer.

Ganz ähnlich ist es bei sysTelios, auch dort wechseln die Hausmeister nicht nur Glühbirnen oder kümmern sich um defekte Pumpen, sondern sind mittlerweile auch Fitnesstrainer für die Klienten. Ob Aquagymnastik, Mountainbiken oder Walken – die Angebote kommen von Gunther und Edgar, die die notwendigen Ausbildungen gemacht haben, ohne dass es jemand von ihnen verlangt hat. Bei den dreien, von denen gerade die Rede war, sehen und spüren Sie das Leuchten. Sie stehen stellvertretend für viele, denen wir in lebendigen Unternehmen und Schulen begegnet sind.

Was den Unterschied ausmacht? Präsenz. Ist die Lebendigkeit entfesselt, ermöglicht das den Menschen, ganz da zu sein – nicht nur mit den Facetten, die ihre Rolle erfordert. Ich hatte sehr oft – viel zu oft – das Gefühl, viele von uns geben große Teile ihrer Persönlichkeit an der Pförtnerloge ab. Das ist durchaus eine sehr kluge Strategie, nicht alle Seiten der eigenen Persönlichkeit mitzunehmen an einen Arbeitsplatz, wo diese Seiten nicht erwünscht oder sogar hinderlich sind. Nur hat dieser Weg einige Preise: Der erste ist, dass mit diesen an der Pförtnerloge abgegebenen Persönlichkeitsteilen auch Kompetenzen draußen vor der Tür bleiben. Das ist weder für uns gut, die wir unseren Job meistern wollen, noch für das Unternehmen, das unsere Leistung benötigt. Beide bräuchten dafür auch all unser Können.

Doch das ist noch nicht einmal der schlimmste Preis. Ich habe im Laufe der letzten Jahre viele Menschen gesprochen, die sich in ihren beruflichen Rollen gar nicht mehr wiedererkannt haben. Ich erinnere mich noch sehr gut an Tanja, Führungskraft in einem großen Konzern, mit der ich nach unserem AUGENHÖHE-camp letztes Jahr in Hamburg noch ein Feierabendbier trank. Sie sagte,

> Ist die Lebendigkeit entfesselt, ermöglicht das den Menschen, ganz da zu sein.

ihr sei im Laufe des Tages immer klarer geworden, wie wenig sie in ihrem Job noch sie selbst ist. Ihre empathischen, kreativen und integrierenden Anteile kommen schon lange nicht mehr vor, sagte sie. »Darüber muss ich mal in Ruhe nachdenken«, ergänzte sie, stellte ihre halbvolle Bierflasche auf den Tisch und ging langsam über den Platz vor dem »Museum der Arbeit« in Hamburg-Barmbek, wo schon fast traditionell unser AUGENHÖHEcamp stattfindet.

Ich sah ihr nach und dachte an das, was Ronny Großjohann, Roberts Kollege in Berlin, gesagt hat, als ich nach den Auswirkungen der Lebendigkeit fragte. Während Robert wie gerade erzählt eher auf die gesellschaftlichen Konsequenzen abgestellt hatte, antwortete Ronny sehr persönlich und fast schon poetisch. Er sagte: »Ich nehme die Farben auf der Welt um mich herum intensiver wahr und gebe mir mehr Mühe, sie zu sehen.« Und weiter: »Diese Erfahrungen haben mich achtsamer gemacht, die Leute sind alle irgendwie etwas netter geworden. Früher war alles blasser.« An die Gänsehaut, die ich bei diesen Worten hatte, erinnere ich mich noch sehr gut. Er ergänzte, dass viele im Team berichtet haben, dass sich in ihren privaten Umfeldern viel verändert hat, seit sie anders arbeiten. »Und«, grinste Ronny, »meiner Frau höre ich jetzt auch aufmerksamer zu.« Da dürfte die Lebensqualität für alle Beteiligten steigen.

Was außerdem aufgefallen war: Die allgegenwärtige Erschöpfung ging merklich zurück. Lebendigkeit, vor allem in Form von Selbstorganisation und Partizipation, hat das Zeug, Stress zu mindern und sich insgesamt günstig auf Gesundheit und Wohlergehen auszuwirken. Auch das war für mich zunächst ein vages Gefühl, doch auch diesen Aspekt belegen Studien schon seit den 1980er-Jahren.

All diese Geschichten erzählen im Grunde eines: Lebendigkeit führt dazu, wieder Mensch zu sein und sich als solcher spüren zu können. Wir sind eben nicht nur ökonomische Subjekte, die etwas leisten und konsumieren, oder Stelleninhaber, die tun, was man von ihnen erwartet. Wenn wir ganz vorkommen dürfen, kann Großes entstehen.

# Erkennen ist gut, Machen ist besser

»Frau Luinstra, wofür arbeiten Sie?«, fragte mich neulich ein Zuhörer nach einem Vortrag, in dem ich die Bedeutung des Sinns, des »Wofürs«, wieder einmal betont hatte. Meine Antwort? »Ich möchte dazu beitragen, dass meine Kinder eine andere, lebendigere Arbeitswelt vorfinden als ich vor über 30 Jahren.« Dabei stehen meine Kinder natürlich stellvertretend für all die Menschen, die in den kommenden Jahren arbeiten und unser Land gestalten werden. »Was heißt das genau?«, wollte der Zuhörer noch wissen. Sie als meine Leser kennen am Ende der Lektüre dieses Buches schon meine Antwort: Ich glaube mehr an leises Wirken als an starke Führung, mehr an Sinnentfaltung als an Gewinnmaximierung, mehr an Respekt vor der Selbstorganisation als an Steuerung, mehr an eigene Lösungen als an vorgefertigte Modelle und mehr an Experimente als an Projekte.

Ich glaube an diese Dinge, weil ich davon überzeugt bin, dass sie zu der Lebendigkeit in Unternehmen und Schulen, in Wirtschaft wie Gesellschaft beitragen werden. Und diese Lebendigkeit werden wir dringend brauchen, um auf die stetig wachsende Dynamik nicht nur zu reagieren, sondern sie zu gestalten und als Menschen Autonomie, Selbstwirksamkeit und Wachstum zu erleben. Ich möchte noch viel mehr leuchtende Augen sehen und noch viel mehr Hausmeistern begegnen, die sagen, dass sie sich bei ihrer Arbeit »innerlich frei« fühlen.

Soweit meine Vision in Kurzfassung, Sie kennen die umfassendere Version aus diesem Buch. Aber ich kann hier natürlich nur beschreiben, was *mich* antreibt. Ihre Vision kenne ich – noch – nicht, wobei ich mich sehr freuen würde, wenn sich das ändert, denn wie schon gesagt sind Menschen und ihre Geschichten meine Leidenschaft. Ich vermute, dass Sie in einigen Aspekten meiner Vision zustimmen, andere eher infrage stellen oder ihnen widersprechen. Das ist mir sehr willkommen, denn aus diesen Auseinandersetzungen wachsen genau die Entwicklungen, die wir brauchen. Bei allen möglichen Differenzen nehme ich allerdings an, dass wir uns darin einig sind, dass es keine gute Idee wäre, die nächsten 100 Jahre mit gefesselter Lebendigkeit weiterzumachen. Obwohl das vermutlich sogar irgendwie möglich wäre, hat ja bis jetzt auch geklappt. Aber die Preise dafür wären viel zu hoch!

Oben erwähnter Zuhörer kam übrigens beim Umtrunk nach dem Vortrag noch einmal zu mir. Bernd arbeitet in Hamburg in einer großen Bank und dort gibt es viele New-Work-Initiativen, wie er berichtete. »Wir haben flexible Arbeitszeiten, können Homeoffice machen und haben in unserem Gebäude viele unterschiedliche Arbeitsplätze, die wir aufsuchen können, je nachdem, was wir gerade tun.« Ich schaute ihn an. »Aber das meinen Sie nicht, wenn Sie von Neuer Arbeit oder Lebendigkeit sprechen, oder?«, fragte er. Nein, das meine ich in der Tat nicht. Ich habe zwar gar nichts gegen diese Dinge, ganz im Gegenteil, aber das ist weder New Work noch lebendig, sondern das sind eher kosmetische Verbesserungen des Alten, wir sprachen darüber.

Deswegen sind meine Reaktionen recht ambivalent, wenn ich so was höre oder lese. Wie neulich wieder in einem Interview mit Bettina Fetzer, Chefin der Markenkommunikation bei Daimler. Gefragt, was Daimler für New Work tut, sagte sie: »Wir haben mobiles Arbeiten und flexible Arbeitszeiten. Wir haben Frauen, die sich Jobs teilen, und auch Männer, die das tun. […] Vollzeit bedeutet nämlich nicht, bis 20 Uhr im Büro anwesend zu sein, sondern sich zuzutrauen, den Job in der Präsenzzeit zu machen, die man für notwendig hält.« Ein Teil von mir versucht, darin wichtige Schritte hin zu einer lebendigen Arbeitswelt zu sehen. Ein anderer aber ist sehr enttäuscht, dass so etwas als »neu« gepriesen wird. Wenn wir alles machen wie immer, nur an anderen Orten, zu flexiblen Zeiten oder zu zweit auf einer Stelle, dann ist eben nicht so viel anders.

Die Diskussion im Anschluss an den Vortrag wurde immer munterer, als eine weitere Zuhörerin, Führungskraft in einem großen Chemieunternehmen, dazu kam. Ihr war aufgefallen, dass sehr viele Menschen, so auch viele ihrer Kollegen, sich sehr leicht damit tun, Dinge abzulehnen und zu schimpfen, aber sehr schwer damit, zu formulieren, was stattdessen sein sollte. Diesen Eindruck teile ich, es wird ganz schön viel gemeckert in unseren Unternehmen – und fast noch mehr in den Schulen. Was sich aber konkret verändern sollte und zu welcher Vision dieser Wandel beitragen soll, darauf gibt es häufig keine Antwort. So wichtig meckern und jammern wegen ihrer entlastenden Funktionen manchmal sind, sollten wir da nicht stehen bleiben, sondern uns fragen, zu was für einer (Arbeits-)Welt wir beitragen möchten und wie wir das tun wollen.

Ja, ich habe einen – großen – Traum und ich höre ich nicht auf, daran zu glauben, dass mein Traum wahr werden wird. Denn es gibt die Organisationen, in denen das, was ich erträume, bereits Realität ist oder der Weg dorthin schon klar erkennbar ist. Außerdem spüre ich bei nahezu jedem Vortrag und jeder Veranstaltung die ungeheure Sehnsucht nach einer anderen Arbeit. Auf ganz besondere Weise war das am 30. Januar 2015 der Fall: An diesem Tag feierten wir mit fast 400 Menschen die Premiere unseres ersten Films AUGENHÖHE. Allein die Zahl der Menschen, die mit uns feierten, die vielen Unterstützer im Crowdfunding, die Artikel über unser Projekt und die Hunderte Filmabende, die folgen sollten, sind für mich vor allem eines: Ausdruck der Sehnsucht. Und diese Sehnsucht ist schon der erste Schritt der Entwicklung.

Aber wer hat denn nicht nur diese Sehnsucht, sondern ist auf ihrer Basis wirklich auch in der Lage, solche Entwicklungen anzustoßen? Können das nur bestimmte Menschen?

## Wer?

Die Frage impliziert oft, dass so ein Wandel hin zu mehr Lebendigkeit von oben, von Topmanagern, Geschäftsführerinnen oder Unternehmern kommen müsste, wir sprachen schon darüber. Klar ist, dass in unseren hierarchischen Organisationen, die immer noch die große Mehrzahl der Unternehmen stellen, diejenigen, die weit »oben« sitzen, mehr und andere Einflussmöglichkeiten haben als die weiter »unten« angesiedelten Sachbearbeiter, Techniker oder Pflegekräfte. Dennoch kann jede und jeder etwas tun. Wie das Engagement dann aussieht, hängt natürlich davon ab, wo jemand in der Organisation sitzt – und nebenbei gesagt auch davon, welches Ansehen sie oder er sich erworben hat. Denjenigen, die qua Position viel zu sagen haben, kommt in Transformationen zu mehr Lebendigkeit eine besondere Verantwortung zu. Sie müssten bereit sein, ihre formale Macht zu teilen und neue Strukturen, die mehr Partizipation und Selbstorganisation ermöglichen, zuzulassen oder sogar selbst zu initiieren. Wie schwierig das sein kann und was das von den Menschen persönlich verlangt, darüber haben wir auch schon gesprochen. Doch das ist kein Grund, es bleiben zu lassen, es darf kein Hindernis sein, wenn wir lebendigere Organisationen wollen.

Wir brauchen Sie, die Menschen in Führungspositionen. Wir brauchen Sie mit ihren Bedenken, mit ihren Zweifeln und mit ihren Ängsten. Das ist schon ein Teil der Lebendigkeit, denn diese Regungen sind eher Weggefährten als Verhinderer. Viele Transformationen scheitern aber, weil diese Empfindungen nicht kommuniziert werden und Führungskräfte dann lieber so weitermachen wie bisher. Ich finde das schade, denn ich bin überzeugt, dass da draußen sehr viele »Führungsmenschen« sind, von denen ein Wandel hin zu mehr Lebendigkeit ausgehen könnte.

> **Für mehr Lebendigkeit brauchen wir Führungskräfte wie Mitarbeiter – ihre Ideen, ihre Initiative und ihre Bereitschaft und ihre Bedenken, Zweifel und Ängste.**

Wir brauchen Sie, die Mitarbeiterinnen und Mitarbeiter in unseren Unternehmen, Schulen und anderen Organisationen. Wir brauchen Ihre Initiative, Ihre Ideen und Ihre Bereitschaft, Verantwortung zu übernehmen. Das mag anfangs ungewohnt sein. Doch wir dürfen nicht an der Überzeugung festhalten, andere seien zuständig für den gewünschten Wandel. Dann würde der Weg zur Lebendigkeit steinig. Klar, jedem von uns ist mal eine Entscheidung zu viel und wir stehlen uns hin und wieder aus der Verantwortung. Das ist menschlich. Doch die meisten dürften grundsätzlich willens und in der Lage sein, Verantwortung zu übernehmen. Das tun wir im privaten Leben doch auch: Weshalb sollte das im Job unmöglich sein?

Um es noch einmal ganz klar zu sagen: Lebendigkeit ist ohne Verantwortungsübernahme und Initiative von jedem von uns nicht zu haben. Jeder kann etwas tun – ohne dabei gleich die ganze Welt oder auch nur das eigene Unternehmen retten zu wollen. Aber einen Beitrag leisten, das geht immer und oft ist sogar mehr möglich als zunächst gedacht. Ich habe in einem früheren Kapitel schon von meinem Gespräch mit Christian Kuhna von adidas erzählt. Er fürchtete ja auf seinem Weg häufiger, es würde ihn jemand bremsen, wenn er noch einen Schritt weiter ginge. Er ging trotzdem – und nichts passierte. Die Quintessenz: Wo die Grenze ist, wissen Sie erst, wenn Sie drüber sind. Erst dann kommt die Rückmeldung »Stop!«. Ich habe im Laufe meiner Arbeit viele Menschen erlebt, die nach diesem Prinzip handeln, einige von ihnen haben Sie in diesem Buch kennengelernt. Sie stehen stellvertretend für viele mutige Menschen, die sich da draußen jeden Tag für mehr Lebendigkeit engagieren und Tag für Tag entdecken, dass viel mehr geht, als auf den ersten Blick möglich erscheint. Das Agieren am Limit ist natürlich nicht ohne Risiko, Sie könnten dabei zu weit gehen, das »Stopp!«-Schild provozieren.

So ist es – auf drastische Weise – Karsten vom Bruch ergangen, der Ingenieur und Betriebsratsmitglied bei Bosch war. Ich bin auf ihn in einem »brand eins«-Interview gestoßen, in dem er berichtet, er habe immer Klartext geredet und unliebsame Themen angesprochen – auch und gerade, als es um die Dieselthematik ging. Offiziell sei das nicht der Grund für die fristlose Kündigung gewesen, sondern ein persönliches Fehlverhalten. Doch Karsten vom Bruch sah da schon Zusammenhänge zu seiner Art, den Mund aufzumachen, wenn er das für notwendig hält. Im Interview sagte er, dass er natürlich nach der Kündigung finanzielle Ängste habe und es nicht einfach würde, wieder einen Job als Ingenieur zu finden. Im Moment arbeite er als Rettungssanitäter und Dozent an verschiedenen Universitäten. »Aber«, sagte er, »meine Aufgabe ist nicht nur, ein Einkommen für meine Kinder zu sichern, sondern auch die Gesellschaft voranzubringen, in der sie leben.« Mir imponiert diese Haltung sehr. Da geht einer immer weiter, obwohl der Preis dafür hoch ist.

Die Frage nach dem »Wer?« ist also recht einfach zu beantworten: Sie, ich, wir alle. Wir sind alle gefragt, jede und jeder. Wir sollten nicht auf die anderen warten, sondern stattdessen handeln. Was – zunächst – nicht änderbar ist, dabei als Restriktion akzeptieren und in dem Rahmen agieren. So wie es Alexander Maier, der Geschäftsführer des Standorts Bristol von St. Gobian, und viele andere getan haben. Auch er und seine Kollegen mussten Vorgaben erfüllen, Zahlen erreichen und in ihren Augen nicht immer ganz sinnvollen Prozessen folgen. Sie hätten angesichts dessen verzagen können und sagen, dass sich all das zunächst ändern müsste. Haben sie aber nicht. Sie haben gehandelt. Jeder von uns kann auf seine Art und im Rahmen seiner Möglichkeiten dazu beitragen, dass die (Arbeits-)Welt lebendiger wird. Jeder von uns – auch die politisch tätigen Menschen in unserem Land. Denn an die habe ich noch einen Wunsch: Bitte entwickeln Sie den Rahmen so, dass Lebendigkeit in unseren Organisationen wahrscheinlicher wird. Eine Rechtsform für Unternehmen in Verantwortungseigentum und ein bedingungsloses Grundeinkommen sind nur zwei Beispiele für hilfreiche Beiträge aus der Politik.

Nachdem ich nun ein flammendes Plädoyer für das Handeln gehalten habe, stellt sich die Frage, was Sie, ich und wir alle denn tun sollten.

# Was?

In Kurzform könnte ich sagen: Stellen Sie Gewohntes infrage und wagen Sie Experimente. Also los? Unbedingt! Sie haben im Grunde – spätestens nach der Lektüre dieses Buches – alles, was Sie brauchen, um loszulegen. Lassen Sie uns aber gerne auf den Punkt bringen, was für den Aufbruch besonders wesentlich ist. Diese Aspekte sind für mich so etwas wie die **zehn Axiome der Transformation** geworden. Diese Axiome sind alle miteinander verwoben, eine Rang- oder Reihenfolge zwischen ihnen gibt es nicht – auch wenn ich sie hier im Buch notgedrungen nacheinander beschreiben werde.

**Eine Vision entwickeln.** Wie sieht Lebendigkeit in Ihrer Organisation aus? Wofür wollen Sie sich auf den Weg machen? Sie ahnen vermutlich schon, dass ich damit nicht an die auf Hochglanz polierten Formulierungen denke, die unter diesem Titel manchmal in Eingangsbereichen von Unternehmen hängen. Ich meine handfeste Antworten auf die Frage »Wofür wollen wir tun, was wir tun wollen?«. So ein »Wofür« – vor allem, wenn es gemeinsam entwickelt wurde – hat das Zeug, Menschen zusammenzubringen, ihren Handlungsmut, ihre Ideen und ihre Kräfte zu mobilisieren.

**Sich selbst klären.** Viele faszinierende Pioniere haben sich ganz schön intensiv mit sich selbst beschäftigt. Sie haben sich gefragt, was sie antreibt und wofür sie sich engagieren möchten. Ich finde, die Frage, die Mechthild Reinhard gerne stellt, bringt es auf den Punkt: »Zu was für einer Welt möchte ich beitragen?« Diese Frage deutet an, dass es um viel mehr geht als erfolgreiche Unternehmen. Aber damit nicht genug der Selbstklärung. Pioniere erkunden ihre Denk- und Handlungsmuster und setzen sich mit ihnen auseinander.

Mich hat sehr bewegt, was Alexander Maier im Film AUGENHÖHE-wege sagt. Auch für ihn waren seine Position und der Einfluss, den er ausüben konnte, Teil seiner Identität – so wie bei vielen Führungskräften. Dadurch, dass nun aber im Rahmen der Transformation Alexanders Mitarbeiter mehr und mehr Verantwortung übernahmen, hatte er seinen eigenen Wert, den Wert seiner Arbeit verloren. »Das war kein schöner Moment«, sagte er über den Augenblick, in dem ihm das bewusst wurde. »Ich wurde mein Leben lang dafür bestätigt, was ich kann.« Und genau das fehlte jetzt.

An dieser Stelle wird die Verknüpfung von organisationaler Transformation und persönlicher Entwicklung noch einmal besonders deutlich: Ohne Alexanders persönliche Entwicklung wäre die Transformation in Bristol nicht denkbar gewesen, er wäre vermutlich nicht einmal auf die Idee gekommen, solche Schritte anzustoßen. Er war zu dem Zeitpunkt bereits Betriebsleiter, das hätte er auch als Bestätigung nehmen können, dass der bisherige Ansatz genau richtig ist, und den Weg so weitergehen können. Hat er aber nicht. Diese Art der Selbstklärung ist unabdingbar, denn in Transformationsprozessen passiert so viel mehr als das an der Oberfläche Sichtbare. Wir haben es mit haufenweise inneren Regungen zu tun, die alle ihre Wirkung tun. (Zu) oft wird so getan, als gäbe es das alles nicht. Doch das ist Unsinn.

**Anziehungskraft entfalten.** Ein klares, gemeinsames »Wofür« entwickelt bereits einen Teil der Anziehungskraft. Und noch etwas macht Vorhaben attraktiv: Freiwilligkeit. Ansagen machen unsexy. Ich habe jedenfalls noch kein Unternehmen gesehen, bei dem Lebendigkeit von oben angeordnet wurde und am Ende eine lebendige Organisation rauskam. Sogar als Chefin werden Sie für Lebendigkeit werben und immer wieder Impulse setzen müssen. Anziehung ist dabei das Mittel der Wahl. Wenn ein Vorhaben attraktiv ist, werden sich Freiwillige der Sache annehmen. Sie müssen bloß dafür sorgen, dass die Attraktivität deutlich wird – und dass die potenziellen Pioniere von der Idee erfahren.

Das war zum Beispiel bei EnBW so. Dort fing es schon damit an, dass die Initiative »1492@EnBW« nicht großflächig in die Organisation kommuniziert wurde, sondern sich durch Mund- bzw. Mail-Propaganda weiterverbreitete. Quasi ein Kettenbrief im Dienst der Lebendigkeit. In jeder neuen Runde »1492« kamen so mehr Mitarbeiter dazu – und alle nahmen ihre Erfahrungen aus der Initiative in ihren alltäglichen Job mit. So entstanden und entstehen immer wieder neue Kristallisationspunkte der Lebendigkeit, diese Entwicklung ist ab einem bestimmten Moment nicht mehr zu stoppen. »Es kommt ein Schwungrad in Gang«, so sagte es Alexander Maier von St. Gobain, »das können Sie nicht mehr aufhalten.« So etwas vermag nur Anziehungskraft und Freiwilligkeit, par ordre du mufti entsteht so eine Kraft einfach nicht.

Auch bei der DB Systel haben sie Erfahrungen mit dieser Anziehungskraft gemacht. Inzwischen bewerben sich Menschen bei dem Unternehmen, weil sie genau so arbeiten wollen: selbstbestimmt, eigenverantwortlich und kooperativ. Die Anziehungskraft wirkt dort also sogar über die Unternehmensgrenzen hinaus.

**Verbündete finden.** Egal, ob ein Vorhaben von Anfang an sichtbar ist oder zunächst als U-Boot abgetaucht bleibt: Es braucht Verbündete. Alle erfolgreichen Initiativen, die ich bisher gesehen habe, gingen von einer kleinen Gruppe von Menschen aus. Manchmal hatten deren erste Zusammenkünfte regelrecht etwas Konspiratives, da saßen zum Beispiel bei einem Versandhaus Kollegen mit Bier in der Hand auf Getränkekisten zusammen und diskutierten, welche Initiativen ihren Bereich auf den Weg zu mehr Lebendigkeit bringen könnten. Wenn ich gefragt werde, wo man denn Komplizen finden kann, rate ich noch einmal gern: Gehen Sie Mittagessen! Sprechen Sie in informellen Rahmen mit Kolleginnen und Kollegen, Chefinnen und Mitarbeitern.

**Gemeinschaften bilden.** Doch es geht nicht nur um Bündnisse innerhalb einer Organisation, sondern auch um solche, die über einzelne Unternehmen, Schulen oder Behörden hinausreichen. Große Visionen lassen sich schlecht allein verwirklichen. Einzelkämpfer sind oft schnell müde und frustriert, weil sie sich an Systemen, Vorschriften und Gewohnheiten abarbeiten. Das gilt für einzelne Menschen genauso wie für einzelne Organisationen.

Gemeinschaft hingegen stärkt. Als Bewegung haben wir mehr Kraft, denn so eine Bewegung ist eine Art Mutgemeinschaft, so nennt es Margret Rasfeld, Gründerin der Initiative »Schule im Aufbruch«. Ich finde den Begriff sehr passend, denn als Teil einer Bewegung bekomme ich Unterstützung, werde mit meinen Träumen und Visionen gesehen und fühle mich nicht länger »allein auf weiter Flur«. Das gilt sogar dann, wenn ich große Teile der Bewegung gar nicht kenne. Allein zu wissen, dass mehr Menschen auf ähnlichen Wegen unterwegs sind, gibt Kraft.

**Kooperieren.** Ob im Unternehmen oder darüber hinaus: Wer an etwas Großem arbeitet, muss kooperieren. Allein geht es einfach nicht. Nur aus verschiedenen Perspektiven, Fähigkeiten und Gefühlen kann wirklich Neues entstehen. Doch eine Zusammenarbeit, die Derartiges hervorbringt, erfordert etwas: Sich als ganzer Mensch einzubringen, nicht nur mit den starken, sondern auch mit den verletzlichen Seiten. Ehrlich und respektvoll, achtsam und klar zu sein und immer wieder eine Balance herzustellen zwischen dem Ich und dem Wir.

**Bedürfnisse erforschen.** Gelingende Kooperation braucht die Berücksichtigung von Bedürfnissen. Erinnern Sie sich an die Frage »Was brauchst du jetzt, Kollege?«? Wenn klar ist, wer gerade was braucht, um sich zu engagieren, werden Sie als Gruppe (wieder) handlungsfähig und können aus Ihrer Vielfalt Neues kreieren.

**Geduld haben.** Der Spruch »Das Gras wächst nicht schneller, wenn du daran ziehst« ist zwar schon etwas abgedroschen, das macht ihn aber nicht weniger wahr. Ich habe den Eindruck, dass es immer wieder gut ist, sich daran zu erinnern. Veränderungen hin zu mehr Lebendigkeit haben Tiefenwirkung, für die Organisation, aber eben besonders auch für die beteiligten Menschen. Und die Seele ist nicht so schnell darin, etwas lange Gültiges zur Seite zu legen und Neues zu etablieren.

**Die Zahlen im Blick behalten.** Entwicklungen hin zu mehr Lebendigkeit haben sehr oft auch bessere Zahlen zur Folge, in jedem Fall langfristig, das haben viele der Pioniere erfahren. Gleichzeitig gilt, diesen Aspekt immer mit im Blick zu halten – ohne dass Zahlen die Aktionen bestimmen müssen, aber eben doch Aufmerksamkeit verdienen. Das mag jetzt etwas nüchtern klingen, da spricht für einen Moment eher meine innere Diplomkauffrau. Aber die weiß eben auch, dass es die Luft zum Atmen auch während der Phasen größerer Veränderungen braucht.

**Anfangen.** Zauber entsteht dann, wenn etwas passiert, nicht wenn Konzepte geschrieben und Pläne gemacht werden. Diesen Effekt habe ich immer wieder gesehen, selten aber so deutlich wie in der Landesbehörde, die ich bereits erwähnte. Dort war es für die Menschen im Thinktank nahezu eine Erlösung, etwas zu tun, denn sie hatten – wie sie durchaus mit einem Funken Selbstironie selbst sagten – zu viele Konzepte in Schubladen verschwinden sehen. (Nur) handeln macht einen Unterschied! Auch wenn Sie am Anfang sicher häufiger im Wasser landen werden: Steigen Sie aufs Surfbrett! Das Gefühl für die Wellen wird kommen – und mit ihm der Kick des Surfens.

Wie, jetzt anfangen, mitten in der Krise? Ja! Es war schon vor der Corona-Krise sehr spürbar, dass gewohnte Muster der Unternehmensführung an ihre Grenzen stoßen. Corona hat dies nicht ausgelöst, aber viel sichtbarer gemacht. Diese Krisenerfahrung macht einmal mehr deutlich, dass es nur mit Lebendigkeit geht, sie ist die adäquate Antwort auf Komplexität.

Doch es gibt nicht nur die zehn Axiome, es gibt auch drei **Stolperfallen**, die immer wieder lauern:

**Zu viel wissen.** Es ging bisher immer schief, wenn jemand meinte, zu wissen, wie es geht, oder anderen wissend begegnete. Niemand fasst diesen Aspekt eindringlicher zusammen als Elias Canetti, der meint, »von der Balance zwischen Wissen und Nichtwissen« hänge es ab, wie weise einer werde. Das Nichtwissen dürfe am Wissen nicht verarmen. Für jede Antwort müsse »eine Frage aufspringen, die früher geduckt schlief«, und wer viele Antworten habe, »muss noch mehr Fragen haben«. Canetti ergänzt, Wissen sei die Waffe der Mächtigen, ein Weiser aber verachte nichts so sehr wie Waffen. Der Weise – und dieser Punkt ist mir besonders wichtig – wird sich außerdem nie »hochmütig absondern von denen allen, über die er nichts weiß«.

**Leidensdruck erhöhen.** Diesen Tipp hören Sie vermutlich oft: Es müsse erst der Leidensdruck hoch genug sein, die Dringlichkeit spürbar, erst dann könne es Veränderungen geben. Also sei der Leidensdruck zu erhöhen. Nach meinen Erfahrungen ist das nicht hilfreich, ja sogar gefährlich, denn Menschen, die Leidensdruck verspüren, haben meistens viel weniger Ressourcen und Kräfte zu Verfügung. Sie bräuchten aber eher mehr als im »Normalbetrieb«, um die anstehenden Herausforderungen zu bewältigen.

**Kopieren.** Alle begeisternden Unternehmen haben sich inspirieren lassen, haben aber keine fertigen Organisationsmodelle eingeführt und sind keinen vorgedachten Prozessen gefolgt. Ich sehe übrigens keine der Organisationen, die ich hier genannt habe oder in denen wir gedreht haben, als Experten oder Musterbeispiele – und die meisten teilen diese Sicht. Ich möchte Sie einladen, auch die Prinzipien in diesem Buch nicht als Wissen, sondern als Anregung zu nutzen: Schauen Sie sich die Prinzipien lebendiger Organisationen an und fragen Sie sich, was Sie überzeugt, was Sie berührt und was welche Relevanz für Ihre Organisation hat. Dann legen Sie sie weg. Diese acht Prinzipien sind nur ein möglicher Blick auf die Welt. Nehmen Sie sie als Inspiration und erste Orientierung – und entwickeln Sie ihre eigenen.

Wenn Sie das tun, wird sich vermutlich schnell die Frage nach den passenden Methoden und Vorgehensweisen stellen.

# Wie?

Neulich in Berlin: Ich hatte etwas Zeit zwischen zwei Terminen und kam bei Dussmann, dem wirklich großen Buchladen in der Friedrichstraße, vorbei. Ich ging hinein, und nachdem ich mich genug bei der Reiseliteratur umgesehen hatte (ich bin süchtig danach …), zog es mich zum

Regal mit der Wirtschaftsliteratur. Mein Auge glitt an den Titeln entlang: »Agil moderieren«, »33 Werkzeuge für die digitale Welt: Wie jeder die Methoden der Tech-Giganten nutzen kann«, »Auf dem Weg zur agilen Organisation: Wie Sie Ihr Unternehmen dynamischer, flexibler und leistungsfähiger gestalten« – viele Regalmeter und noch viel mehr Methodenideen. Da waren einige gute Gedanken dabei, wie ich beim Blättern in den Büchern feststellte, zum Beispiel dazu, wie Lernen in Teams befördert werden kann.

Als ich anschließend aufs Fahrrad stieg und zu meinem zweiten Termin radelte, ging mir durch den Kopf, was ich gerade gelesen hatte – und weshalb sich bei mir trotz der ganz guten Ideen nicht so recht eine Resonanz einstellte. Als Erstes schoss mir eine Frage in den Kopf: Wirklich nette Anregungen, aber brauchen wir diese ganzen Methoden wirklich? Was könnten wir mit ihrer Hilfe in Gruppenprozessen und Transformationen erreichen, was mit bisherigen Mitteln nicht möglich war? Mein Hirn blieb mir Antworten schuldig. Als Nächstes tauchte der Gedanke auf, dass vielen der vorgeschlagenen Methoden etwas Entscheidendes fehlte: der Erlebnischarakter. Nein, ich meine damit weder Hochseilgärten, Floßbau oder Cocktailkurse noch Feuer- oder Glasscherbenläufe. Ich meine Vorgehensweisen, die durch ihr »Wie« bereits ein Erleben von Lebendigkeit ermöglichen. Kaum etwas hat mir dies so deutlich gemacht wie die Reaktion von Katharina, Organisationsentwicklerin bei einem großen Hamburger Unternehmen, nach unserem AUGENHÖHEcamp (das sich in seiner Methodik eng an die Vorgehensweise von Open Space anlehnt): Katharina war überwältigt von dem Tag, von den Impulsen, den bereichernden Gesprächen, aber am meisten von den Erfahrungen, die sie mit sich in diesem Format gemacht hat. Sie hatte einen Tag lang erlebt, wie sich Selbstorganisation anfühlt, hatte Verantwortung übernommen und die Veranstaltung mit über 80 anderen Menschen gemeinsam kreiert. Da ist es wieder: Die Erfahrungen im Tun sind oft wichtiger als die Inhalte oder Ergebnisse.

Als ich auf dem Fahrrad in Berlin weiter nachdachte, fiel mir auf, dass viele der Methoden, die ich einsetze, sehr schlicht sind und gerade in dieser Schlichtheit sehr wirkungsvoll. Neben Open Space, der sehr

> Die Erfahrungen im Tun sind oft wichtiger als Inhalte oder Ergebnisse.

lebendigen Methode, die ich seit vielen Jahren nutze und deren großer Fan ich bin, kommen bei mir zum Beispiel häufiger World Cafés und kollegiale Beratung zum Einsatz. Außerdem auch Methoden, die ihren Ursprung in Kulturkreisen haben, die großen Wert auf echte Begegnungen legen: Die Redestabzeremonie der Indianer ist immer wieder beeindruckend, weil sich der Fokus vom Reden auf das Zuhören verlagert. Dadurch entsteht eine ganz andere Qualität im Gespräch und im Miteinander. Mir wurde auf meinem Rad bewusst: Mein Methodenkoffer ist über die Jahre eher wieder kleiner geworden, ich reise nur noch mit leichtem Handgepäck.

Dazu möchte ich Sie ebenfalls einladen: Packen Sie Ihren Koffer, wenn Sie sich jetzt auf den Weg machen, aber beschränken Sie sich auf das Wesentliche. Sie werden so viel gar nicht brauchen und das Wichtigste haben Sie ohnehin immer dabei: sich selbst, ihre Erfahrungen, Leidenschaften und Visionen. Es kommt auf Sie an! Ich wünsche Ihnen viel Freude beim Machen – »Machen ist halt geiler als quatschen«, wie es neulich ein Teilnehmer in einem AUGENHÖHElab auf den Punkt brachte. Und ich wünsche Ihnen eine gute Reise – auf die ich Ihnen ein Zitat von Václav Havel und eine letzte Warnung mitgeben möchte.

Das Zitat: »Jeder von uns hat, kurz gesagt, die Möglichkeit zu begreifen, dass auch er, sei er noch so bedeutungslos und machtlos, die Welt verändern kann. Jeder muss bei sich anfangen. Würde einer auf den andern warten, warteten alle vergeblich.«

Die Warnung: Es kann sein, dass Ihnen unterwegs Menschen attestieren, nicht alle Tassen im Schrank zu haben. Nehmen Sie das als Kompliment.

Gute Fahrt und guten Flug – ich hoffe, unsere Wege werden sich kreuzen!

# Das ist Kunst

Chancen suchen im Nichts. Sich freuen auf Unbekanntes. Mit Vertrauen auf unplanbare Zustände zugehen. Unvermutete Potenziale entdecken. Sich dem Moment öffnen. Restriktionen feiern. Über Grenzen hinausgehen. Nichts Bestimmtes suchen. Finden. Sich einlassen. Ehrlich sein. Stören. Wachsen lassen. Anfangen.

Das ist Kunst – und Sie sind der Künstler.

# Danke

Dieses Buch habe ich geschrieben. Und doch ist es das Werk vieler. Ohne meine Kollegen Daniel Trebien, Philipp Hansen, Sven Franke und Ulf Brandes, mit denen gemeinsam AUGENHÖHE entstand, wäre dieses Buch niemals gewachsen. Unsere verrückte Idee, einen Film über Organisationen zu machen, die anders arbeiten, in die Tat umzusetzen, war der wesentliche Grundstein für dieses Buch. Ich danke Euch.

Im Laufe der Arbeit an unseren Filmen durfte ich so viele Menschen kennenlernen, die mich mit ihrem Denken und Handeln sehr inspiriert haben. Viele von ihnen kommen auch in diesem Buch vor. Ich danke Euch.

Viele haben sich im Entstehungsprozess dieses Buches Zeit für ausführliche Gespräche mit mir genommen und mir von ihren Wegen berichtet. Ich danke Euch.

AUGENHÖHE wurde im Laufe der Zeit so viel mehr als Filme. Es wurde auch eine lebendige Community, von der viele Initiativen ausgingen und ausgehen. Ohne die Menschen in dieser Gemeinschaft wäre vieles undenkbar. Ich danke Euch.

Vor vier Jahren wuchs aus unserer ursprünglich filmischen Arbeit gar ein ganzes Ausbildungsprogramm, der AUGENHÖHEwegbegleiter. Die Co-Kreation und Zusammenarbeit mit Alexander Herr, Bettina Grote, Evelyn Stryczek, Florian Pommerien-Becht, Heiko Pfister, Mechthild Reinhard, Michael Krämer, Nora Daniels-Wredenhagen und Uwe Loda, alle Mitgestalter bei sysTelios, gehört zu dem Besten, was mir in meinem – beruflichen – Leben bisher passiert ist. Auch von allen Teilnehmerinnen und Teilnehmern durfte ich unglaublich viel lernen. Ich danke Euch.

Mein Mann und meine Kinder haben mit ihren Impulsen, die mich immer wieder zum Denken angeregt haben, und ihrer Gelassenheit, mit der sie den immer länger werdenden Entstehungsprozess dieses Buches begleitet haben, einen großen Anteil daran, dass es nun fertig ist. Ich danke Euch, Gerrit, Rianna und Jaaron.

Geduld und Gelassenheit hat auch Achim Gralke bewiesen. So einen Vollprofi mit Herz in Sachen Buch an meiner Seite zu wissen, war sehr, sehr wertvoll. Ich danke Dir, Achim.

An das Projekt geglaubt haben lange vor dessen Fertigstellung Sandra Krebs und ihre Kolleginnen und Kollegen vom GABAL-Verlag. Dieser Glaube und ihr Engagement für dieses Buch sind von großem Wert. Ich danke Ihnen.

Ohne die Ermutigung auf der Zielgeraden, die in der Resonanz von Birgit Kownatzki und Thomas Ditzer lag, wäre dieses Buch vielleicht nicht gedruckt worden. Ich danke Euch, Birgit und Thomas.

# Inspiration und Anregung

## Zum Lesen

Arendt, Hannah (2018): Die Freiheit, frei zu sein. Unter Mitarbeit von Andreas Wirthensohn und Thomas Meyer. Deutsche Erstausgabe. München: dtv.

Arnold, Hermann (2016): Wir sind Chef. Wie eine unsichtbare Revolution Unternehmen verändert. 1. Auflage, Version 0.9. Freiburg: Haufe.

Bauer, Joachim (2007): Prinzip Menschlichkeit. Warum wir von Natur aus kooperieren. 5. Auflage. Hamburg: Hoffmann und Campe.

Bergmann, Frithjof; Schumacher, Stephan (2008): Neue Arbeit, neue Kultur. 5. Auflage. Freiamt im Schwarzwald: Arbor.

Böll, Heinrich (1976): Die verlorene Ehre der Katharina Blum. München: dtv.

Bohmeyer, Michael; Cornelsen, Claudia (2019): Was würdest du tun? Wie uns das Bedingungslose Grundeinkommen verändert: Antworten aus der Praxis. Berlin: Econ.

Borgert, Stephanie (2015): Die Irrtümer der Komplexität. Warum wir ein neues Management brauchen. Offenbach: GABAL.

Brandes, Ulf (2018): Social Energy. Für die Gestalter der neuen Arbeitswelt: ein Inspiratorial. Frankfurt am Main, New York: Campus Verlag.

Bridges, William (2004): Transitions. Making sense of life's changes. 2nd ed. Cambridge, Mass.: Da Capo Press.

Bude, Heinz (2019): Solidarität. Die Zukunft einer großen Idee. München: Hanser.

Canetti, Elias (2003): Die Provinz des Menschen. Aufzeichnungen 1942–1972. Ungekürzte Ausgabe, 16. Auflage. Frankfurt am Main: FischerTaschenbuch.

Csíkszentmihályi, Mihály (1997): Finding flow. The psychology of engagement with everyday life. 1st ed. New York, NY: Basic Books.

Dörner, Dietrich (2017): Die Logik des Misslingens. Strategisches Denken in komplexen Situationen. 14. Auflage. Reinbek bei Hamburg: Rowohlt Taschenbuch Verlag.

Elden, J. Maxwell (1981): Political Efficacy at Work: The Connection between More Autonomous Forms of Workplace Organization and a More Participatory Politics. In: Am Polit Sci Rev, 75 (1), S. 43–58.

Faschingbauer, Michael (2010): Effectuation. Wie erfolgreiche Unternehmer denken, entscheiden und handeln. Stuttgart: Schäffer-Poeschel Verlag.

Ferriss, Timothy (2007): The 4-hour work week. Escape the 9-5, live anywhere and join the new rich. London: Vermilion.

Flottau, Jens (2019): Am Boden. Boeing. Die Abstürze sind nicht das einzige Problem des Herstellers. In: Süddeutsche Zeitung, 25.04.2019 (96), S. 17.

Gohr, Siegfried (2006): Pablo Picasso. Leben und Werk: »Ich suche nicht, ich finde«. Köln: DuMont.

Greenberg, Edward S.; Grunberg, Leon; Daniel, Kelley (1996): Industrial Work and Political Participation: Beyond »Simple Spill-over«. In: Political Research Quarterly, 49 (2), S. 305.

Kahneman, Daniel (2012): Schnelles Denken, langsames Denken. Unter Mitarbeit von Thorsten Schmidt. 24. Auflage. München: Siedler.

Laloux, Frederic (2015): Reinventing Organizations. 1. Auflage. München: Franz Vahlen.

Lohmann, Detlef (2012): … und mittags geh ich heim. Die völlig andere Art, ein Unternehmen zum Erfolg zu führen. Wien: Linde.

Lotter, Wolf (2018): Innovation. Streitschrift für barrierefreies Denken. Hamburg: Edition Körber.

Luhmann, Niklas (2008): Soziologische Aufklärung 6. Die Soziologie und der Mensch. 3. Auflage. Heidelberg: Springer.

Maturana, Humberto R.; Varela, Francisco J. (2015): Der Baum der Erkenntnis. Die biologischen Wurzeln menschlichen Erkennens. 6. Auflage. Frankfurt am Main: Fischer Taschenbuch Verlag.

Mirowski, Philip (2015): Untote leben länger. Warum der Neoliberalismus nach der Krise noch stärker ist. Unter Mitarbeit von Felix Kurz. Gekürzte Ausgabe. Berlin: Matthes & Seitz.

Molitor, Andreas (2020): Die Sinn-Injektion. In: brand eins (06), S. 80–83.

Owen, Harrison; Klostermann, Maren (2011): Open space technology. Ein Leitfaden für die Praxis. 2., aktualisierte und erweiterte Auflage. Stuttgart: Schäffer-Poeschel.

o. V. (2020): VW-Chef Diess:»Wenn wir in unserem jetzigen Tempo weitermachen, wird es sehr eng.« Autokonzern im Wandel. In: Handelsblatt, 16.01.2020.

Pfläging, Niels (2018): Organisation für Komplexität. Wie Arbeit wieder lebendig wird – und Höchstleistung entsteht. Unter Mitarbeit von Pia Steinmann. 4. Auflage. München: Redline Verlag.

Poppenborg, Mark (2018): Wer Kollegen respektieren will, muss sie ignorieren. Online verfügbar unter: https://intrinsify.de/wer-kollegen-respektieren-will-muss-sie-ignorieren/, zuletzt geprüft am 11.10.2020.

Purpose-Stiftung (Hrsg.) (2019): Verantwortungseigentum. Unternehmenseigentum für das 21. Jahrhundert. Berlin: Eigenverlag.

Rasfeld, Margret; Breidenbach, Stephan (2014): Schulen im Aufbruch. Eine Anstiftung. München: Kösel.

Richards, Dick (1998): Setting your genius free. How to discover your spirit and calling. New York: Berkley Books.

Rock, David (2008): SCARF: a brain-based model for collaborating with and influencing others. In: NeuroLeadership Journal (1), S. 1–9.

Scherff, Dyrk (2018): Die Staatsbahn kommt. Die neue Regierung hat einen Plan für die Bahn. Die Züge sollen öfter fahren und häufiger halten. Gewinnmaximierung war gestern. In: Frankfurter Allgemeine Sonntagszeitung, 25.03.2018 (12), S. 31.

Schiepek, Günter; Eckert, Heiko; Kravanja, Brigitte (2013): Grundlagen systemischer Therapie und Beratung. Psychotherapie als Förderung von Selbstorganisationsprozessen. Göttingen: Hogrefe.

Schmidt, Gunther (2015): Liebesaffären zwischen Problem und Lösung. Hypnosystemisches Arbeiten in schwierigen Kontexten. 6. Auflage. Heidelberg: Carl-Auer-Systeme-Verlag.

Semler, Ricardo (2001): Maverick! The success story behind the world's most unusual workplace. London: Arrow.

Simon, Fritz B. (2015): Einführung in Systemtheorie und Konstruktivismus. 7. Auflage. Heidelberg: Carl-Auer-Verlag.

Sinek, Simon (2017): Frag immer erst: warum. Wie Topfirmen und Führungskräfte zum Erfolg inspirieren. 4. Auflage. München: Redline-Verlag.

Smit, Jeroen (2019): Het grote gevecht & het eenzame gelijk van Paul Polman. Amsterdam: Prometheus.

Spiegel, Peter (2015): WeQ – more than IQ. Abschied von der Ich-Kultur. München: oekom verlag.

Sprenger, Reinhard K. (2015): Das anständige Unternehmen. Was richtige Führung ausmacht – und was sie weglässt. München: Deutsche Verlags-Anstalt.

Taleb, Nassim Nicholas (2018): Kleines Handbuch für den Umgang mit Unwissen. Unter Mitarbeit von Susanne Held. 1. Auflage. München: Pantheon.

Thompson, Jody; Ressler, Cali (2009): Bessere Ergebnisse durch selbstbestimmtes Arbeiten. Erfolgreich mit dem ROWE-Konzept. Frankfurt am Main: Campus Verlag.

Vollmer, Lars (2016): Zurück an die Arbeit. Wie aus Business-Theatern wieder echte Unternehmen werden. Wien: Linde International.

Wagenknecht, Sahra (2011): Freiheit statt Kapitalismus. 4. Auflage. Frankfurt am Main: Eichborn.

Weber, Wolfgang et al. (2007): ODEM – Organisationale Demokratie – Ressourcen für soziale, demokratieförderliche Handlungsbereitschaften. Innsbruck: Forschungsbericht im Auftrag des österreichischen Bundesministeriums für Bildung, Wissenschaft und Kultur.

Welzer, Harald (2017): Selbst Denken. Eine Anleitung zum Widerstand. 3. Auflage. Frankfurt am Main: Fischer Taschenbuch.

Werner, Götz W.; Cornelsen, Claudia (2015): Womit ich nie gerechnet habe. Die Autobiographie. Ungekürzte Ausgabe, 2. Auflage. Berlin: List.

Wohland, Gerhard; Wiemeyer, Matthias (2012): Denkwerkzeuge der Höchstleister. Warum dynamikrobuste Unternehmen Marktdruck erzeugen. 3. Auflage. Lüneburg: Unibuch-Verlag.

Yunus, Muhammad (2018): Ein anderer Kapitalismus ist machbar. Wie Social Business Armut beseitigt, Arbeitslosigkeit abschafft und Nachhaltigkeit fördert. Unter Mitarbeit von Karl Weber und Monika Ottermann. Gütersloh: Gütersloher Verlagshaus.

Zeuch, Andreas (2015): Alle Macht für niemand. Aufbruch der Unternehmensdemokraten. Hamburg: Murmann.

## Zum Schauen

AUGENHÖHE (2015), für nichtkommerzielle Zwecke im Netz frei
verfügbar, https://augenhoehe-film.de/augenhoehe-2015/
AUGENHÖHEwege (2016), für nichtkommerzielle Zwecke im Netz
frei verfügbar, https://augenhoehe-film.de/augenhoehewege-2016/
AUGENHÖHEmachtSchule (2018), für nichtkommerzielle Zwecke im
Netz frei verfügbar, https://augenhoehe-film.de/augenhoehemacht-
schule-2018/
dm drogerie markt (Hrsg.) (2012), dm-Verteilzentrum Weilerswist,
https://www.youtube.com/watch?v=aUA3buABzrs
Kompetenzen für die Arbeitswelt – ein Projekt von Schule im
Aufbruch mit dem Goinger Kreis (o. J.), https://www.schule-im-
aufbruch.de/kino-filme-von-schulen/
Mein wunderbarer Arbeitsplatz (2015), arte-Dokumentation, in
Ausschnitten auf YouTube verfügbar, https://www.youtube.com/
playlist?list=PLlQWnS27jXh_tZsp3A2BhO9Hf9ZEIuz1s
New Work (2017), Interview mit Frithjof Bergmann, geführt
von Marc-Sven Kopka, https://www.youtube.com/watch?v=
29IoGFD86QM
Work Hard, Play Hard (2011), auf DVD erhältlich, Informationen
unter http://www.workhardplayhard-film.de/

## Zum Hören

Arbeitsphilosophen, Podcast über neue Arbeit von Frank Eilers,
https://www.einfach-eilers.com/arbeitsphilosophen
Intrinsify, Podcast über neue Arbeit von Mark Poppenborg und Lars
Vollmer, https://intrinsify.de/blog/
On the Way to New Work, Podcast über neue Arbeit von
Christoph Magnussen und Michael Trautmann,
https://www.onthewaytonewwork.com/
Sounds of Science, Podcast über Wissenschaft mit Bezug zum Syste-
mischen, https://www.carl-auer.de/sounds-of-science
Wir hatten ja keine Ahnung, Podcast über das Grundeinkommen von
Michael Bohmeyer und Claudia Cornelsen, https://www.mein-
grundeinkommen.de/magazin/podcast-folge01

# Die Autorin

Silke Luinstra, Jahrgang 1970, studierte Kauffrau, macht Filme, schreibt, redet und moderiert – immer dort, wo in Wirtschaft und Gesellschaft neue Entwicklungen wachsen, die Kraft und Inspiration brauchen. Sie ist Unternehmerin und Gründerin der Initiative AUGENHÖHE, einer lebendigen Community mutiger Pioniere, die in ihren Organisationen Veränderung wagen. Silke Luinstra ist Norddeutsche mit Leib und Seele und lebt – wie kann es anders sein – in Hamburg. Sie liebt lebendige Städte, kreatives Design und gute Schokolade.

Sie ist Impulsgeberin und Anstifterin. Ihre Geschichten und Thesen öffnen Augen und Geist, ihre Reden inspirieren und ermutigen. Sie redet Klartext, ohne zu verletzen. Sie richtet den Blick auf das Positive, ohne die Augen vor Herausforderungen zu verschließen.

Dabei ist klar: Es reicht weder, die Strukturen in Unternehmen zu verändern oder neue Organisationsmodelle einzuführen, noch reicht es, das Verhalten der Mitarbeiter und Führungskräfte zu entwickeln. Auch beides gleichzeitig zu tun, ist nicht ausreichend. Das Geheimnis des Erfolgs liegt vielmehr im Wechselspiel dieser Faktoren – davon ist Silke Luinstra fest überzeugt.

In ihrem ersten Buch verarbeitet sie ihre Erfahrungen der letzten zehn Jahre im Umgang mit innovativen Organisationen und den Menschen, die dort wirken.

*www.luinstra.de*

# Dein Business

Aktuelle Trends und innovative Antworten auf brennende Fragen in den Bereichen Business und Karriere.

Anne M. Schüller,
Alex T. Steffen
**Die Orbit-
Organisation**
ISBN
978-3-86936-899-3
€ 34,90 (D)
€ 35,90 (A)

Martin Limbeck
**Limbeck.
Verkaufen.**
ISBN
978-3-86936-86
€ 59,00 (D)
€ 60,70 (A)

Stephanie Borgert
**Die kranke Organisation**
ISBN 978-3-86936-900-6
€ 25,00 (D) / € 25,80 (A)

Anke van Beekhuis
**Wettbewerbsvorteil Gender Balance**
ISBN 978-3-86936-901-3
€ 24,90 (D) / € 25,60 (A)

Andreas Buhr, Florian Feltes
**Revolution? Ja, bitte!**
ISBN 978-3-86936-862-7
€ 32,90 (D) / € 33,90 (A)

Ulrike Knauer
**Wahres Interesse verkauft**
ISBN 978-3-86936-902-0
€ 24,90 (D) / € 25,60 (A)

Günter Schmitz
**Unternehmertum ist nichts für Feiglinge**
ISBN 978-3-86936-865-8
€ 29,90 (D) / € 30,80 (A)

Susanne Klein
**Kein Mensch braucht Führ**
ISBN 978-3-86936-903-7
€ 29,90 (D) / € 30,80 (A)

**Alle Titel auch als E-Book erhältlich**

gabal-verlag.d

# ein Erfolg

probte Strategien, die Ihnen auf dem
Weg zum Erfolg hilfreiche Abkürzungen
eten.

Dein
Erfolg

**Tobias Beck**
**Unbox your Life!**

ISBN
978-3-86936-869-6
€ 19,90 (D)
€ 20,50 (A)

**Monika Matschnig**
**Körpersprache.**
**Macht. Erfolg.**

ISBN
978-3-86936-906-8
€ 25,00 (D)
€ 25,80 (A)

ron Brückner
i der CEO deines Lebens!
BN 978-3-86936-907-5
2,00 (D) / € 22,70 (A)

Cordula Nussbaum
**LMAA**
ISBN 978-3-86936-872-6
€ 17,00 (D) / € 17,50 (A)

Stephen R. Covey
**Die 7 Wege zur Effektivität**
ISBN 978-3-86936-894-8
€ 24,90 (D) / € 25,60 (A)

ax Finzel
r Traum in dir
BN 978-3-86936-871-9
9,90 (D) / € 20,50 (A)

Ilja Grzeskowitz
**Radikal menschlich**
ISBN 978-3-86936-870-2
€ 22,90 (D) / € 23,60 (A)

Friedbert Gay, Debora Karsch
**Das persolog®**
**Persönlichkeits-Profil**
ISBN 978-3-86936-929-7
€ 34,90 (D) / € 35,90 (A)

**Alle Titel auch als E-Book erhältlich**

gabal-verlag.de